環状・筒状超分子の応用展開

Application Development of Novel Ring- and Tube- Based Supramolecular Materials

編集：高田十志和

シーエムシー出版

はしがき

　超分子を材料とみなして書かれた書物は多くない。シーエムシー出版社のこのシリーズには，1998 年に緒方先生らが『機能性超分子』（CMC テクニカルライブラリー 153）というタイトルで導電性ポリマーも含めた非常に幅広い観点でまとめたものがある。そもそも超分子と呼ばれるものの範囲は広く，例えば生体系は超分子の大集団で構成されているし，多くの材料はまさに分子間相互作用でその材料たる物性を示している。もはや超分子と一言でくくるにはあまりに膨大な分野・物質群となっている。超分子であることに必須の要件である分子間相互作用という観点で材料を眺めることは非常に重要なことである。分子設計・材料設計の基礎を築く上で有用だからであり，分子間相互作用を科学する超分子科学の重要性がそこにある。

　本書では，輪（わ）・筒（つつ）・管（くだ）と，これまであまり取り上げられなかった切り口で，超分子材料を眺めている。こうした閉鎖系の成分を含む材料は，常に三次元的な要素をもっている。一つの材料要素に「うち・そと」があり，場合によっては一つの原子が内と外の両方に顔をのぞかせているため，非常にユニークな特徴を持つことが多い。また，輪や筒の中を貫通するものがあると，それは強い共有結合の力も弱い分子間相互作用の力も必要としないで構成成分を離れないようにすることができる。いわゆる機械的な結合である。このような独特の性質・機能を持つ輪・筒・管を切り口としてまとめることもまた，新しいものの見方，そして新しい材料設計をする上で極めて意義があると考える。

　今回本書を計画するに当たって，「みずみずしい研究の成果を豊富に載せたい」との思いから，第一線で実際に活躍中の研究者の方にその基礎から応用までを執筆願った。また，重要な実験方法は実験項として本文中に載せていただいた。興味深い，また役立つ書物になったと自負している。企業研究者，大学研究者の座右の書たらんことを願う。

2006 年 1 月

高田十志和

普及版の刊行にあたって

本書は2006年に『環状・筒状超分子新素材の応用技術』として刊行されました。普及版の刊行にあたり，内容は当時のままであり加筆・訂正などの手は加えておりませんので，ご了承ください。

2011年4月

シーエムシー出版　編集部

――――― 執筆者一覧（執筆順）―――――

高田 十志和	(現) 東京工業大学　大学院理工学研究科　教授	
須崎 裕司	(現) 東京工業大学　資源化学研究所　助教	
小坂田 耕太郎	東京工業大学　資源化学研究所　教授	
木原 伸浩	(現) 神奈川大学　理学部　化学科　教授	
清水 敏美	(現)(独) 産業技術総合研究所　ナノテクノロジー・材料・製造分野　副研究統括	
浅川 真澄	(現)(独) 産業技術総合研究所　ナノチューブ応用研究センター　研究チーム長	
古荘 義雄	(独) 科学技術振興機構　ERATO八島プロジェクト　グループリーダー	
	(現) 名古屋大学　大学院工学研究科　物質制御工学専攻　准教授	
伊藤 耕三	(現) 東京大学　大学院新領域創成科学研究科　基盤科学研究系　教授	
由井 伸彦	(現) 北陸先端科学技術大学院大学　マテリアルサイエンス研究科　教授	
圓藤 紀代司	(現) 大阪市立大学　大学院工学研究科　化学生物系専攻　教授	
原田 明	大阪大学　大学院理学研究科　教授	

(つづく)

増田 光俊	(現)(独)産業技術総合研究所　ナノチューブ応用研究センター　チーム長	
中川　勝	東京工業大学　資源化学研究所　助教授	
	(現)東北大学　多元物質科学研究所　教授	
高原　淳	九州大学　先導物質化学研究所・大学院工学府　教授	
井上　望	九州大学　大学院工学府	
英　謙二	信州大学　大学院総合工学系研究科　教授	
中嶋 直敏	(現)九州大学　工学研究院　教授	
佐野 正人	(現)山形大学　大学院理工学研究科　教授	
竹延 大志	(現)早稲田大学　理工学術院　先進理工学部 応用物理学科　准教授	
岩佐 義宏	東北大学　金属材料研究所　低温電子物性学研究部門　教授	
	(現)東京大学　大学院工学系研究科　量子相エレクトロニクス研究センター　教授	
世古 和幸	名古屋大学　大学院工学研究科　量子工学専攻　産学官連携研究員	
齋藤 弥八	(現)名古屋大学　工学研究科　教授	

執筆者の所属表記は，注記以外は 2006 年当時のものを使用しております。

目　次

第1章　環・筒・管の特性を活かした超分子材料　　高田十志和

1　はじめに ………………………… 1
2　環，筒，管 ……………………… 2
3　環・筒・管の特性を活かした超分子材料 …………………………… 3

＜基礎編＞

第2章　ロタキサン，カテナン　　須崎裕司，小坂田耕太郎

1　はじめに ………………………… 7
2　ロタキサンの合成 ……………… 7
3　カテナンの合成 ………………… 12
4　ロタキサン，カテナンの機能 … 14
5　おわりに ………………………… 17
6　実験項 …………………………… 17

第3章　ポリロタキサン，ポリカテナン　　木原伸浩

1　はじめに ………………………… 20
2　共有結合型ポリロタキサン …… 22
　2.1　シクロデキストリンを輪コンポーネントとするポリロタキサン … 22
　2.2　ククルビットウリルを輪コンポーネントとするポリロタキサン … 26
　2.3　クラウンエーテルを輪コンポーネントとするポリロタキサン … 27
　2.4　ビピリジニウム塩と電子密度の高い芳香環との相互作用を利用するポリロタキサン …………………… 28
3　空間結合型ポリロタキサン …… 29
4　ポリカテナン …………………… 32
　4.1　ポリ［2］カテナン …………… 32
　4.2　ポリ［n］カテナン …………… 33

第4章　有機ナノチューブ　　清水敏美

1 はじめに …………………………… 43
2 孤立した有機ナノチューブ構造の分類
　………………………………………… 44
　2.1 剛直ならせん状分子 ………… 45
　2.2 環状分子 ……………………… 46
　2.3 ロゼット型分子 ……………… 48
　2.4 両親媒性分子 ………………… 50
3 両親媒性分子の自己集合様式 …… 52
4 脂質ナノチューブにおける内径，外径，長さ，形態制御 ………………… 54
　4.1 内径制御 ……………………… 54
　4.2 外径制御 ……………………… 55
　4.3 長さ制御 ……………………… 56
　4.4 形態制御 ……………………… 56
5 脂質ナノチューブの中空シリンダーの特性と機能 ……………………… 57
　5.1 束縛水の極性と構造 ………… 57
　5.2 10〜50 nmスケールのゲスト物質包接機能 …………………………… 57
6 脂質ナノチューブ1本の機械的物性とマニピュレーション …………… 58
7 分子集合を起点とした金属酸化物ナノチューブやハイブリッドナノチューブの創製 …………………………… 59
8 将来展望 …………………………… 60

＜応用編＞
I （ポリ）ロタキサン，（ポリ）カテナン

第5章　分子素子・分子モーター　　浅川真澄

1 はじめに …………………………… 67
2 電気化学的に可逆的にスイッチするカテナン分子素子 ………………… 69
3 化学的酸化還元によって駆動するリニア分子モーター ………………… 71
4 溶媒蒸気によるロタキサンの動きを利用したパターニング …………… 72
5 光によって駆動するロタキサンを利用した液滴輸送 ………………… 73
6 まとめ ……………………………… 74

第6章　可逆的架橋ポリロタキサン　　古荘義雄

1 はじめに …………………………… 76
　1.1 可逆的な架橋／脱架橋プロセスによるポリマーのリサイクル ………… 76
　1.2 ポリロタキサンネットワーク …… 76
　1.3 動的共有結合の化学 ………… 78
　1.4 ジスルフィド結合の可逆的性質を利

	用したロタキサン合成 ……… 79		……………………………… 84
2	可逆的架橋ポリロタキサン ………… 80	2.4	ポリロタキサンネットワークのリサ
2.1	ジスルフィド結合を持つポリロタキ		イクリング ……………………… 86
	サンネットワークの合成 ……… 80	3	おわりに ……………………………… 87
2.2	架橋率のゲル物性に及ぼす影響 … 82	4	代表的実験例 ………………………… 87
2.3	ポリロタキサンエラストマーの合成		

第7章 ポリロタキサンゲル 〔伊藤耕三〕

1	はじめに …………………………… 90	4	小角中性子散乱パターン ………… 95
2	環動ゲルの作成法 ………………… 91	5	準弾性光散乱 ……………………… 96
3	応力−伸長特性 …………………… 93	6	環動ゲルの応用 …………………… 97

第8章 ポリロタキサンによる先端医療への挑戦 〔由井伸彦〕

1	はじめに …………………………… 99	3	ポリロタキサンによる遺伝子送達 … 103
2	ポリロタキサンによる生体との多価相	4	おわりに …………………………… 108
	互作用の亢進 ……………………… 99		

第9章 ゴム状ポリカテナン 〔圓藤紀代司〕

1	はじめに …………………………… 110	3.2	動的粘弾性 ………………………… 116
2	環状ジスルフィドの重合 ………… 112	3.3	ポリマーの光分解 ………………… 118
3	環状ジスルフィドポリマーの諸性質	4	形状記憶特性 ……………………… 118
	……………………………………… 115	5	おわりに …………………………… 120
3.1	熱的性質 …………………………… 115		

II ナノチューブ

第10章 シクロデキストリンナノチューブ 〔原田 明〕

1	はじめに …………………………… 125	2	分子チューブの設計 ……………… 126

3 シクロデキストリン分子チューブの設計と合成 …………… 127	5 疎水性チューブの合成 ………… 133
4 分子チューブの性質 ………… 129	6 超分子ポリマーの形成 ………… 133
	7 まとめ ………………………… 136

第11章 脂質ナノチューブのサイズ制御と内・外表面の非対称化　　増田光俊

1 はじめに－ナノチューブのサイズ・表面制御の重要性－ ………… 138	列 …………………………… 143
2 従来の脂質ナノチューブのサイズ制御とその問題点 ………… 139	5 ナノチューブの内径制御 ……… 145
3 くさび型の非対称双頭型脂質が形成するマイクロ・ナノチューブ …… 142	6 選択的なカプセル化を目指した内表面制御とナノ微粒子,タンパクの包接 … 146
4 マイクロ・ナノチューブ中での分子配	7 ナノチューブの選択的な合成 … 147
	8 おわりに ……………………… 148

第12章　磁性金属ナノチューブ　　中川　勝

1 はじめに …………………… 150	4 無電解めっきの鋳型機能 ……… 155
2 繊維状分子集合体の形態制御 ……… 151	5 Ni-P中空マイクロ繊維の物性 …… 157
3 繊維状分子集合体の形成機構 ……… 153	6 おわりに ……………………… 158

第13章　イモゴライトナノチューブ　　高原　淳,井上　望

1 はじめに …………………… 161	リッド ………………………… 164
2 イモゴライトの構造と性質 ……… 162	4 イモゴライトを用いたハイブリッドゲル
3 イモゴライトを用いたポリマーハイブ	ル …………………………… 168

第14章　ゾル・ゲル重合法による金属酸化物ナノチューブ　　英　謙二

1 はじめに …………………… 171	3.1 シリカナノチューブ ………… 175
2 ゲル化剤 …………………… 172	3.2 チタニア,酸化タンタル,酸化バナジウムのナノチューブ ……… 177
3 ゾル・ゲル重合による金属酸化物の作製 …………………………… 174	3.3 チタニアヘリックスナノチューブ

    3.4 L-バリン誘導体によるチタニア, ‥‥‥ 182　　　　酸化タンタルナノチューブ ‥‥‥ 183
4 おわりに ‥‥‥‥‥‥‥‥‥‥‥‥‥‥ 184

III　カーボンナノチューブ

第15章　可溶性カーボンナノチューブ　　中嶋直敏

1　カーボンナノチューブの可溶化の重要
　　性 ‥‥‥‥‥‥‥‥‥‥‥‥‥‥‥ 191
2　カーボンナノチューブの構造・基本特
　　性 ‥‥‥‥‥‥‥‥‥‥‥‥‥‥‥ 191
3　カーボンナノチューブの合成・精製法
　　‥‥‥‥‥‥‥‥‥‥‥‥‥‥‥‥ 192
4　カーボンナノチューブの可溶化と機能
　　化 ‥‥‥‥‥‥‥‥‥‥‥‥‥‥‥ 192
　4.1 共有結合による可溶化 ‥‥‥‥‥ 192
　4.2 サイドウォールへの物理吸着（非化
　　　学結合）による可溶化（あるいはコ
　　　ロイド分散）‥‥‥‥‥‥‥‥‥ 193
　　4.2.1 界面活性剤ミセルによる可溶化・
　　　　　機能化 ‥‥‥‥‥‥‥‥‥‥ 194
　　4.2.2 多核芳香族化合物による可溶化
　　　　　と機能化 ‥‥‥‥‥‥‥‥‥ 195
5　ポリマー・SWNTナノコンポジット
　　‥‥‥‥‥‥‥‥‥‥‥‥‥‥‥‥ 196
6　DNAおよびRNAとCNTのナノコンポ
　　ジット ‥‥‥‥‥‥‥‥‥‥‥‥‥ 197
7　SWNTのキラリティ分離 ‥‥‥‥‥ 198
8　ナノチューブ複合による液晶，ゲル形
　　成 ‥‥‥‥‥‥‥‥‥‥‥‥‥‥‥ 199
9　ナノチューブラセン状超構造体 ‥‥ 200
10　まとめと将来展望 ‥‥‥‥‥‥‥‥ 200

第16章　カーボンナノチューブのバイオ応用　　佐野正人

1　はじめに ‥‥‥‥‥‥‥‥‥‥‥‥ 203
2　CNTの化学構造と特性 ‥‥‥‥‥‥ 203
3　CNTの水への分散化と安定性 ‥‥‥ 205
4　バイオ分子によるCNTの表面修飾 ‥ 206
　4.1 糖質 ‥‥‥‥‥‥‥‥‥‥‥‥‥ 207
　4.2 核酸 ‥‥‥‥‥‥‥‥‥‥‥‥‥ 207
　4.3 タンパク質 ‥‥‥‥‥‥‥‥‥‥ 208
5　バイオセンサーへの応用 ‥‥‥‥‥ 210
　5.1 電気化学センサー ‥‥‥‥‥‥‥ 210
　5.2 FETセンサー ‥‥‥‥‥‥‥‥‥ 211
6　化学修飾CNTの細胞レベルでの応用
　　‥‥‥‥‥‥‥‥‥‥‥‥‥‥‥‥ 212
7　おわりに ‥‥‥‥‥‥‥‥‥‥‥‥ 213

第17章 有機分子を内包したナノチューブ　　竹延大志，岩佐義宏

1　はじめに …………………… 216
2　内包ナノチューブ …………… 217
3　有機分子内包ナノチューブの合成 … 218
4　構造 ………………………… 219
5　電子状態 …………………… 221
　5.1　ナノチューブの光吸収スペクトル
　　　　　　　　　　　………… 221
　5.2　有機内包ナノチューブの光吸収スペクトル ……………………… 222
6　キャリア数制御 ……………… 225
7　まとめ ……………………… 227

第18章 カーボンナノチューブ電子源　　世古和幸，齋藤弥八

1　電界放出とカーボンナノチューブの特長 …………………………… 230
2　電界放出顕微鏡法によるCNTエミッタの特性評価 ………………… 231
　2.1　先端の閉じたCNTの電界放出パターン ………………………… 231
　2.2　電子線干渉縞 ……………… 232
　2.3　単一の五員環からの電界放出電子のエネルギー分布 …………… 232
　2.4　単一の五員環から放出された電子線の輝度 ……………………… 233
3　透過電子顕微鏡による動的観察 …… 234
　3.1　電界印加中のCNTの挙動 …… 234
　3.2　電界印加中のCNTの挙動パターン ……………………………… 235
　3.3　電界放出中の二層CNT束の挙動 ………………………………… 237
　3.4　各種CNTの電界放出の電流－電圧特性 ………………………… 239
4　CNTの構造と残留ガスの影響 …… 240
5　CNTエミッタの電子放出均一性 … 240
6　ディスプレイへの応用 ………… 241
　6.1　CNT陰極の作製 …………… 241
　6.2　ランプ型デバイス …………… 241
　6.3　フラットパネル型デバイス …… 242
7　X線源への応用 ……………… 243

第1章 環・筒・管の特性を活かした超分子材料

高田十志和[*]

1 はじめに

「超分子」という言葉は，1987年にノーベル賞を受賞したフランスの化学者 Jean-Marie Lehn によってもたらされた[1,2]。分子が非共有結合によって特異的な集合体を形成する時，その集合体は成分分子の性質や機能の単なる和ではなく，それぞれの成分が持っていない性質や機能を発現する。この集合体のことを，1個の分子を超えた分子，「超分子」と呼ぶ。同じ頃，佐藤了（阪大）も「超分子生物学」という，超分子化学と非常に近い概念の言葉を用いた[3]。生体超分子という表現でも用いられる。無数の超分子系からできあがっている生体系における非共有結合の重要性を説いたものである。一方，高分子科学においては「超分子ポリマー」という非共有結合性ポリマーを表す言葉があり，モノマーユニットが疎水相互作用や水素結合などで高分子量体を形成する場合に用いられる。例えば，親水基と疎水基を持つ分子が秩序よく並んだ「分子膜」や，液体でもなければ結晶でもない「液晶」，あるいは DNA の二重らせんなどはその代表である。単純な超分子ポリマーの模式を図1に示す。超分子の素晴らしい能力は，可逆的な自己集合によって通常の分子では構築できないような，複雑な，次元の高い，あるいは巨大な構造体をいともたやすく構築できるところで発揮され，例えば3次元的な階層構造も簡単な分子から作ることができる。超分子系では弱い相互作用を基盤とするため単独での相互作用の力は弱いが，それらが複数個関与する多点相互作用を用いることで相乗効果が得られ，結合の強さは飛躍的に増大する。実際にフィルムや繊維としての形状と強度を保つことができる例も知られ，「超分子材料」としての地位を確立している。

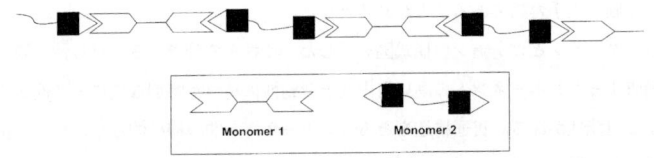

図1 超分子ポリマーの例（模式図）
モノマー1と2が水素結合など弱い相互作用で結合している。

---

* Toshikazu Takata 東京工業大学 大学院理工学研究科 有機・高分子物質専攻 教授

2　環，筒，管

　環（輪）や筒，あるいは管（チューブ）状の分子性素材はこれまでいくつか開発されてきたが，実用的な観点からのアプローチは少なかった。しかし，環や筒，チューブを構成成分としてもつ分子・材料はきわめて興味深い構造特性や動的特性を持っている。閉鎖系を形成するこれらの分子には独特の内面・外面があり，それらは薄い皮を隔てて全く異なる環境下にある。閉ざされた特異空間である内側には「もの（ゲスト）」を取り込むことができる一方，外面ではものをきちんと並べたりすることができるし，その曲率に基づく性質の違いもまた魅力的である。一方，輪や筒状物質とそれを貫通する軸との間の機械的な結合は，コンポーネント間に引力的な相互作用がないにもかかわらず一定の距離を保つために，そうした機械的な結合を基盤とする物質の特性を支配することになる。こうした背景から，最近これらの環や筒，チューブの特徴を活かした新しい材料開発に興味が集まってきている。

　グラフェンの裏と表に差はないが，それを曲げてチューブを作ればカーボンナノチューブとなり，その内部と外部は全く異なる特性を持つことになる。このようなチューブには細く長い中空分子としての特性とその長く半閉鎖的な空洞とがある。図2に単層のカーボンナノチューブの模式図を挙げた。フラーレン等の球状の分子と異なり，チューブとしての解放部を両端にもつ。解放部を持たないチューブも知られているが，内部を活用するにはあらかじめ金属原子などを内包させる必要があり，この場合基本的に外部にあるゲストとの交換等の動的なシステムの構築は不可能である。π電子に覆われた表面の化学的，物理的性質を活かした様々な応用が展開されている。

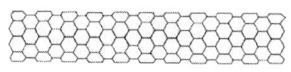

図2　単層のカーボンナノチューブ（SWNT）の模式図

　図3に代表的な環構造分子を挙げた。比較的多数の種類が知られているが，入手容易なものは少ない。市販品として安価で容易に入手できるものは，シクロデキストリン（1），クラウンエーテル（3），カリックスアレーン（7）など限られている。材料としてこのような環状，筒状分子を利用するには安価で入手容易であることが必要となる。

　図4にはロタキサンとカテナンの模式図を示した。これらの分子にみられる輪や筒と軸の貫通構造は，構成するコンポーネントの高い自由度と運動性に基づく特別な性質・特性から新しい素材を提供する可能性がある。貫通構造をとるコンポーネント間の機械的な結合が生み出す独特の世界がこうした材料には潜んでいる。実際，このところロタキサンやカテナンなどの分野では合成技術開発だけでなく，応用，実用化を目指した研究開発が少なくない。これらの研究はきわめて高度なレベルを目指したものが多く，次の世代の新素材開発につながるものである。

第 1 章　環・筒・管の特性を活かした超分子材料

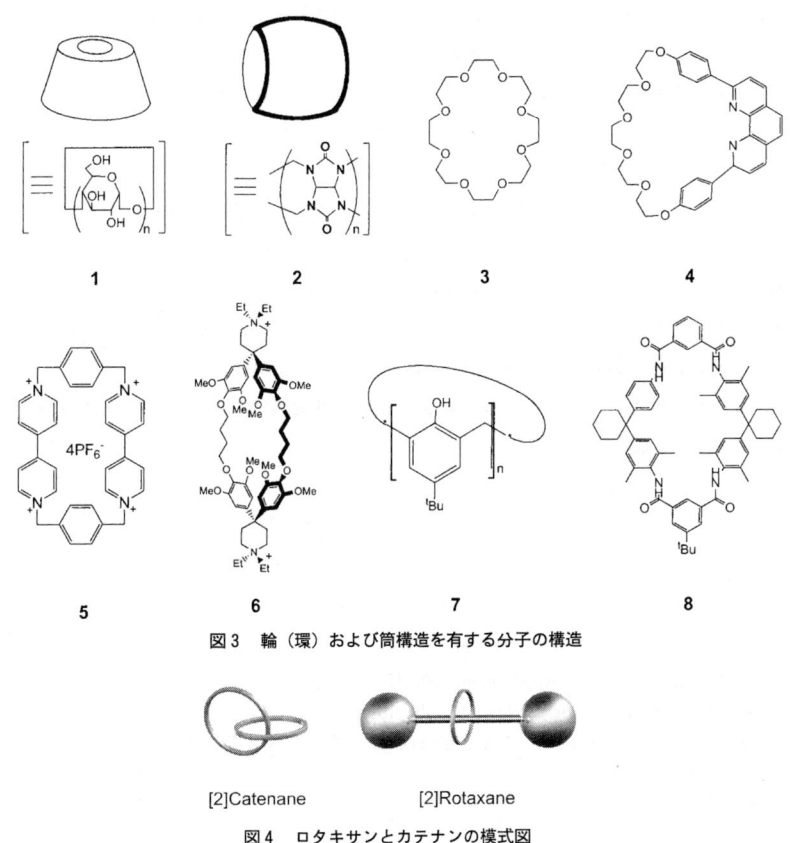

図3　輪（環）および筒構造を有する分子の構造

[2]Catenane　　[2]Rotaxane

図4　ロタキサンとカテナンの模式図
名称の前の数字はコンポーネントの数を表す。

3　環・筒・管の特性を活かした超分子材料

　前述のような環・筒・管構造を構成成分として持つ物質の多くは自己集合過程を経て形成されることが多く，その意味で「超分子」と呼ぶことができるし，実際に構成成分の持つ性質・機能とは全く異なる特性を示す物質に変貌を遂げる。

　本書では輪（環），筒，管（チューブ）状の物質，並びにその閉鎖空間を貫通する軸との組み合わせ構造を持つ物質について，主として材料の立場から，第1線で活躍中の研究者に執筆していただいた。未だ材料としての確固たる地位を築いたものは少ないが，それ故に本書の内容はこ

れらの「素材」を実際の材料として活かすための重要な指針を与えるものと言える。入手容易な材料とその組み合わせ，加工技術との組み合わせにも限界があることは自明である。永く科学技術立国であり続けるしかない我が国にとって，それを裏付けする「新材料」の創出は宿命でもある。産官学の協力体制のもと，強力に研究開発を推進せねばならない。

　本書では，これまでまとめて扱ったことのない素材「輪（環），筒，管（チューブ）状物質」の基礎と最先端の利用技術，応用技術を紹介している。全体が2部構成となっており，基礎編では，材料を構成する物質の基礎としてロタキサン，カテナンとそのポリマー並びにナノチューブの基本的な事項について紹介している。応用編では，大きく3つのパートに分けて，（ポリ）ロタキサンと（ポリ）カテナン，各種ナノチューブ，並びにカーボンナノチューブについて紹介している。どの章でも最新の研究成果が述べられるとともに，重要な実験項も記載されており，実用性の高いものとなっている。本書が企業等で最先端の研究開発に携わる研究者・技術者の必携の書となるものと確信する。

文　　献

1) J.-M. Lehn, *Pure & Appl.Chem.*, **50**, 871 (1978)
2) J.-M. Lehn, *Acc. Chem. Res.*, **11**, 49 (1978)
3) 佐藤了, "生体超分子", タンパク質核酸酵素 (1993年5月号増刊), vol.35, 1023 (1993)

基 礎 編

第 2 章　ロタキサン，カテナン[1]

須崎裕司[*1]，小坂田耕太郎[*2]

1　はじめに

　大環状分子の内孔を軸分子が貫通し，かつ軸の両末端が環の内孔よりも大きな基で封止された分子集合体を「ロタキサン」(Rotaxane, ラテン語のRota (= wheel, 車輪) と Axis (= axle, 軸) からなる造語) といい，環状分子同士が内孔を貫くように連結した分子集合体を「カテナン」(Catenane, ラテン語で「鎖」の意味) と呼ぶ．図1には，ロタキサンおよびカテナンの構造を模式的に示す．かぎ括弧で示す数字は集合体を構成する環および軸分子の数であり図1(i)は[2]ロタキサン，図1(ii), (iii)はどちらも[3]ロタキサンに分類される．末端に大きな置換基がなく，環状分子が軸から抜け出ることができる状態にあるロ

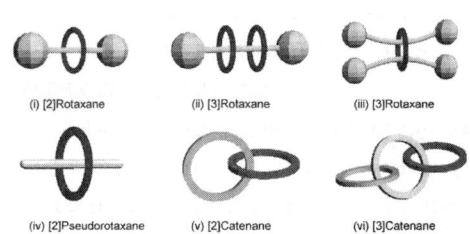

図1　ロタキサン，カテナンの概念図と名称

タキサンは「擬ロタキサン」(Pseudorotaxane) と呼ばれロタキサンとは区別される (図1(iv))．図1(v), (vi)には[2]カテナン，[3]カテナンの模式図を示した．ロタキサン，カテナンはトポロジカル超分子とも呼ばれる[2]．機械的に束縛されている構成分子間には共有結合は存在しないが，多くの場合，水素結合をはじめとする弱い相互作用が存在している．

2　ロタキサンの合成

　ロタキサンの合成法は図2(i), (ii)に示す軸状分子あるいは環状分子の結合生成反応によるものが一般的であり，それぞれ末端封止 (エンドキャッピング) 法 (図2(i))，クリッピング法 (図2(ii)) と呼ばれる．末端封止法はもっともよく用いられており，最初に軸状分子と環状分子か

[*1]　Yuji Suzaki　東京工業大学　資源化学研究所　博士後期課程
[*2]　Kohtaro Osakada　東京工業大学　資源化学研究所　教授

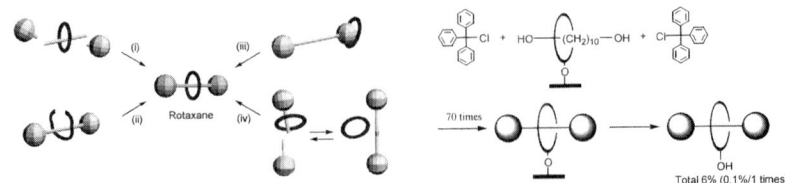

図2　ロタキサンの合成戦略

図3　Harrisonらによるロタキサンの初めての合成

ら擬ロタキサンを生成した後，軸分子の末端を大きい置換基で封止してロタキサンを得る。この合成法で鍵となるのは，1）擬ロタキサンが安定に生成していること，2）末端封止反応が擬ロタキサンを損なわず，かつ高効率な反応であること，の2点である。1）の条件を満たすためには適当な極性の溶媒，高濃度，低い反応温度が望ましい。2）に関しては軸分子あるいは環分子，およびその間の分子間相互作用を損なわない反応剤を選択する必要がある。軸状分子上で環化反応を行うクリッピング法は，軸に対して適切な環の前駆体がからみつく反応条件の設定，束縛された構造の中での効率よい環化反応を行う必要がある。

図2(iii)はスリッピング法と呼ばれる。反応条件を適切に選択することで軸状分子の末端封止基が環状分子のなかを通りぬける。図2(iv)はエンタリング法で，軸状分子内部の結合が可逆に解離再結合する間に環状分子を導入する方法である。環状分子に解離しやすい結合を導入したエンタリング法も知られている。

初めてのロタキサン合成は1967年にHarrisonらによって報告された[3]。この方法では図3に示すように，環状分子を固体表面上に集積し，これを浸した溶液中で軸分子と末端封止基との結合生成反応をおこない，一部の反応が環状分子を貫通した状態で進行することを期待したものである。結果として末端封止反応を70回繰り返すことによって，最終的に表面上から切り離して得られたロタキサンの収率は6％であった。したがって一回の反応あたりのロタキサン収率は0.1％以下であったことになる。

互いに強い相互作用をもつ軸分子と環状分子を設計することで安定な擬ロタキサンを合成でき，その末端を円滑に封止することでロタキサンに変換できる。現在このような目的に用いられている代表的な環状分子と軸状分子を図4に示した。これらの部分構造を有する分子を適切に組み合わせると，水素結合，疎水性相互作用，π-πスタッキングなどの適切な分子間力が作用するので，軸状分子と環状分子を混合するだけで擬ロタキサンが熱力学的に安定な生成物として得られる。

安定な擬ロタキサンとしてはBuschおよびStoddartらによる24員環のクラウンエーテルと2

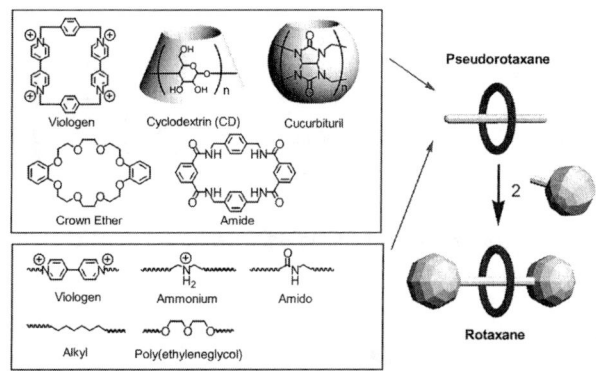

図4 分子間力を利用する擬ロタキサン形成に利用される分子の代表例

級アンモニウム塩の組み合わせが良く知られている[4,5]。図5に示したようにジベンゾ[24]クラウン-8-エーテルとジベンジルアンモニウム塩は25℃のCDCl$_3$中で擬ロタキサンとの平衡にあり，その錯形成定数は27000 M^{-1}に達する[5]。つまりこれらの化合物を0.1 Mずつになるように，1：1で混合すれば溶液中の分子のうち98%は擬ロタキサンを形成していることになる。この擬ロタキサンの安定化には二級アンモニウム部分と酸素との間のN−H⋯O，C−H⋯O水素結合に加えて，環と軸の芳香環同士のπ-πスタッキングが関与している。

さらに安定な擬ロタキサンとして，三つ又の軸分子とこれにはまり込む形の三環式の分子が1.5×10^7 M^{-1}というきわめて高い錯形成定数で擬ロタキサンを形成することが報告されている（図6）[6]。

荻野は擬ロタキサンの構造を設計しその末端封止を効率よく行うことによって，高い収率でロタキサンを得ることに成功した[7]。ジアミノデカンとシクロデキストリンを水中で混合することで，溶液中で擬ロタキサンを発生させる。この擬ロタキサン構造はシクロデキストリンとアルキル鎖部分との疎水性相互作用により安定化されている。生成した擬ロタキサンの軸分子のアミ

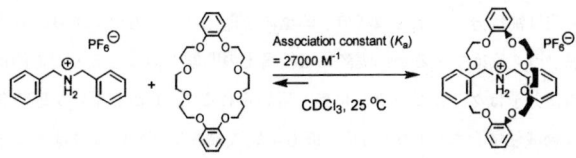

図5 クラウンエーテルとアンモニウム塩のロタキサン形成

環状・筒状超分子新素材の応用技術

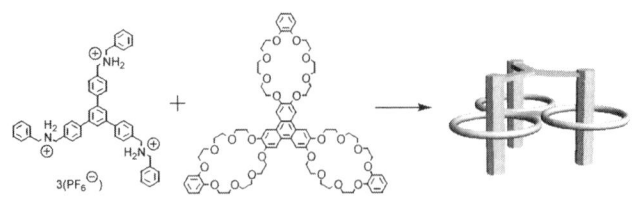

図6　多点相互作用を利用する安定な擬ロタキサンの形成

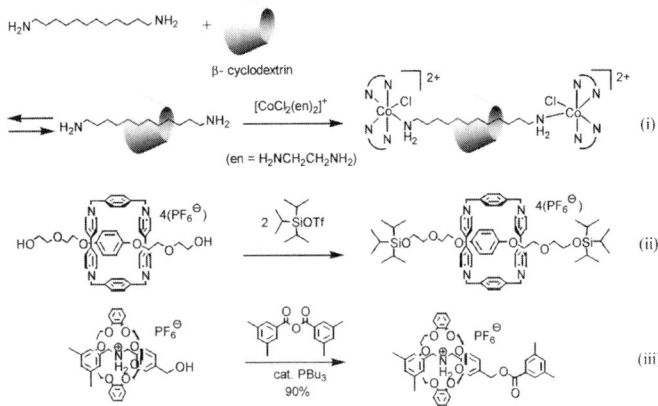

図7　末端封止法によるロタキサン合成

ノ基にコバルト錯体を配位させて，軸分子の両末端を封鎖してロタキサンを得ている（図7(i)）。図7(ii)の方法では環状分子のビオロゲン部分と，軸分子のフェニレン部分のπ-πスタッキングを分子間相互作用とする擬ロタキサンを形成させ，その後で大きな置換基を持つシリル基で両末端を封止している[8]。図7(iii)に示すのは高田らによって報告された酸無水物を用いる方法であり，90%という高収率でロタキサンが得られる[9]。

　クリッピング法は軸状分子の上で環状分子前駆体を環化させるものであり，ロタキサン合成法として容易に思いつく反応であるが，実際には技術上の問題もあってその報告例は少ない。ビオロゲンを含む環状分子はクリッピング法に良く用いられる[10]。しかし長い反応時間を要することが多く，容易な合成法ではない（図8(i)）。最もよい成果を挙げているのはアミド基間の強い水素結合を利用する方法である（図8(ii)）。この方法では短時間で97%という高収率でロタキサンが得られている[11]。

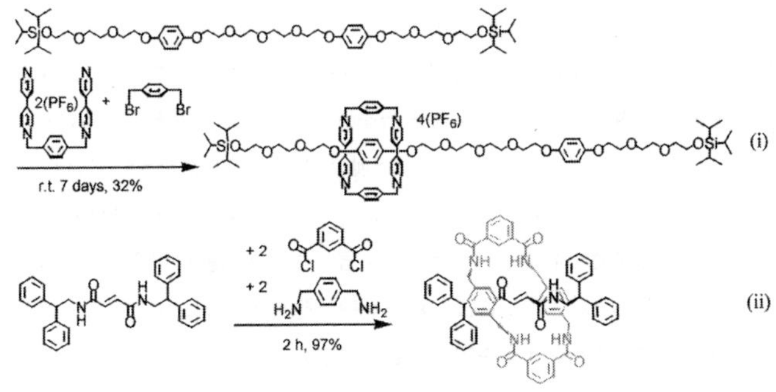

第2章 ロタキサン,カテナン

図8 クリッピング法によるロタキサン合成

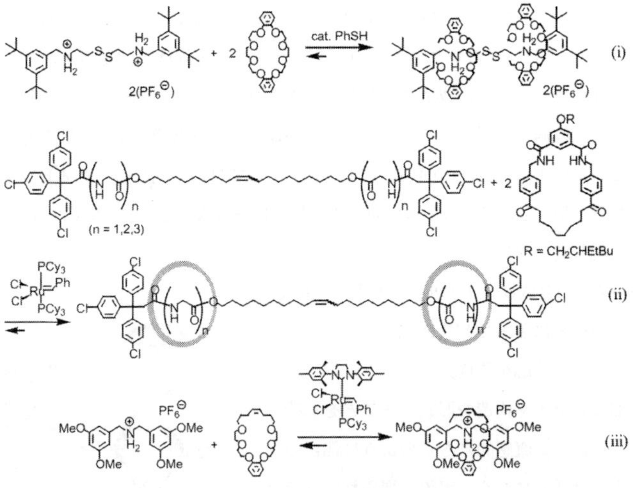

図9 熱力学的支配を利用するロタキサン合成

　クリッピング法は芳香環,不飽和アミドなど中性の官能基をゲストに用いることができ,また主鎖として用いることができる軸状分子の一般性は高い.したがって今後もクリッピング法に用いる分子や反応の開発は重要である.
　近年注目を集めている合成法が可逆な結合生成反応によってロタキサンを生成する反応で,図2(iv)で述べたエンタリング法に相当する.この場合ロタキサンは熱力学的に有利な生成物とし

11

て得られる。軸状分子あるいは環状分子内部に含まれる結合が可逆に解離，再結合を繰り返す間に二つの分子の間の相互作用によって安定化されたロタキサンが生成する。ロタキサン形成後，結合形成解離反応が非可逆となる条件を設定してロタキサンを固定化できる場合もある。

高田らによって軸分子内部にジスルフィド結合を導入することが考案されており，そのS-S結合が切断，再結合を繰り返すうちに，環状分子は軸状分子内部に導入されていく(図9(i))[12]。前述のように二級アンモニウムイオンとクラウンエーテルはロタキサン形成能が高いので(熱力学的に安定なので)，比較的高い収率でロタキサンを得ることができる。図9(ii), (iii)はオレフィンメタセシスを用いる方法である。反応後に触媒を取り除けば，オレフィン部分の可逆な解離を止めることができ，安定なロタキサンを得ることができる[13,14]。

3 カテナンの合成

カテナンはロタキサン(もしくは擬ロタキサン)の軸分子を環化させて合成する場合がほとんどである(図10)。しかし前述のロタキサンのクリッピング法と同様な問題点があり，一般にカテナン合成のほうがロタキサン合成より難しい。効率を高めるために環状分子と軸状分子をあらかじめ共有または配位結合で連結しておき，軸分子の環化を行った後，両成分間の結合を切る方法も用いられる。カテナン合成法の面白いアイディアとしては，2回ひねったメビウスの輪を切り離す方法がある。しかしメビウスの輪に対応する構造体を合成すること自体がまず困難であり，現在のところ実現していない。

カテナンの初めての合成はロタキサンよりも7年早く，1960年にWassermanによって報告された[15]。その合成計画は軸状分子の環化反応を環状分子存在下で行い，生成する環が偶然にカテナン構造を形成することを期待したものであった(図11)。直感的にもこのように都合のよい反応が起こるとは考えにくく，実際，得られたカテナンの収率は0.0001%程度と見積もられている。

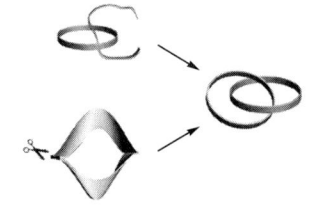

図10 カテナンの合成戦略

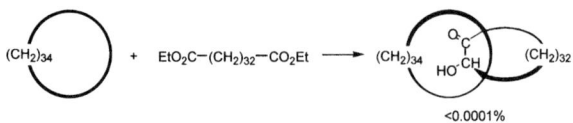

図11 Wassermanによるカテナンの初めての合成

第2章 ロタキサン, カテナン

 以上のようにして大環状化合物合成も未熟であった当時にカテナンは初めて合成され, これらの分子集合体が存在しうることがわかった。一方で偶然に頼って合成するのでは, これらがほとんど得られないということも同時にわかってきた。上の報告以来, この特徴ある分子集合体を効率よく合成する方法が20年ほど探究されることになった。
 カテナン合成も分子間力を用いることで飛躍的な進化を遂げた。その契機となったのはSauvageらによるCu(I)をテンプレート(鋳型)として用いる方法である。これは環化前駆体を配位結合で会合させ, 環化反応を行う方法である[16](図12(i))。Cu(I)は置換活性であるため, カテナン構造形成後Cu(I)を除くことも可能である。Hunterらによって開発されたカテナンの合成はアミドの水素結合を利用するものであり, 原料の調製, および反応操作が単純であるという特徴を持つ[17](図12(ii))。近年の例として, アニオンをテンプレートとして用いるカテナン合成がある(図12(iii))。この方法では塩素イオンがテンプレートとして作用し, カテナン前駆体を安定化している[18]。クラウンエーテルが陽イオンを包接することが見出されてきて以来[19], ゲスト分子には正電荷を帯びたものが多く用いられてきたが, このようにあらたな相互作用が超分子合成に用いられるようになれば設計できる超分子の幅が広がる。
 Sauvageの金属テンプレートを用いるカテナン合成はさらに進化し2004年には6個の金属イオンを鋳型につかって「ボロメアンの環」と呼ばれる構造に対応する, 複雑な構造体の合成が達成されている(図13)[20]。このときテンプレートは五配位の銅であり, これが環状分子の6ヵ所の交点に配置されている。
 カテナン合成においても熱力学的な支配を利用する合成法が成果を挙げている。藤田らは, 大環状二核パラジウム錯体を構成要素とするカテナンを合成した。この合成法においては, 分子内

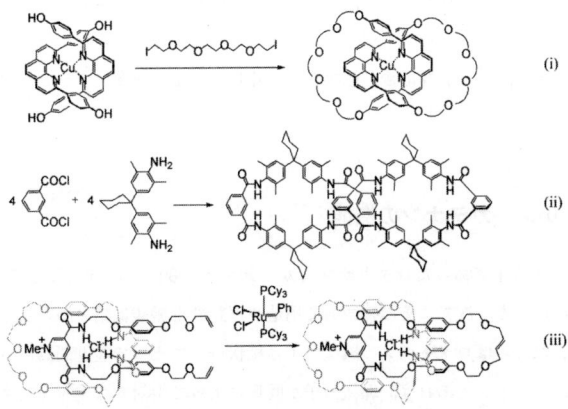

図12 分子間力を利用するカテナン合成

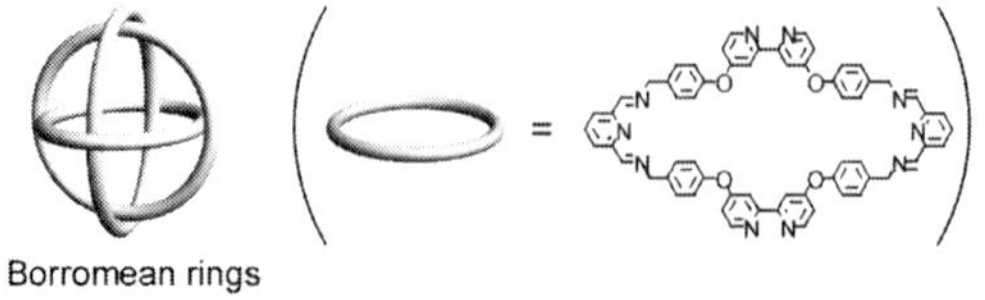

図13 分子「ボロメアンの環」

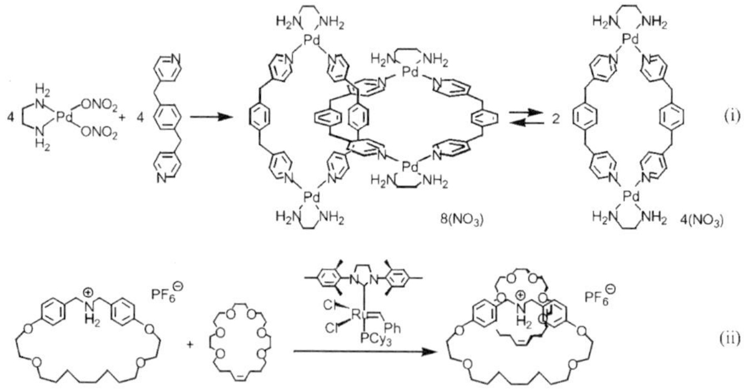

図14 熱力学的支配を利用するカテナン合成

部の金属-窒素配位結合が可逆な解離,再結合を繰り返しており,この間に熱力学的に安定な生成物であるカテナンが文字通り自己集合して生成し,これをほぼ定量的に得ることができる(図14(i))[21]。Stoddartらによる図14(ii)に示す方法では,ルテニウム錯体によるメタセシス反応で可逆なオレフィン部分の開裂と形成を引きおこして,クラウンエーテルとアンモニウムの相互作用によるカテナンを合成する。反応後,触媒を取り除けば安定な有機カテナンを得ることができる[22]。

4 ロタキサン,カテナンの機能

合成のターゲット分子であったロタキサン,カテナンは1980年代を過ぎ,比較的効率よく合成ができるようになると,次第にその特徴ある構造や運動性を機能に結びつけようとする研究が進められてきた。たとえばロタキサンの環状分子は軸状分子にそって並進運動あるいは回転運動することができ,カテナンであれば,環状分子が回転によって相対的な位置を変えることができる。分子の運動性が大きく,かつその方向や相互の位置関係が強く束縛されているので,これら

第 2 章 ロタキサン,カテナン

トポロジカル超分子の動的性質には共有結合のみからなる分子性化合物や通常の分子集合体にはあまりみられない特徴が期待され,これを機能に結びつける代表的な例として分子素子や分子モーター,ポリロタキサンゲル,ドラッグデリバリーシステムへの応用などがある。これらの詳細については後の[応用編]に譲り,ここでは上記以外の応用で最近のものを紹介する。

　機能化された分子を用いることでロタキサン,カテナンの構成分子の運動を制御している例を図15に示す。Leighらによって合成されたロタキサンは光を照射することで環状分子が軸状分子上を移動し,光照射をやめると元に戻る。これは環状分子の運動を光によって制御するものである一方,光エネルギーを環状分子の運動エネルギーに変換するという意味をもつ(図15(i))[23]。小坂田らの合成したフェロセン部分を含む軸分子は,電気化学的な刺激を与えると擬ロタキサンを形成する。これは自己集合による擬ロタキサンの形成を,外部刺激によって行うものである(図15(ii))[24]。Stoddartらはカテナンの回転を制御し,環状部分の相対的な位置関係を物性変化に連動させてデバイスの作成を行っている(図15(iii))[25]。

　ロタキサン,カテナンはアキラルな構成分子から形成されるものであっても相互の絡まり方によって新たにキラリティーを生じ,光学異性体を形成する。これらのキラル超分子はキラリティーを保ちながら構成分子の運動性は高く,柔軟な不斉場としてはたらくという特徴があり,これに由来する性質変化や幅広い不斉空間の創出などが期待される。平谷らによって合成されたキラル

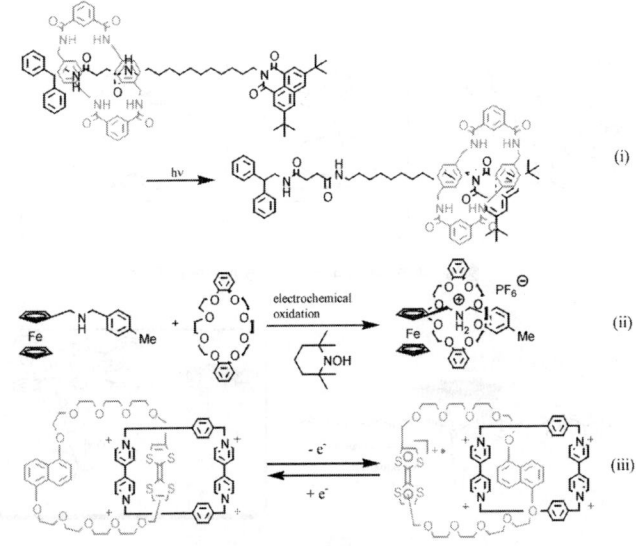

図15　構成分子の運動制御と物性発現

ロタキサンでは，左右非対称な軸分子とCs対称な環状分子から新しいキラリティーが発生する（図16(i)）[26]。Sauvageらはキラルカテナンを合成しており（図16(ii)）[27]，Cs対称な環状分子同士を組み合わせることによって不斉カテナンが発生する。一方でこれらのキラルロタキサン，カテナンの合成には既存の不斉合成反応がそのまま適応できない可能性が高く，これらの合成に残された課題は多い。

　ロタキサン，カテナンの応用研究はその特徴ある構造や運動性，物性変化に関するものが多かった。しかし最近，これらの超分子構造が化学反応に与える影響にも興味がもたれはじめている。

　図17には2003年に報告されたエポキシ化反応を示す。オレフィンのエポキシ化能を有するマンガンポルフィリン部分を環状分子内に導入すると効率よくエポキシ基をもつ高分子が生成する。これは含マンガン環状高分子の内孔をポリオレフィンが通り抜けることによって，ベルトコンベ

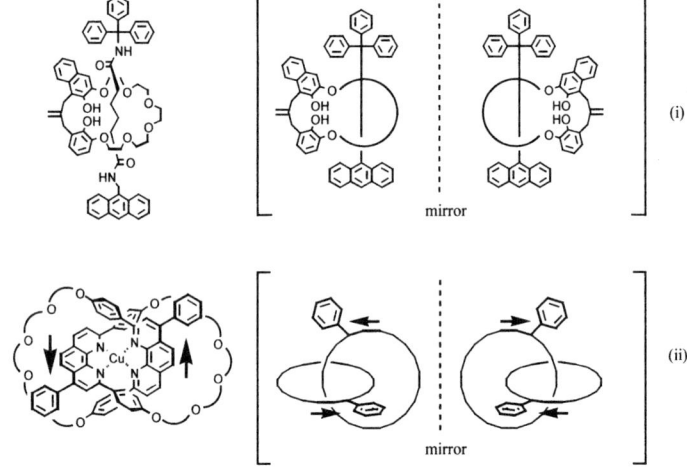

図16　キラルロタキサン，キラルカテナン

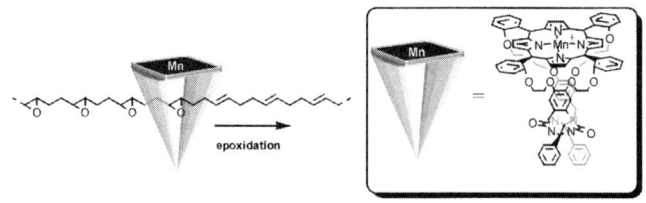

図17　環状エポキシ化触媒

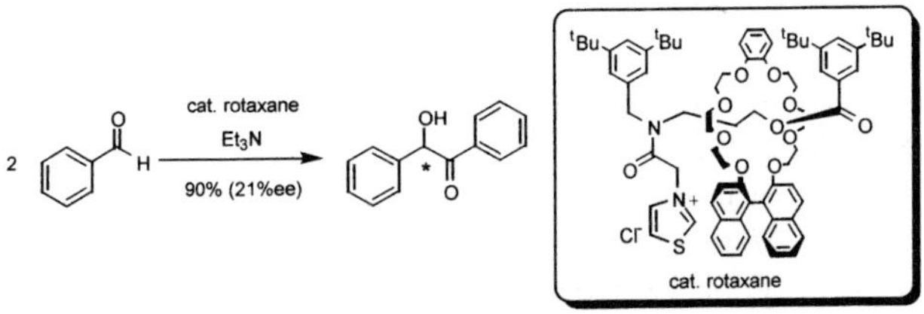

第2章 ロタキサン，カテナン

図18 キラルロタキサン触媒による不斉ベンゾイン縮合

アーのように連続的なエポキシ化が進行し，ポリブタジエンがポリエポキシへと変換されるためと考えられる[28]。図18には高田らによって報告された不斉ベンゾイン縮合を示した。この報告はロタキサンを不斉反応の触媒として用いた初めての例である[29]。

5 おわりに

分子が非共有結合によって集まった分子集合体，超分子のなかでロタキサン，カテナンは比較的単純な構造を有する低次元の超分子である。より巨大で，複雑な超分子化合物の挙動を正確に理解するうえで，その構成要素であるロタキサンやカテナンは常に重要な役割を占め続けるであろう。さらに機能を発揮する最少単位の超分子として応用への期待も高い。

6 実験項

末端封止法による[2]ロタキサンの合成(図7(iii))[9]
$[3,5\text{-}Me_2C_6H_3CH_2NH_2CH_2C_6H_4CH_2OH\text{-}4]^+[PF_6]^-$ (2.0 g, 5.0 mmol)とジベンゾ[24]クラウン-8-エーテル(2.4 g, 5.2 mmol)をCH_2Cl_2(7 mL)に溶解させる。この溶液に(3,5-$Me_2C_6H_3CO)_2O$ (2.1 g, 7.5 mmol)，P^tBu_3(125 μl, 0.5 mmol)を順次加え，室温で3時間かく拌する。水(25 mL)を加え，さらに1時間 かく拌した後，5％炭酸水素ナトリウム水溶液，ヘキサフルオロリン酸アンモニウム水溶液で洗浄し，得られる有機相を硫酸マグネシウムで乾燥したあと，溶媒を留去する。得られる粗生成物を再沈殿(CH_2Cl_2/ヘキサン)，再結晶(酢酸エチル)によって精製することで[2]ロタキサンが3.5 g (81％)の収率で単離できる。

文　献

1) (a) Catenanes, Rotaxanes, and Knots, Organic Chemistry. G. Schill, Academic Press, New York, 1971, vol. 22.
   (b) Molecular Catenanes, Rotaxanes and Knots. J.-P. Sauvage, C. O. Dietrich-Buchecker Eds., Wiley-VCH, Weinheim, 1999.
2) (a) 超分子化学, J.-M. Lehn(著), 竹内敬人(訳), 化学同人, 1997.
   (b) 超分子科学, 中嶋直敏(編著), 化学同人, 2004.
3) I. T. Harrison and S. Harrison, *J. Am. Chem. Soc.*, **89**, 5723 (1967).
4) A. G. Kolchinski, D. H. Busch, N. W. Alcock, *J. Chem. Soc., Chem. Commun.*, **1995**, 1289.
5) P. R. Ashton, P. J. Campbell, E. J. T. Chrystal, P. T. Glink, S. Menzer, D. Philp, N. Spencer, J. F. Stoddart, P. A. Tasker, D. J. Williams, *Angew. Chem., Int. Ed. Engl.*, **1995**, 1865.
6) V. Balzani, M. Clemente-León, A. Credi, J. N. Lowe, J. D. Badjić, J. F. Stoddart, D. J. Williams, *Chem. Eur. J.*, **9**, 5348 (2003).
7) H. Ogino, *J. Am. Chem. Soc.*, **103**, 1303 (1981).
8) P. L. Anelli, P. R. Ashton, R. Ballardini, V. Balzani, M. Delgado, M. T. Gandolfi, T. T. Goodnow, A. E. Kaifer, D. Philp, M. Pietraszkiewicz, L. Prodi, M. V. Reddington, A. M. Z. Slawin, N. Spencer, J. F. Stoddart, C. Vicent, D. J. Williams, *J. Am. Chem. Soc.*, **114**, 193 (1992).
9) H. Kawasaki, N. Kihara, T. Takata, *Chem. Lett.*, **1999**, 1015.
10) P. L. Anelli, N. Spencer, J. F. Stoddart, *J. Am. Chem. Soc.*, **113**, 5131 (1991).
11) V. Bermudez, N. Capron, T. Gase, F. G. Gatti, F. Kajzar, D. A. Leigh, F. Zerbetto, S. Zhang, *Science*, **406**, 608 (2000).
12) Y. Furusho, T. Hasegawa, A. Tsuboi, N. Kihara, T. Takata, *Chem. Lett.*, **2000**, 18.
13) J. S. Hannam, T. J. Kidd, D. A. Leigh, A. J. Wilson, *Org. Lett.*, **5**, 1907 (2003).
14) A. F. M. Kilbinger, S. J. Cantrill, A. W. Waltman, M. W. Day, R. H. Grubbs, *Angew. Chem. Int. Ed.*, **42**, 3281 (2003).
15) E. Wasserman, *J. Am. Chem. Soc.*, **82**, 4433 (1960).
16) (a) C. O. Dietrich-Buchecker, J.-P. Sauvage, J.-P. Kintzinger, *Tetrahedron Lett.*, **24**, 5095 (1983).
    (b) J.-P. Sauvage, *Acc. Chem. Res.*, **23**, 319 (1990).
17) C. A. Hunter, *J. Am. Chem. Soc.*, **144**, 5303 (1992).
18) M. R. Sambrook, P. D. Beer, J. A. Wisner, R. L. Paul, A. R. Cowley, *J. Am. Chem. Soc.*, **126**, 15364 (2004).
19) C. J. Pedersen, *J. Am. Chem. Soc.*, **89**, 7017 (1967).
20) K. S. Chichak, S. J. Cantrill, A. R. Pease, S.-H. Chiu, G. W. V. Cave, J. L. Atwood, J. F. Stoddart, *Science*, **304**, 1308 (2004).
21) (a) M. Fujita, F. Ibukuro, H. Hagihara, K. Ogura, *Nature*, **367**, 720 (1994).

第 2 章 ロタキサン,カテナン

(b) M. Fujita, *Acc. Chem. Res.*, **32**, 53 (1999).
22) E. N. Guidry, S. J. Cantrill, J. F. Stoddart, R. H. Grubbs, *Org. Lett.*, **7**, 2129 (2005).
23) A. M. Brouwer, C. Frochot, F. G. Gatti, D. A. Leigh, L. Mottier, F. Paolucci, S. Roffia, G. W. H. Wurpel, *Science*, **291**, 2001 (2124).
24) (a) M. Horie, Y. Suzaki, K. Osakada, *J. Am. Chem. Soc.*, **126**, 3684 (2004).
 (b) M. Horie, Y. Suzaki, K. Osakada, *Inorg. Chem.*, **44**, 5844 (2005).
25) C. P. Collier, G. Mattersteig, E. W. Wong, Y. Luo, K. Beverly, J. Sampaio, F. M. Raymo, J. F. Stoddart, J. R. Heath, *Science*, **289**, 1172 (2000).
26) N. Kameta, K. Hiratani, Y. Nagawa, *Chem. Commun.*, **2004**, 466.
27) J.-C. Chambron, D. K. Mitchell, J.-P. Sauvage, *J. Am. Chem. Soc.*, **114**, 4625 (1992).
28) P. Thordarson, E. J. A. Bijsterveld, A. E. Rowan, R. J. M. Nolte, *Nature*, **424**, 915 (2003).
29) Y. Tachibana, N. Kihara, T. Takata, *J. Am. Chem. Soc.*, **126**, 3438 (2004).

第3章　ポリロタキサン，ポリカテナン

木原伸浩[*]

1　はじめに

　ポリロタキサンとは，その名の通りロタキサン構造を含むポリマーであり，ポリカテナンとはカテナン構造を含むポリマーである[1〜3]。ロタキサンやカテナンのようなインターロック化合物の特徴は，インターロック化合物を構成するコンポーネント間が共有結合ではなく空間結合によって結びつけられていることである。空間結合は，共有結合と同じレベルの強度を持つ結合であるにも関わらず，水素結合などの非共有性の結合よりも高い自由度をもつ。したがって，ポリロタキサンやポリカテナンのようなインターロックポリマーは，従来の高分子と同様の熱的性質を持ちながら，共有結合だけからなる高分子では不可能な高い自由度に基づく特異な物理的，機械的，化学的特性を持つことが期待される。特に，主鎖の自由度に基づく特異な弾性や塑性の発現が期待されている。

　インターロックポリマーは，インターロック構造をどのように持たせるかによって様々な形態があり得る。図1には，インターロック構造としてもっとも簡単な[2]ロタキサンと[2]カテナンを持つものに限定して，考えられるインターロックポリマーの形態を分類して模式的に示した。もちろん，インターロックポリマーに含まれる基本的なインターロック構造が，[3]ロタキサンや[3]カテナンなどとより複雑になれば，インターロックポリマーとして取りうる形態は極めて多様になる。しかし，合成の困難さもあり，このような複雑な形態を持つインターロックポリマーはほとんど作られていない。

　ポリ[2]ロタキサンもポリ[2]カテナンも，そのインターロック構造を主鎖に有するか側鎖に有するかによって，主鎖型と側鎖型に分かれる。側鎖型のインターロックポリマーは比較的単純である。主鎖型のインターロックポリマーは，主鎖に空間結合を含むかどうかによってさらに共有結合型と空間結合型に分かれる。主鎖型で空間結合型のポリ[2]ロタキサンにおいては，さらにhead-to-headのものとhead-to-tailのものがある。もちろん，ポリ[2]カテナンでも[2]カテナン構造の二つの輪コンポーネントが異なればhead-to-headとhead-to-tailの2種類があり得ることになる。なお，head-to-head型のポリ[2]ロタキサンはポリ[3]ロタ

---

　[*]　Nobuhiro Kihara　神奈川大学　理学部　化学科　教授

第3章 ポリロタキサン，ポリカテナン

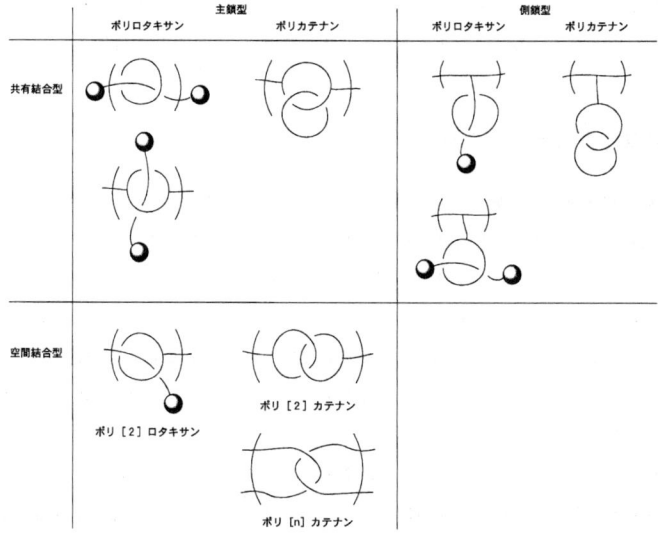

図1　[2]ロタキサン・[2]カテナンを含むポリロタキサン・ポリカテナンの形態による分類

キサンと見なすこともできる。また，ポリロタキサンにおいては，軸コンポーネントの末端が封鎖されていないと，インターロック構造が固定化されていない擬ポリロタキサンとなる。これまで様々なインターロックポリマーが合成されてきたが，その物理的性質は明らかでないものが多いだけでなく，インターロックポリマーに特徴的な物性が観察された例は少ない。これは，1つには，単にインターロック構造を含むだけでなく，環のサイズやスペーサーの長さなどを適切に設定しなければインターロック構造に基づく物性を示さないからであると考えられる。しかし，より重要なことは，コンポーネント間相互作用を消し，純粋な空間結合を用いることにあると考えられる。インターロック構造を効率的に構築するためにはコンポーネント間に引力的な相互作用が必要であるが，このような相互作用は，でき上がったインターロック構造中ではコンポーネント間の分子内相互作用として残ることになる。したがって，合成したばかりのインターロックポリマーでは，それに含まれる空間結合が強い相互作用を伴っている。このような相互作用は，インターロックポリマーがその空間結合に基づく物性を発現するのを阻害する要因であるから，合成時に導入されたコンポーネント間相互作用をどのように除去するかを考慮しなければならない。ただし，このような相互作用として，シクロデキストリンなどで働く疎水相互作用は特別である。疎水相互作用は水中以外では働かないことから，疎水相互作用を利用して水中で合成したインターロックポリマーは，水以外の媒体中ではコンポーネント間相互作用

21

を持たないインターロックポリマーとしてふるまう。インターロックポリマーとしての興味ある物性が見出されている例にシクロデキストリンを用いた系が多いのは偶然ではない。

2 共有結合型ポリロタキサン

2.1 シクロデキストリンを輪コンポーネントとするポリロタキサン

　緒方らはシクロデキストリンと疎水相互作用により錯形成したジアミンを用いてポリアミドの合成を行ない，最初のポリロタキサンを得た[4]。その後，シクロデキストリン存在下で重合を行なうという方法論で，シクロデキストリンを輪コンポーネントとする様々なポリロタキサンが得られている[5～13]（スキーム1）。また，シクロデキストリンと同様に疎水相互作用によって包接錯体を形成することのできるシクロファンの存在下で重合を行なうと，同様のポリロタキサン合成が可能である[14～16]。

　一方，原田らは，ポリエチレングリコールやポリプロピレングリコールなどのポリマーがシクロデキストリンと疎水相互作用により錯形成し，ポリロタキサンを与えることを見出した[17, 18]。この錯形成の特徴はシクロデキストリンの内孔の大きさとポリマーの断面積との間によい相関があることである[17～21]。内孔径の小さいα-シクロデキストリンは側鎖のないポリエチレングリコールと選択的に錯形成し，側鎖にメチル基を持つポリプロピレングリコールはそれよりも内孔のわずかに大きいβ-シクロデキストリンと選択的に錯形成する。α-シクロデキストリンとポリプロピレングリコール，あるいは，β-シクロデキストリンとポリエチレングリコールを混合しても何も起こらない。このようなシクロデキストリンへのポリマーの包接錯体の形成を利用すると，様々なポリロタキサンが容易にしかも大量に得られる[22～24]。そのため，この方法はポリロタキサンの合成だけでなく，ポリロタキサンを様々な用途に応用する際にもっともよく用いられる方法となっている。

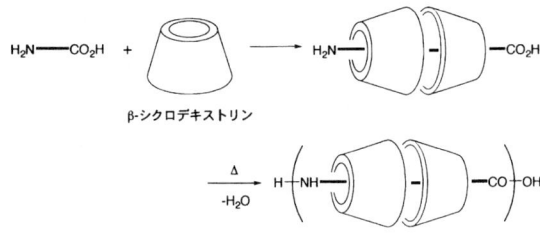

スキーム1

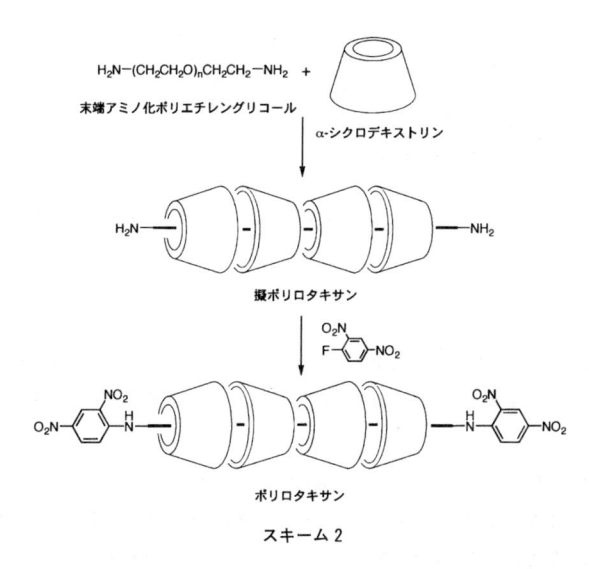

第3章 ポリロタキサン, ポリカテナン

スキーム2

[スキーム2: 末端アミノ化ポリエチレングリコール (H₂N-(CH₂CH₂O)ₙCH₂-NH₂) と α-シクロデキストリンから擬ポリロタキサンを形成し, 2,4-ジニトロフルオロベンゼンで末端封鎖してポリロタキサンを得る反応式]

シクロデキストリンの存在下で重合するにしても，シクロデキストリンとポリマーを錯形成させるにしても，得られるポリロタキサンはポリマーの末端にかさ高い置換基を持たないため，シクロデキストリンとポリマーとの相互作用が失われると（疎水相互作用は簡単に消失する）シクロデキストリンがポリマーの軸から抜け出してしまう擬ポリロタキサンである。この擬ロタキサンの末端封鎖を行ない安定なポリロタキサンを得るためには，一般に，アミノ基を両末端に有するポリマーを軸コンポーネントに用いる。適切な内孔のシクロデキストリンと常法によって錯形成させた後，2,4-ジニトロフルオロベンゼンとの芳香族求核置換反応[25～27]あるいは酸クロリドによるアシル化反応[28]によって末端封鎖を行なうと，安定なポリロタキサンが得られる（スキーム2）。

ここで，末端が反応性の高いアミノ基で定量的に官能基化されているポリマーを入手するのは一般に困難である。高田らは，容易に入手可能な末端が水酸基のポリマーを用い，固相反応を利用することでポリロタキサンを得た[29]（スキーム3）。

このようにして得られる主鎖型の(擬)ポリロタキサンには，そのインターロック構造を利用した様々な応用が検討されている。由井らは生分解性の官能基で末端封鎖したポリロタキサンを用いて，新しい刺激応答性ポリマーシステムの構築を試みている。また，原田らはポリロタキサン上のシクロデキストリンを互いに連結することで筒状の分子システムを構築した。これらについては，それぞれ第8章と第10章で詳述する。

軸コンポーネント上でのシクロデキストリンの位置を任意に設定できれば，ポリロタキサンを

23

ポリ（テトラヒドロフラン）－
全メチル化α-シクロデキストリン錯体
（擬ポリロタキサン）

スキーム3

　計算尺やそろばんのように用いることができる。重川と小宮山らはSTMを利用して，ポリロタキサン内でのシクロデキストリンの位置を変え，さらに，その位置を読み出すことができることを示した[30]。

　ポリロタキサンの軸コンポーネントとして導電性ポリマーを用いると，導電性ポリマーを周囲から絶縁することができる[31~35]。導電性ポリマーには分子デバイスでの電線の役割が期待されているが，確実に電気を伝えるためには絶縁しなければならず，ポリロタキサンはそのための構造として必須と考えられている。

　導電性ポリマーをポリロタキサンとすることは，凝集しやすい導電性ポリマーを一分子として単離してその性質を見ることに等しい。蛍光性を有するポリマーを軸コンポーネントとしてポリロタキサンとすると，蛍光性が著しく向上する[31, 32, 36]。ポリロタキサンとすることで蛍光性ポリマーの分子間スタッキングが抑制され，分子間のエネルギー移動が起こらなくなったからであると考えられる。

　ナフタレンを導入したシクロデキストリンを輪コンポーネントとし，末端官能基としてアントラセンを持つポリロタキサンでは，ナフタレン環を励起すると，そのエネルギーがシクロデキストリン上のナフタレン間を移動し，最終的にアントラセン環に落ちる[37~39]。このように，色素が吸収したエネルギーを集約する作用をアンテナ効果と称するが，その効率はポリロタキサン上でのナフタレン環の密度に依存する。

　一方，シクロデキストリンを利用すると様々な側鎖型のポリロタキサンを得ることもできる。側鎖にカルボン酸を有するポリマーは，カルボキシ基を活性化した後，末端にアミノ基を有する擬ロタキサンと縮合させることにより側鎖型のポリロタキサンを与える[40~44]（スキーム4）。また，ポリベンズイミダゾールを擬ロタキサンでアルキル化することによっても側鎖型のポリロタキサンが得られる[45]。

　長いメチレン鎖のスペーサーを介して末端にかさ高い置換基を持つアクリルアミドは水中でシ

第3章 ポリロタキサン, ポリカテナン

スキーム 4

クロデキストリン誘導体と擬ロタキサンを形成する。これをラジカル重合すると，側鎖型のポリロタキサンが得られる[46]。生成物のうち，水溶性の分画は側鎖1つあたり1つのシクロデキストリンを有している(スキーム5)。

スキーム 5

2.2 ククルビットウリルを輪コンポーネントとするポリロタキサン

ククルビットウリルは環状ビスウレアで，酸性水溶液中でメチレン鎖が4〜6のジアミンと包接錯体を形成する[47]。ナイロンを還元して得られるポリ（ヘキサメチレンイミン）は酸性水溶液中でククリビットウリルと錯形成して擬ポリロタキサンを与える[48]。また，主鎖に4,4'-ビピリジニウム塩部位をもつポリマーが水中でククルビットウリルと錯形成し，擬ポリロタキサンを与えることも報告されている[49]。この場合，ククルビットウリルはビピリジニウム塩の間のメチレン鎖上に局在化していることが示されており，疎水相互作用とイオン-双極子相互作用が働いているものと考えられている（図2）。

アンモニウム塩部位を有するアセチレンとアジドとの1,3-双極子付加環化反応はククルビットウリルによって非常に強力に触媒され，生成するトリアゾールはそのままククルビットウリルの中に取り込まれる[50, 51]。この反応を用いた重付加反応によるポリロタキサンの合成が報告されている[52]（スキーム6）。

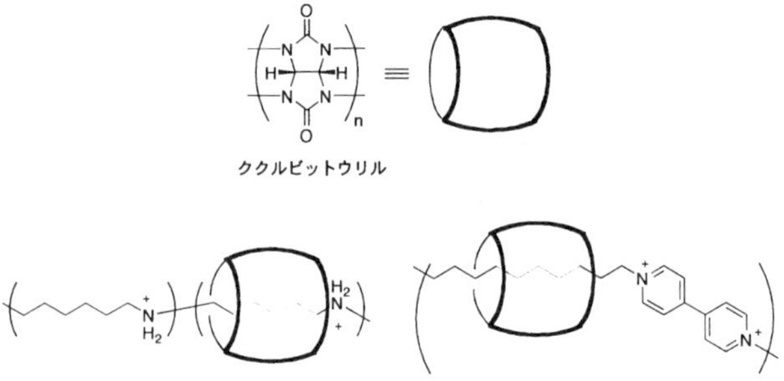

図2 ククルビットウリルを輪コンポーネントとする代表的なポリロタキサン

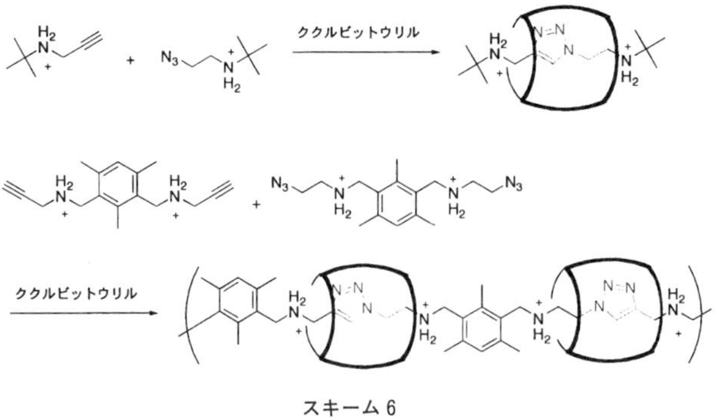

スキーム6

2.3 クラウンエーテルを輪コンポーネントとするポリロタキサン

ポリロタキサンを簡便に得る方法として，大環状のクラウンエーテルの存在下で重合を行なう方法は古くから検討されてきた[53]。例えば，様々な環サイズのクラウンエーテルを溶媒としてテトラエチレングリコールとMDIとの重縮合を行なった後，過剰のクラウンエーテルを再沈殿で除くと，ポリウレタンの1繰り返しユニットあたり0.16〜0.87個のクラウンエーテルがはまったポリロタキサンが得られるという[54, 55]（スキーム7）。重合時には水酸基とクラウンエーテルとの水素結合が，重合後ではウレタンのNH基とクラウンエーテルとの水素結合が，それぞれ想定されている。しかし，これらの水素結合では安定なポリロタキサンを形成できないはずである。対応するポリウレタンをクラウンエーテルと混合した実験の結果[56]などと総合すると，得られているものは，ポリロタキサンではなくカテナンなのではないかと推定される。重縮合・重付加反応では，大環状高分子の生成が避けられない。このような大環状高分子にカテナン構造で取り込まれてしまったクラウンエーテルは環から抜け出すことができないため，クラウンエーテル複合体として得られるのだと考えることができる。

熱力学的に安定なポリロタキサンを得るために，かさ高いモノマーあるいは開始剤を用いた重合がクラウンエーテルを溶媒として検討されている。トリチル基を持つジオールを用いて，30員環クラウンエーテルを溶媒とする重縮合を行なうと，トリチル基でクラウンエーテルの脱離がせき止められたポリロタキサンが得られる[57, 58]。また，かさ高い置換基を有するアゾ開始剤を用いてスチレンの重合を行なうと，重合停止はほとんどがラジカルカップリングでおこるため，ポリロタキサンが得られる[59]。

戦略的ポリロタキサン合成も行なわれている。ラジカル重合性官能基を末端に有し，もう一方の末端にはかさ高い置換基を持つ二級アンモニウム塩を，24員環のクラウンエーテルの存在下でラジカル重合すると，アンモニウム塩部位にクラウンエーテルが錯形成した擬ロタキサン型のモ

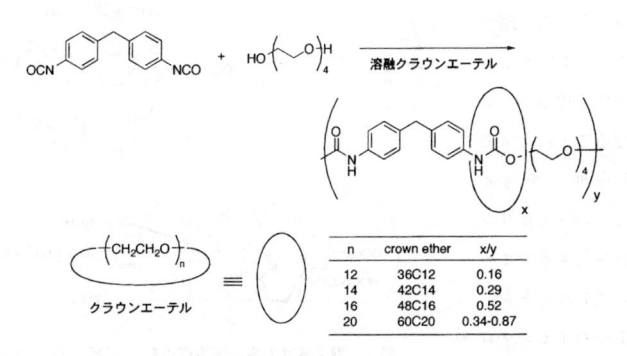

n	crown ether	x/y
12	36C12	0.16
14	42C14	0.29
16	48C16	0.52
20	60C20	0.34-0.87

スキーム7

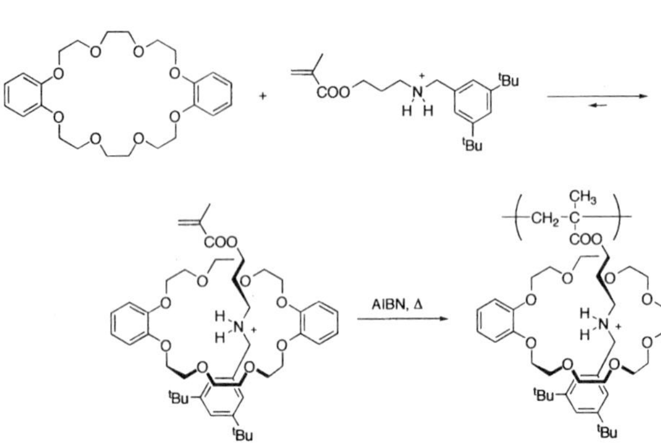

スキーム8

ノマーとの共重合が進行し，側鎖型のポリロタキサンが得られる（スキーム8）。ロタキサン型のユニットの導入比率は，重合条件やスチレンなどとの共重合によって調節することができる[60, 61]。

2.4　ビピリジニウム塩と電子密度の高い芳香環との相互作用を利用するポリロタキサン

ビピリジニウム塩と電子密度の高い芳香環とのCT相互作用は特異的で非常に強いため，様々な形態のポリロタキサンを得るのに用いることができる[62, 63]（図3）。

1,5-ビス（アルコキシ）ナフタレン部位を有する大環状ポリエーテルは，4,4'-ビピリジニウム塩部位を持つシクロファンと混ぜることによって擬ポリロタキサンを与える[64～66]。また，4,4'-ビピリジニウム塩部位を有するジオールと1,4-ビス（アルコキシ）ベンゼン部位を有するシクロファンから擬ロタキサンを得

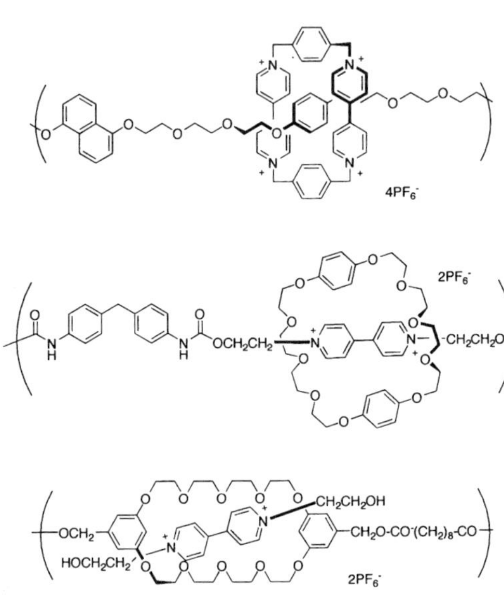

図3　電子密度の高い芳香環と4,4'-ビピリジニウム塩とのCT相互作用を利用したポリロタキサン

第3章 ポリロタキサン，ポリカテナン

スキーム9

ることができるが，このジオールをモノマーとして（共）重縮合を行なうと，擬ポリロタキサンが得られる[67]。さらに，主鎖にクラウンエーテルを含むポリエステルは，4,4'-ビピリジニウム塩と錯形成して擬ポリロタキサンを与える[68〜70]。

ラジカル重合性官能基を末端に有し，もう一方の末端にはかさ高い置換基を持つ1,4-ビス（アルコキシ）ベンゼンを，4,4'-ビピリジニウム塩部位を持つシクロファンの存在下でラジカル重合すると，CT相互作用で錯形成した擬ロタキサン型のモノマーとの共重合が進行し，側鎖型のポリロタキサンが得られる[71]（スキーム9）。

3 空間結合型ポリロタキサン

ジベンジル型の二級アンモニウム塩部位を持つ24員環クラウンエーテルは自己集合によりポリ[2]ロタキサンを与えると期待される。しかし，重合体は生成せず，環状2量体が得られた[72,73]（スキーム10）。

ここで重要なのは，モノマーの濃度である[74]。錯形成は平衡過程であるので，ロタキサン構造の形成によって環状となるのかポリマーとなるのかは，錯形成時点での熱力学的な関係によって

29

スキーム10

決まる。一般には濃度が高ければ環化体に対してポリマーの形成が有利になるので，より高濃度で重合を行なうことによって環状オリゴマーの生成が抑えられ，重合度の高いポリマーが得られることになる。

Gibson らはスペーサーを工夫することで溶解性をあげた二官能性のクラウンエーテルと二官能性のアンモニウム塩との錯形成を検討し，低濃度では環状二量体が選択的に生成するのに対して，高濃度では線状のポリマーが得られることを示した[75]（スキーム11）。ここで得られるポリマーは，head-to-head のポリ［２］ロタキサンであるポリ［３］ロタキサンで，正確には，末端封鎖がされていないため擬ポリロタキサンであるが，通常のポリマーと同様な透明フィルムにキャス

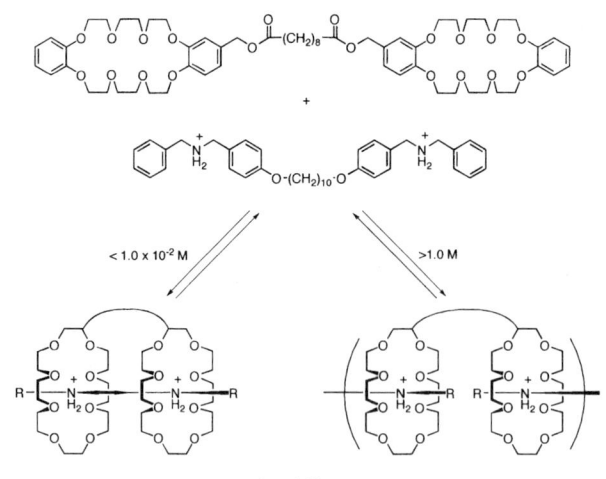

スキーム11

第3章 ポリロタキサン，ポリカテナン

スキーム12

ト成型することができる。

　シクロヘキシル基は24員環のクラウンエーテルの内孔とほぼ同じ大きさであるため，熱振動が激しくなる高温ではクラウンエーテル内孔を通過することができるが，低温では通過することができない[76]。そのため，シクロヘキシル基を末端に持つロタキサンは，室温程度では安定であるが，高温になるとその環境における熱力学的安定性に基づいて解離平衡状態となる。また，シクロヘキシル基の導入は，アンモニウム塩の有機溶媒中での溶解度を高める働きがある。二官能性のクラウンエーテルとシクロヘキシル基を末端に持つ二官能性アンモニウム塩とを低極性溶媒中で混合して加熱することにより，熱力学的に準安定なポリ［3］ロタキサンが得られる[77]（スキーム12）。このポリマーは，DMSOのように水素結合を阻害しロタキサン構造を熱力学的に不安定化する高極性溶媒にさらすことにより，モノマーへと定量的に解離させることができる。

　高温でも安定なポリ［3］ロタキサンは，封鎖末端にかさ高い置換基を用いることで得られる。高田らは，二官能性アンモニウム塩としてスペーサーにジスルフィド結合を持つものを利用し，チオールを触媒として重合することにより，高重合度のポリ［3］ロタキサンを得た[78~80]（スキーム13）。チオール－ジスルフィド交換反応によって可逆的に開裂しているジスルフィド結合を通ってクラウンエーテルが軸に入り，重合が進行する。アンモニウム塩の末端官能基として3,5-ジ-*tert*-ブチルフェニル基を利用することにより，アンモニウム塩の溶解度が高くなり，重合に適した高濃度で重合が行なえることが重要である。

　原田らは，シクロデキストリンの疎水相互作用を利用した系で，シクロデキストリンに対する疎水基の向きを工夫することによって，環化体を生成すること無く[81~83]高重合度の擬ポリ［2］ロタキサンを与えることを最近明らかにした[84,85]。しかし，このポリマーは動的な解離平衡下にあるため，その特性を明らかにするのは容易ではない。

スキーム13

4 ポリカテナン

4.1 ポリ[2]カテナン

多官能性の[2]カテナンをモノマーユニットとし，重縮合あるいは重付加反応を行なうことによって様々なポリ[2]カテナンが合成されている（図4）。重合には，0価パラジウム錯体を触媒とするカップリング反応[86]，水酸基のアシル化によるエステル化[87~90]，水酸基とイソシアナートの反応によるウレタン合成[91~93]，カルボン酸のアルキル化によるエステル化[92, 93]，アミノ基のアシル化によるアミド化[94]，ビピリジンの銀イオンへの配位[93, 95]，チオフェンの酸化カップリング[96]，などの反応が利用されている。カテナンユニットとしては，二級アミドの水素結合を利用した系[86, 88, 90]，フェナントロリン-銅錯体を利用した系[87, 89, 94]，4,4'-ビピリジニウム塩のCT相互作用を利用した系[91~93, 95, 96]，が利用されている。モノマーに使う[2]カテナンとしては，[2]カテナンの持つ官能基が重合を阻害しなければ基本的にどのようなものでも利用できる。カテナン合成と重合に全く異なる反応を用いることで，カテナンの持つ官能基をうまく利用して重合を行なう場合もあるが[86, 95, 96]，保護基を用いて重合に必要な官能基を導入すれば，自由に重合反応を選ぶことができる[87~94]。また，このような官能基化された[2]カテナンを利用して，側鎖型のポリカテナンも合成されている[97]。

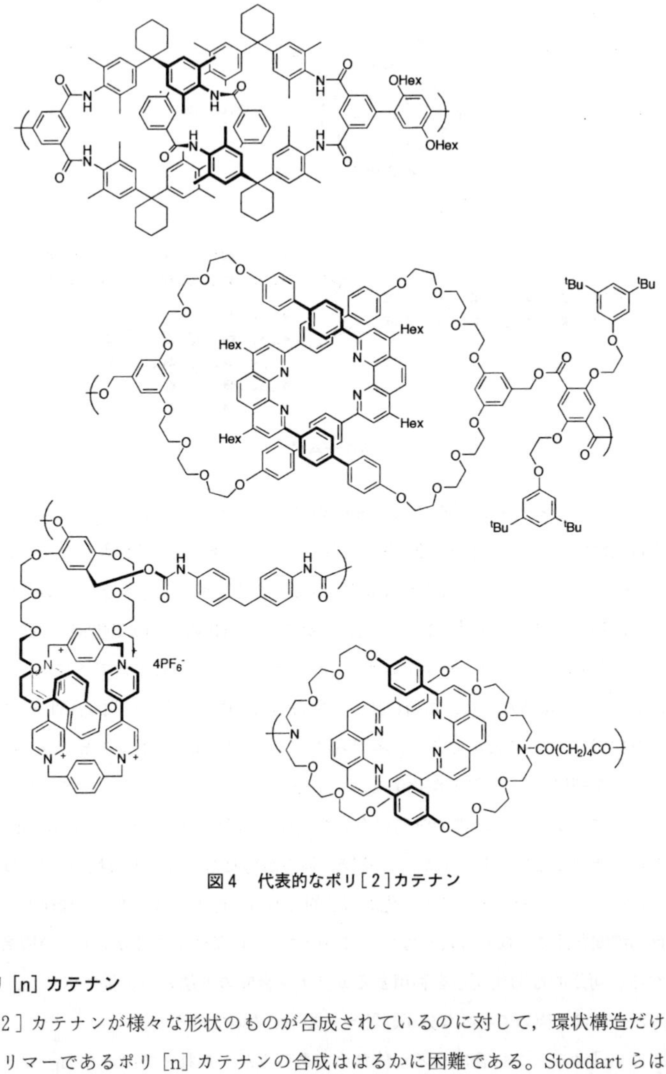

図4　代表的なポリ[2]カテナン

4.2　ポリ[n]カテナン

　ポリ[2]カテナンが様々な形状のものが合成されているのに対して，環状構造だけからなる鎖状のポリマーであるポリ[n]カテナンの合成ははるかに困難である。Stoddartらは逐次的に輪をつなげていく手法で[5]カテナン（オリンピアダン）の合成に成功した[98]。しかし，逐次的な合成法ではカテナンの収率が輪の数が増えるにつれて指数関数的に減少するため，これ以上輪の数の多いオリゴカテナンを逐次的に合成するのは困難である。

　環化カテナン化による重合でポリ[n]カテナンを合成しようという試みは，1970年代始め

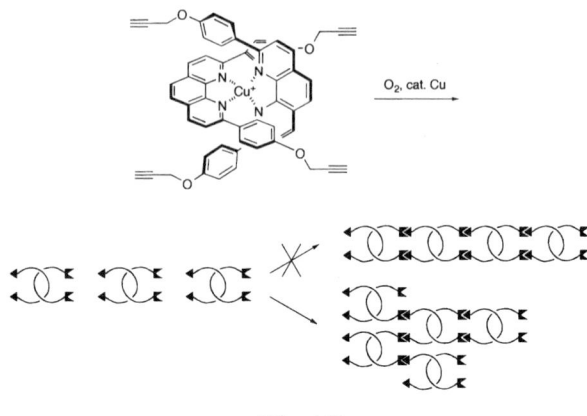

スキーム14

から始まった[99~102]。もっとも典型的な Sauvage のアプローチでは，フェナントロリン－銅錯体を用い，四官能性でカテナンの前駆構造を有するアセチレン誘導体の酸化カップリングを検討している[103]（スキーム14）。もし，環化の効率が100％であれば，ポリ [n] カテナンが得られるであろう。しかし，環化には必ず線状の縮合（重合）が伴い，環化の効率を100％にすることは不可能である。そのため，このアプローチではポリ [n] カテナンを得ることはできない。

　もし環化が可逆的であるならば，重合に比べて熱力学的に環化の方が有利な条件を設定すると，環化の効率を100％とすることができる。藤田らはパラジウム（Ⅱ）に対するピリジンの配位が可逆的であることを利用し，100％の環化率を示す系を見出している[104~107]。ここで，水中での疎水相互作用によってカテナン化が熱力学的に有利な条件で錯形成を行なうと，ポリ [n] カテナンの合成が期待できることになる。しかし，実際に彼らが得たものは，大環状の [3] カテナンであった[108]（スキーム15）。環化とカテナン化が可逆的である条件下では，重合と環化も可逆的である。重合は高濃度条件で行なわなければならないのに，その条件下ではカテナンの環構造が維持できなくなる。可逆的な環化反応を利用するカテナン合成の方法論の延長でポリ [n] カテナンを合成するためには，極めて巧妙な分子設計を必要とするのであろう。

　では，ポリ [n] カテナンの合成は不可能なのであろうか。これまでのポリ [n] カテナン合成の試みにおいては，カテナン化によって重合が行なわれた。しかし，環化カテナン化には低濃度条件が必要であるのに対して，重合には高濃度条件が必要であり，両者は相容れない。高重合度のポリ [n] カテナンを合成するためには，カテナン化と重合を切り離し，カテナンをモノマーとする必要がある[109, 110]。さらに，重合には環化を伴わなければならないことから，高濃度でも

第3章 ポリロタキサン，ポリカテナン

スキーム15

環化効率が100%である協奏反応で重合を行なう必要がある．このようにして得られる環化重合体は渡環結合を有するポリ[n]カテナンであり，これを真のポリ[n]カテナンへと誘導するためには，高分子反応で不要な結合を切断する必要がある（スキーム16）．

　高田らは，ジエン前駆体となるスルホレン部位と優れたジエノフィルであるフマル酸エステル部位を併せ持つ[2]カテナンモノマーを，二級アミドの水素結合相互作用を利用して合成した．このモノマーを加熱したところ，スルホレンの熱分解と Diels-Alder 反応が同時に起こり，渡環構造を有するポリ[n]カテナ

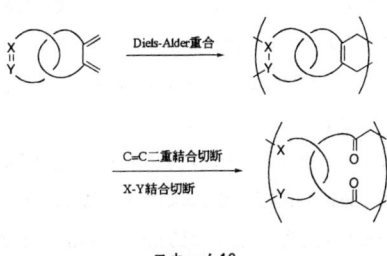

スキーム16

ンが得られた[111]（スキーム17）．高田らは，対応するカテナン中の二重結合がオゾン分解できることを示しており[112]，残された単結合を切断できれば，ポリ[n]カテナンの合成が達成できるものと期待されている．

スキーム17

〈実験〉

・α-シクロデキストリンとポリエチレングリコールからの擬ポリロタキサン調製と末端封鎖によるロタキサンの合成[17~27]

　15 mgのポリエチレングリコール（あるいは末端官能基化されたポリエチレングリコール）を0.1 mLの水に溶かし、ここに、1.0 mLのα-シクロデキストリン飽和水溶液（0.15 M, 145 mgのα-シクロデキストリンを含む）を室温で加える。混合物に10分間超音波照射し、そのまま一晩室温で放置する。得られた白色懸濁液を遠心分離し、デカンテーションで上澄みを捨て、ゲル状沈殿を数回イオン交換水で洗浄した後、70℃以下で真空乾燥することにより擬ポリロタキサンが得られる。分子量2000以下のポリエチレングリコールを用いて合成した擬ポリロタキサンは水から再結晶できる。

　末端アミノ化ポリエチレングリコール（数平均分子量3350、シグマ）から調製した擬ポリロタキサン1.29 g（45.4 μmolの末端アミノ基を含む）と390 mg（2.1 mmol）の2,4-ジニトロフルオロベンゼンを混合し、ここに25 mLのDMFを注ぐ。反応混合物を窒素気流下室温で一晩撹拌し、さらに80℃で数時間撹拌する。放冷後、反応混合物をエーテルに滴下すると粗生成物が沈殿する。この沈殿を口取し、エーテルで洗浄した後、DMSOに溶解してメタノールから3回再沈殿し、さらに、水から1回再沈殿する。生成物をエーテルで洗浄した後、高真空下で乾燥することにより、0.32 g（ポリエチレングリコール基準の収率60％）のポリロタキサンが得られる。

・完全メチル化α-シクロデキストリンとポリ（テトラヒドロフラン）からの擬ポリロタキサン調製と固相末端封鎖によるポリロタキサンの合成[29, 113]

第3章 ポリロタキサン, ポリカテナン

スキーム18

　15 g (12 mmol) の完全メチル化α-シクロデキストリン (PMα-CD)[114]をイオン交換水73 mLに溶解し，ここに730 mgのポリ (テトラヒドロフラン)(PTHF：平均分子量1400) を加え，20℃で30分間，超音波照射する。得られた白色懸濁液を室温で一晩静置した後，遠心分離をし，デカンテーションで上澄みを捨てる。ゲル状沈殿を数回イオン交換水で洗浄した後，フリーズドライし，さらに無水塩化カルシウムと共に真空乾燥を行なうと，8.0gの擬ポリロタキサンが得られる。^{1}H NMRスペクトルから，PTHF 1分子当たりのPMα-CDの数は11.0個で，PTHFを基準とした収率は100%である。

　得られた擬ポリロタキサン1.57 g (0.20 mmolに相当する水酸基を含む)に，1.09 g (3.0 mmol) のイソシアン酸4-トリチルフェニル[115]と3.0μL (5.1μmol) のDBTDLを加え，乳鉢を用いて室温で90分間混合する。混合物をクロロホルムに溶解し，難溶分を口別後，口液をエーテルに注ぐ。得られた沈殿は再びクロロホルムに溶解した後，メタノールから再沈殿させると，242 mgの白色固体が得られる。^{1}H NMRスペクトルからPTHF 1分子当たりのPMα-CDの数は7.2個で，擬ロタキサンを基準とした収率は22%である。

・クラウンエーテルを輪コンポーネントとする側鎖型ポリロタキサンの合成[60, 61](スキーム18)

　48 mg (0.1 mmol) のアンモニウム塩**1**，45 mg (0.1 mmol) のDB24C8 (東京化成)，および，1 mg (3μmol) のV-70 (和光純薬) のベンゼン (0.2mL) 溶液をガラス管に入れ，脱気した後真空下に封管し，40℃で20時間重合させる。揮発成分を減圧下で除いた後，残渣は分取GPCで精製する。ポリスチレン換算分子量5000以上の分画を取ると，45 mgのポリロタキサンが得られる。^{1}H-NMRからロタキサンユニット導入率は51%で，収率は64%である。

・4,4'-ビピリジニウム塩部位を持つシクロファンを輪コンポーネントとする側鎖型ポリロタキサンの合成[71](スキーム19)

　56 mg (0.1 mmol) のアクリル酸エステル**2**，110 mg (0.1 mmol) のシクロファン**3**[62]，およ

スキーム19

び,2 mg(0.01 mmol)のAIBN(和光純薬)のアセトニトリル(1 mL)溶液をガラス管に入れ,脱気した後真空下に封管し,70℃で20時間重合する。揮発成分を減圧下で除くと,ポリマーに導入されずに残ったシクロファンを含むポリロタキサンが得られる。

- ジスルフィド結合の可逆的開裂を利用した空間結合型ポリロタキサンの合成[78〜80](スキーム20)

85 mg(0.1 mmol)のアンモニウム塩 4 と109 mg(0.1mmol)の二官能性クラウンエーテル 5

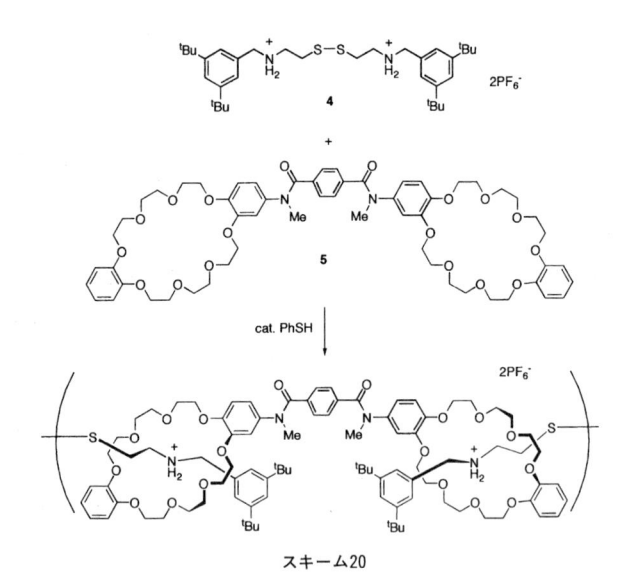

スキーム20

第3章 ポリロタキサン, ポリカテナン

とを1.0 mLのアセトニトリル-クロロホルム混合溶媒 (1/1 v/v) に溶解し, ここに0.40 μL (4 μmol) のベンゼンチオールを加える. 反応混合物は室温で一週間放置し, 溶媒を減圧下に留去する. 残渣を分取 GPC で精製し, 高分子量側から64%の領域を分画すると, ^{1}H-NMR による末端定量法で数平均分子量 24000 のポリ [3] ロタキサンが得られる.

文　献

1) H. W. Gibson et al., Prog. Polym. Sci., **19**, 843 (1994)
2) F. M. Raymo and J. F. Stoddart, Chem. Rev., **99**, 1643 (1999)
3) J. P. Sauvage and C. O. Dietrich-Buchecker, "Molecular Catenanes, Rotaxanes, and Knots", VCH-Wiley, Weinheim (1999)
4) N. Ogata et al., J. Polym. Sci., Polym. Lett., **14**, 459 (1976)
5) M. Maciejewski et al., J. Macromol. Sci. Chem., **A12**, 7018 (1978)
6) M. Maciejewski, J. Macromol. Sci. Chem., **A13**, 77 (1979)
7) M. Maciejewski et al., J. Macromol. Sci. Chem., **A13**, 87 (1979)
8) M. Maciejewski et al., J. Macromol. Sci. Chem., **A13**, 1175 (1979)
9) M. Maciejewski and Z. Durski, J. Macromol. Sci. Chem., **A16**, 441 (1981)
10) M. B. Steinbrunn and G. Wenz, Angew. Chem. Int. Ed. Engl., **35**, 2139 (1996)
11) M. B. Steinbrunn et al., Tetrahedron, **53**, 15575 (1997)
12) I. Yamaguchi et al., Macromolecules, **32**, 2051 (1999)
13) I. Yamaguchi et al., Chem. Commun., 1335 (2000)
14) S. Anderson and H. Anderson, Angew. Chem. Int. Ed. Engl., **35**, 1956 (1996)
15) S. Anderson et al., J. Chem. Soc., Perkin Trans. I, 2383 (1998)
16) I. Yamaguchi et al., J. Am. Chem. Soc., **118**, 1811 (1996)
17) A. Harada and M. Kamachi, Macromolecules, **23**, 2821 (1990)
18) A. Harada and M. Kamachi, J. Chem. Soc., Chem. Commun., 1322 (1990)
19) A. Harada et al., Macromolecules, **26**, 5698 (1993)
20) A. Harada et al., Macromolecules, **27**, 4538 (1994)
21) A. Harada et al., Macromolecules, **28**, 8406 (1995)
22) H. Okumura et al., Macromolecules, **33**, 4297 (2000)
23) H. Okumura et al., Macromolecules, **34**, 6338 (2001)
24) H. Okumura et al., Macromol. Rapid Commun., **23**, 781 (2002)
25) A. Harada et al., Nature, **356**, 325 (1992)
26) A. Harada et al., J. Org. Chem., **58**, 7524 (1993)
27) A. Harada et al., J. Am. Chem. Soc., **114**, 3192 (1994)
28) W. Herrmann et al., Angew. Chem. Int. Ed. Engl., **36**, 2511 (1997)

29) N. Kihara et al., *Macromolecules*, **38**, 223 (2005)
30) H. Shigekawa et al., *J. Am. Chem. Soc.*, **122**, 5411 (2000)
31) S. Anderson and H. L. Anderson, *Angew. Chem. Int. Ed. Engl.*, **35**, 1956 (1996)
32) S. Anderson et al., *J. Chem. Soc., Perkin Trans. I*, 2383 (1998)
33) K. Yoshida et al., *Langmuir*, **15**, 910 (1999)
34) T. Shimomura et al., *Polym. Adv. Technol.*, **11**, 837 (2000)
35) P. N. Taylor et al., *Angew. Chem. Int. Ed.*, **39**, 3456 (2000)
36) 山口勲ほか, 高分子論文集, **57**, 472(2000)
37) M. Tamura et al., *J. Chem. Soc., Perkin Trans. II*, 2012 (2001)
38) M. Tamura et al., *Chem. Eur. J.*, **7**, 1390 (2001)
39) M. Tamura and A. Ueno, *Bull. Chem. Soc. Jpn.*, **73**, 147 (2000)
40) M. Born and H. Ritter, *Macromol. Chem., Rapid Commun.*, **12**, 471 (1991)
41) M. Born et al., *Macromol. Chem. Phys.*, **196**, 1761 (1995)
42) M. Born and H. Ritter, *Macromol. Chem., Rapid Commun.*, **17**, 197 (1996)
43) M. Born et al., *Acta Polymer.*, **45**, 68 (1994)
44) M. Born and H. Ritter, *Angew. Chem. Int. Ed. Engl.*, **34**, 309 (1995)
45) I. Yamaguchi et al., *Macromolecules*, **30**, 4288 (1997)
46) O. Noll and H. Ritter, *Macromol. Chem. Phys.*, **199**, 791 (1998)
47) W. L. Mock et al., *J. Org. Chem.*, **54**, 5302 (1989)
48) D. Tuncel and J. H. G. Steinke, *Chem. Commun.*, 253 (2001)
49) S.-W. Choi et al., *Macromolecules*, **35**, 3526 (2002)
50) W. L. Mock, *Top. Curr. Chem.*, **175**, 1 (1995)
51) W. L. Mock et al., *J. Org. Chem.*, **54**, 5302 (1989)
52) D. Tuncel and J. H. G. Steinke, *Chem. Commun.*, 1509 (1999)
53) H. W. Gibson et al., *Makromol. Chem., Macromol. Symp.*, **42/43**, 395 (1991)
54) Y. X. Shen et al., *J. Am. Chem. Soc.*, **116**, 537 (1994)
55) Y. X. Shen and H. W. Gibson, *Macromolecules*, **25**, 2058 (1992)
56) C. Gong et al., *Macromolecules*, **31**, 1814 (1998)
57) H. W. Gibson et al., *Macromolecules*, **30**, 3711 (1997)
58) C. Gong and H. W. Gibson, *Macromolecules*, **29**, 7029 (1996)
59) S.-H. Lee et al., *Macromolecules*, **30**, 337 (1997)
60) T. Takata et al., *Chem. Lett.*, 111 (1999)
61) T. Takata et al., *Macromolecules*, **34**, 5449 (2001)
62) D. B. Amabilino and J. F. Stoddart, *Chem. Rev.*, **95**, 2725 (1995)
63) K. N. Houk et al., *J. Am. Chem. Soc.*, **121**, 1479 (1999)
64) P. R. Ashton et al., *J. Am. Chem. Soc.*, **118**, 4931 (1996)
65) D. B. Amabilino et al., *J. Am. Chem. Soc.*, **118**, 12012 (1996)
66) D. B. Ambilino et al., *J. Chem. Soc., Chem. Commun.*, 747 (1995)
67) D. Loveday et al., *J. M. S. Pure Appl. Chem.*, **A32**, 1 (1995)
68) C. Gong and H. W. Gibson, *Angew. Chem. Int. Ed.*, **37**, 310 (1998)

69) P. E. Mason et al., *Angew. Chem. Int. Ed. Engl.*, **35**, 2238 (1996)
70) P. Hodge et al., *New J. Chem.*, **24**, 703 (2000)
71) T. Toshikazu et al., *Polym. J.*, **36**, 927 (2004)
72) P. R. Ashton et al., *Angew. Chem. Int. Ed.*, **37**, 1294 (1998)
73) P. R. Ashton et al., *Angew. Chem. Int. Ed.*, **37**, 1913 (1998)
74) S. J. Rowan et al., *Org. Lett.*, **2**, 759 (2000)
75) N. Yamaguchi and H. W. Gibson, *Angew. Chem. Int. Ed.*, **38**, 143 (1999)
76) P. R. Ashton et al., *J. Am. Chem. Soc.*, **120**, 2297 (1998)
77) Y. Sohgawa et al., *Chem. Lett.*, 774 (2001)
78) Y. Furusho et al., *Chem. Eur. J.*, **9**, 2895 (2003)
79) T. Oku et al., *J. Polym. Sci., Part A: Polym. Sci.*, **41**, 119 (2003)
80) T. Oku et al., *Angew. Chem. Int. Ed.*, **43**, 966 (2004)
81) T. Fujimoto et al., *Chem. Commun.*, 2143 (2000)
82) H. Onagi et al., *Org. Lett.*, **3**, 1041 (2001)
83) T. Hoshino et al., *J. Am. Chem. Soc.*, **122**, 9876 (2000)
84) M. Miyauchi et al., *J. Am. Chem. Soc.*, **127**, 2984 (2005)
85) M. Miyauchi et al., *J. Am. Chem. Soc.*, **127**, 2034 (2005)
86) Y. Geerts et al., *Macromol. Chem. Phys.*, **196**, 3425 (1995)
87) J. L. Weidmann et al., *Chem. Commun.*, 1243 (1996)
88) D. Muscat et al., *Macromol. Rapid Commun.*, **18**, 233 (1997)
89) J. L. Weidmann et al., *Chem. Eur. J.*, **5**, 1841 (1999)
90) D. Muscat et al., *Macromolecules*, **32**, 1737 (1999)
91) S. Menzer et al., *Macromolecules*, **31**, 295 (1998)
92) C. Hamers et al., *Eur. J. Org. Chem.*, 2109 (1998)
93) F. M. Raymo and J. F. Stoddart, *Polym. Mater. Sci. Eng.*, **80**, 33 (1999)
94) S. Shimada et al., *Acta Chem. Scand.*, **52**, 374 (1998)
95) C. Hamers et al., *Adv. Mater.*, **10**, 1366 (1998)
96) D. L. Simone and T. M. Swager, *J. Am. Chem. Soc.*, **122**, 9300 (2000)
97) C. Hamers et al., *Eur. J. Org. Chem.*, 2109 (1998)
98) D. B. Ambilino et al., *Angew. Chem. Int. Ed. Engl.*, **33**, 1286 (1994)
99) G. Koragoumis and I. Pandi-Agathokli, *Prakt. Akad. Athenon*, **45**, 118 (1970)
100) G. Karagoumis and E. Kontaraki, *Prakt. Akad. Athenon*, **48**, 197 (1973)
101) G. Karagoumis et al., *Prakt. Akad. Athenon*, **49**, 501 (1975)
102) G. Karagoumis and I. Pandi-Agathokli, *J. Pract. Panellion Chem. Synedriou*, **2**, 213 (1972)
103) J.-P. Sauvage, *Acc. Chem. Res.*, **23**, 319 (1990)
104) M. Fujita et al., *Nature*, **367**, 720 (1994)
105) M. Fujita, *Acc. Chem. Res.*, **32**, 53 (1999)
106) C. Dietrich-Buchecker et al., *J. Am. Chem. Soc.*, **125**, 5717 (2003)
107) A. Hori et al., *Chem. Eur. J.*, **7**, 4142 (2001)

108) A. Hori et al., *Chem. Commun.*, 1798 (2004)
109) 木原伸浩,高田十志和,超分子科学：ナノ材料創成に向けて,化学同人 chap.21 (2004)
110) A. Godt, *Eur. J. Org. Chem.*, 1639 (2004)
111) N. Watanabe et al., *Macromolecules*, **37**, 6663 (2004)
112) N. Watanabe et al., *Org. Lett.*, **3**, 3519 (2001)
113) M. Okada et al., *Macromolecules*, **32**, 7202 (1999)
114) J. Szejtli et al., *Starch*, **32**, 165 (1980)
115) D. V. N. Hardy, *J. Chem. Soc.*, 2001 (1934)

第4章 有機ナノチューブ

清水敏美*

1 はじめに

　近年めざましい進歩をとげているナノテクノロジーにおいて，バルク材料を起点としてそのサイズを階層的に微小化を図るトップダウン型手法と，原子や分子を最小構築単位に用いてよりサイズの大きな上位へ階層的な構造の組み立てを行うボトムアップ型手法が知られる。前者の代表的手法である半導体微細加工技術の進歩により，コンピュータチップの集積度は年を経るごとに増加の一途をたどっている。同様に，生体分子や化学物質などの分離分析に欠かせない中空シリンダー構造をもつ分離装置やデバイスも微細加工技術の進歩に同調して微小化や集積化が進んでいる。図1に化学・バイオ分析デバイスにおける中空シリンダー構造を例にとり，微小化の推移を年代順に記してみた。この20年間，数 cm 径のカラムクロマトグラフィー用ガラスカラムに始まり，数 mm 径の高速液体クロマトグラフィー用ステンレスカラム，さらに現在では，約 100 μm のマイクロチャネル構造をもつチップデバイスへと微小化が着実に進んでいる。これはとりもなおさず，何個の分子をその中空シリンダー構造の空間内に束縛して閉じこめられるかを意味し，分析感度の高度化を物語っている。現在では，分析可能な分子数もマイクロチップを用いて極少数（フェムト〜アトモルレベル）分子の分析が可能になっている[1]。しかしながら，トップダウン手法に基づく微細加工技術では物理的な制御限界（Red Brick Wall）のために最小加工寸法が数十 nm と言われ，分析デバイスにおいても 1 μm 以下の一次元中空シリンダー構造を直接微細加工するのは困難である。例えば，社会，産業ニーズが高いコンピュータ用チップの更なる集積度の増大化，あるいは化学・バイオ分析デバイスの更なる微小化や集積化を考えた場合，ボトムアップ手法の代表的要素技術である自己組織化技術がそれらの課題解決にとって重要な可能性を握っている。

　本稿では主題として中空シリンダー構造（筒状構造）を取り上げてみたい。例えば，血液透析器に使用されている中空糸膜は内径が約 200 μm，膜厚が数十 μm である中空円筒構造をしているが，透析膜としての機能を果たすために，中空糸膜中には約 10 nm 以下の細孔が分布してい

---

*　Toshimi Shimizu　(独) 産業技術総合研究所　界面ナノアーキテクトニクス研究センター
　　　　　　　　　　　研究センター長

環状・筒状超分子新素材の応用技術

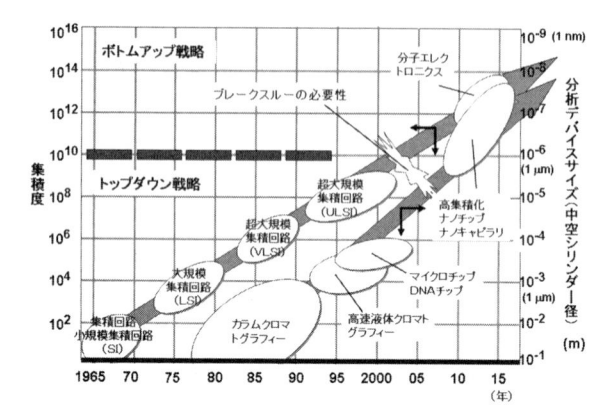

図1　化学・バイオ分析デバイス（中空シリンダー構造）の微細化推移

る[2]。これら中空糸膜繊維の製造にあたっては，二重管構造のノズルから中空糸膜の成分となる高分子溶液を押し出して成形するが，その中空コア部に中空形成剤を注入しなければ安定形状が得られない[3]。こうして，数百 μm スケールの中空糸膜繊維を製造する場合，中空部の形成には必ず鋳型が必要となる。ところが，その中空内径の一万分の1にあたる，言い換えれば中空糸膜細孔の 10 nm レベルに相当する一次元中空シリンダーをコア部に有する繊維状ナノチューブが合成化学的に調製できる。それらは，両親媒性分子が例えば水中で自己集合することによって鋳型を用いず，製造することができる。そこで本稿では，中空シリンダー構造の中でも分子が共有結合的に，あるいは非共有結合的に組みあがって構築できる内径が 1〜100 nm の有機ナノチューブ構造に焦点をあてる。その分類，形成様式，最近のサイズ次元制御の動向，無機あるいは複合ナノチューブへの展開，最後に今後の展望と応用に関して紹介したい。

2　孤立した有機ナノチューブ構造の分類

カーボンナノチューブをはじめ種々の無機ナノチューブがある原子種の一次元成長プロセス，鋳型を利用した形成プロセス，形状変化などにより得られている[4〜6]。これらのナノチューブ調製法とは異なり分子論的アプローチによるナノチューブ創製では，分子の形状，結合性官能基の幾何的配置，分子認識部位，親媒性部位や疎媒性部位の局所環境など，分子に蓄えられた情報を種々の異なる合成戦略と組み合わせることによって多様な孤立した有機ナノチューブを調製することができる。分子そのもののサイズ次元が数 nm 以下であるため，例えば，環状分子のような場合，その分子形状自身が直接，チューブ内径や外径を決定する。さらに，それらが一次元に集

第4章　有機ナノチューブ

積することで非共有結合的な効果をチューブ長さと関連づけることができる。文献7）を参考にして，著者なりに，分子の組織化によって形成する両端が開いた有機ナノチューブのための分子構造要素を分類してみた（図2）。以下に，それぞれの代表的な分子構造と組織化の例を示す。

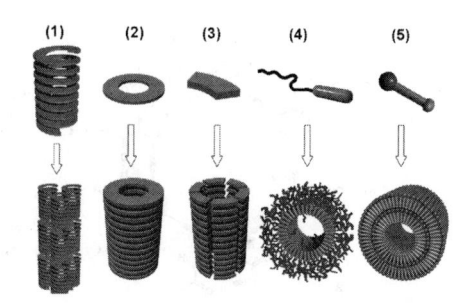

図2　有機ナノチューブ形成のための分子構造要素と組織化
(1)らせん状高分子，(2)環状分子，(3)ロゼット型分子，
(4)高分子量両親媒性分子，(5)低分子量両親媒性分子

2.1　剛直ならせん状分子

芳香族系分子がもつ骨格の剛直性と方向性，アミド基などの水素結合要素を巧みに利用して形成する剛直ならせん状オリゴマーあるいはポリマーはその中央部に明確な中空構造を提供できる。その意味でチューブ様構造を形成する。例えば，らせん状の n-フェニレン(1)[8,9]，グラミシジンAの β-ヘリックス構造[10]，ジアリールアミドのらせん状構造体(2)[11]，m-フェニレンエチニレンオリゴマー(3)[12,13]，2′,6′-ジアミノピリジン-2,6-ピリジンジカルボキサミドオリゴマー(4)[14]，ウレイドフタルイミドオリゴマー(5)[15]，オリゴ（ピリジン-alt-ピリミジン)(6)[16]，オリゴ（ピリジン-alt-ピリダジン)(7)[17]，オリゴ（1,8-ナフチリジン-alt-ピリミジン)(8)[18]，オリゴ（m-フェニレンエチニレン)(9)[19] などは剛直ならせん構造を形成し，1nm以下の中空孔構造を提供する。しかしながら，基本構造の繰り返し数に相当する重合度の大小がチューブ様構造の長さ次元を決定するため，いずれもアスペクト比の高いチューブ様構造には至っていない。これに対し，水溶性の1,3-グルカンである多糖類シゾフィラン(10)は水中で3重ヘリックス構造を形成し，その

疎水性中空シリンダー構造（1～2nm径）中にポリジアセチレンナノファイバー[20]，ポルフィリン分子の一次元集積体[21]，単層カーボンナノチューブ[22]を包接する一次元中空ホストとして機能することがわかってきた。大きな特徴は，溶媒をジメチルスルホキシドに変換することで，この三重ヘリックス構造は失われランダム構造へと変化する。溶媒の極性によってランダム構造と中空シリンダー構造を可逆的に変換可能である。

2.2 環状分子

環状分子の一次元的集積化はナノチューブ構造形成にとって比較的，直接的な戦略のように見える。環状分子の内外径設計はそのままナノチューブの内外径制御につながり，さらに，環状分

第4章　有機ナノチューブ

子間の水素結合，π-πスタッキング，疎媒相互作用はナノチューブの長さを制御できる可能性がある。しかしながら，興味あることに生体系ではこの戦略をとってナノチューブを形成している例は見あたらない。D-アミノ酸とL-アミノ酸が交互に偶数個環状に配置させると内部に中空孔をもつ環状分子が形成されやすくなる。グルタミン酸を含む環状ペプチド(11)のアルカリ溶液をゆっくりと酸性条件下にすると環状ペプチドは分子間水素結合を介して一次元に集積し，結晶性の針状物を与える。電子線回折，電子顕微鏡などの構造解析技術により，これらの針状結晶が約0.6 nmの内径をもつナノチューブが緊密にバンドル化した構造から成り立っていることがわかった[23,24]。環状ペプチドナノチューブである。環状8量体から得られるナノチューブが0.7 nmの内径を有し，ナトリウムやカリウムイオンを透過させるのに対し，環状10量体では内径は1 nmに増加し，グルコースの透過に成功している[25]。孤立したナノチューブではなく，単結晶中でバンドル化したナノチューブ構造の集合体が例えば，環状のオリゴサッカライド(12, 13)[26~28]，フェニレンエチニレン環状化合物(14)[29]から，また溶液中では，フェニレンエチニレン環状化合物(15)[30]，フェニレンジエチニレン環状化合物(16, 17)[31]が高濃度条件下で会合挙動を示すことがわかっている。しかしながら，チューブ状集合体の形成の直接的証拠は見あたらない。一方，シクロデキストリンは環状多糖類の一種であり，水中で多様な疎水性のゲスト分子と包接錯体を形成することで知られる。原田らは，約20個のシクロデキストリン分子がポリエチレン分子を包接した擬ロタキサン分子を形成する現象を巧みに利用して，ポリエチレン分子の両端をジニトロフェニル誘導体に化学変換してロタキサン分子(18)を合成した。そのあとシクロデキストリン分子を分子間架橋して高分子化し，最後にポリエチレン分子を中空シリンダー部から除去することで，いわゆる分子ナノチューブと名付けられたシクロデキストリンナノチューブ(19)を得ることに成功した[32,33]。自己集合-架橋-コア部除去という順序で行う手法は原田らと同様な合成戦略であるが，原田らの分子間架橋ではなく分子内架橋反応を利用して，4個のポリベンジルエーテル系のデンドロンをもつポルフィリン分子(20)からナノチューブが形成されている[34]。

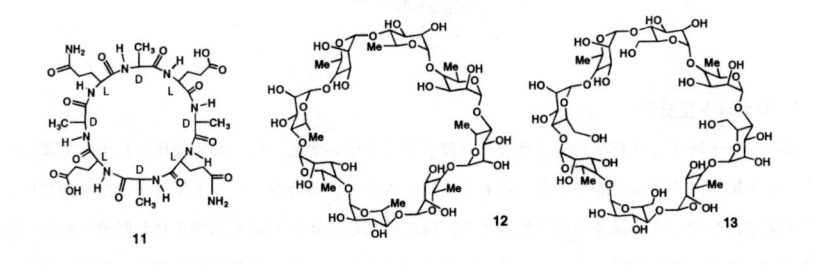

11　12　13

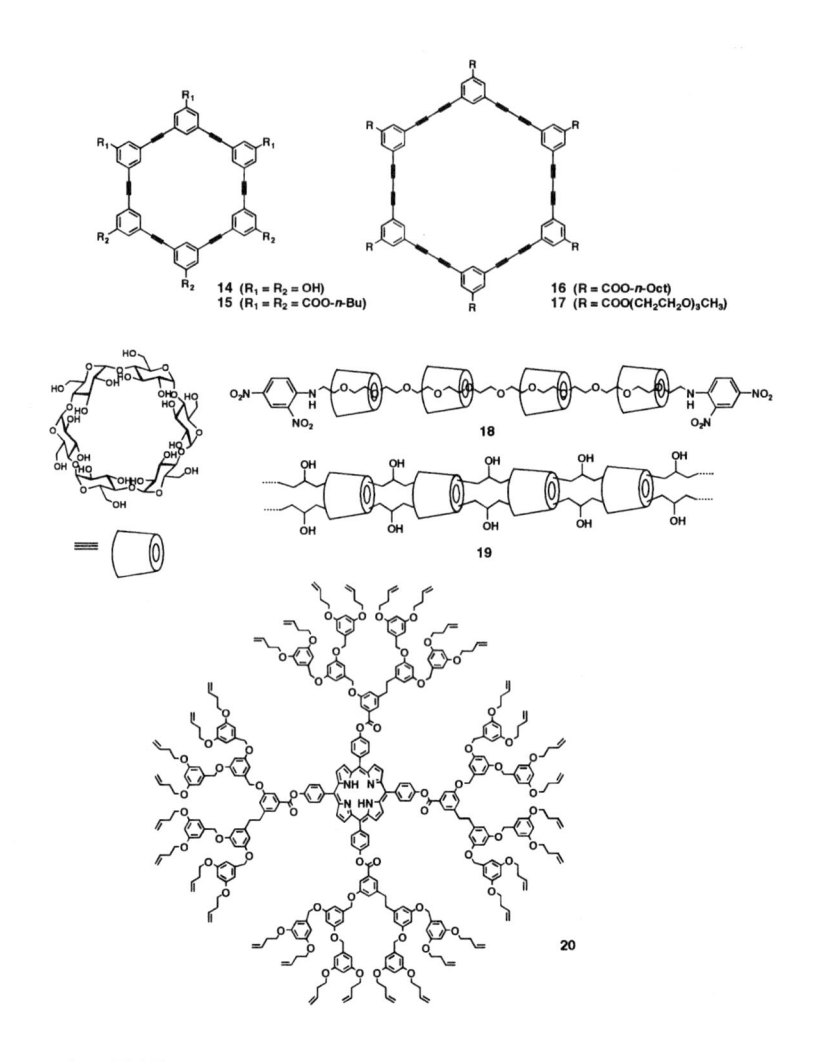

14 (R₁ = R₂ = OH)
15 (R₁ = R₂ = COO-*n*-Bu)
16 (R = COO-*n*-Oct)
17 (R = COO(CH₂CH₂)₃CH₃)

2.3 ロゼット型分子

　環状の分子形状を共有結合的に合成した環状分子を用いずに，分子の組織化を利用して環状形状の分子集合体を形成可能である。最もよく研究されている合成ロゼット型分子は相補的な分子間水素結合を介して環状 4 量体を形成する。特に長鎖の炭化水素鎖を担持させた脂溶性の高い誘導体(21)はアルカリ金属カチオンの添加によりカラム状の一次元的集積が促進される[35]。また，デオキシグアノシンリン酸のオリゴマー（2〜6量体)(22)は 4 成分から構成されるカラム状構造

第4章 有機ナノチューブ

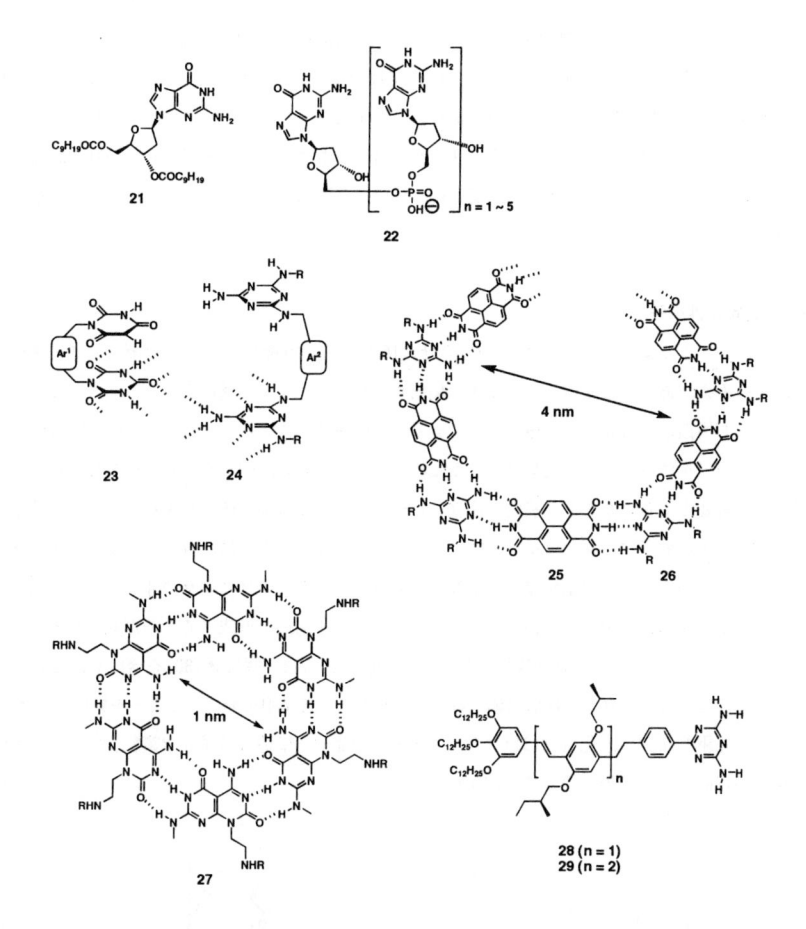

体に自己集合する[36]。シアヌル酸(**23**)とメラミン(**24**)から構成される環状の水素結合モチーフを利用したロッド状集合体あるいはロゼット型集積体の形成が知られているが,カラム状集合体がさらにバンドル化を起こすため,孤立した一本のロッドは得られにくい[37]。君塚らは,中空シリンダーの径サイズを増大させるためにナフタレンジカルボキシイミド(**25**)とメラミン(**26**)といった相補的水素結合性モチーフの組み合わせを用いて環状体の一次元集積あるいはらせん状集積の可能性を検討した。その結果,μm スケールの長さをもつナノファイバーを形成することを見いだした[38]。しかし,分子モデルで示される内径4nmの次元を有するかどうか定かではない。同様に,グアニンとシトシンの相補的水素結合モチーフ(**27**)を利用した中空シリンダー構造形成(内径1nm)が検討されている[39]。ジアミノトリアジンを頭部にもつくさび形分子であるオリゴ

(*p*-フェニレンビニレン)(**28, 29**)がキラルな環状6量体（内径が0.7 nm）を形成していることを原子間力顕微鏡によって確認された[40]。固体基板上にキャストすると10μmにおよぶ長さをもつカラム状集合体が得られることがわかった。いずれも，分子モデルでは中空シリンダー構造をもつが，孤立した，かつ明確な中空シリンダー構造をもつナノチューブとしての直接的証拠は示されていない。こうして，単離した構造を確認できる例は少なく，バンドル構造として確認される。

2.4 両親媒性分子

以上述べてきたように，図2にある(1)らせん状高分子，(2)環状分子，(3)ロゼット型分子などは，そのまま，あるいは組織化してまずは集積するためのユニット構造をつくり，さらに，それらユニット構造が一次元的に集積してナノチューブ構造を形成する。これらの形成様式は明確であるが，分子をずれなく一次元集積させるためには，各分子の配向や官能基の配置など精密な分子設計を必要とする。また，一般的に孤立したナノチューブの構造確認が現在のところ困難である。一方，生体分子にはタバコモザイクウイルスに代表できるように，コーンあるいはテーパー状の形態をもつタンパク質構築単位がRNAを鋳型としてその周りに種々の非共有結合的相互作用を介してらせん状に集積し，長さが決まったシリンダー構造を形成するものが知られている。Percecらはくさび形をした両親媒性の没食子酸（gallic acid）誘導体(**30**)を合成し，それらが溶液中で自己集合してカラム状構造体あるいはカラムナー液晶相を形成することを見いだした[41]。これらの先駆的研究は，化合物(**31**)などによって，内部中空構造は分子間水素結合で，外部表面は重合性官能基間の架橋を通して安定化が図られている[42]。

第4章 有機ナノチューブ

34-s (~5%) / **34-m** (~50%) / **34-d** (~16%) / **34-t** (~29%) : 34

　一方，糖やペプチド残基を親水部に，長鎖の炭化水素基を疎水部に有する両親媒性分子が濃度，溶媒，温度，塩濃度などの条件を設定することで，単分子膜や二分子膜構造からなるナノチューブ構造（多くは内径が 10 nm 以上，外径は 20 nm 以上）を形成する例が知られる[43～46]。界面活性剤や生体脂質として親しみのある分子群を合成化学的に簡略し，設計し直した例が多い。一般的には，分子がキラルであることを条件に，分子間水素結合や π－π スタッキングなどの非共有結合作用を介して，明確な中空シリンダー構造をもつナノチューブに収束する。例えば，リジン残基から誘導される双頭型脂質(32)[47]，4級アンモニウム塩をもつグルタミン酸長鎖誘導体(33)[48,49]，不飽和結合を疎水部にもつグルコース系糖脂質(34)[50]，ジアセチレン結合を疎水部にもつリン脂質誘導体(35(*m, n*))[51]あるいは糖誘導体(36)[52,53]などが精力的に研究が行われている。これらのナノチューブ，時にはアスペクト比（長さと直径の比）が 10^4 を越え，媒体中に良分散した均一形態をもつ繊維状構造体を与えることが知られ，走査型および透過型電子顕微鏡によってその中空シリンダー構造が明確に確認できる[46]。同様に，親水性ブロックと疎水性ブロックの2成分，あるいは3成分から構成される両親媒性高分子においても後述するように溶液中で自己集合したナノチューブを与えることが知られる。

3 両親媒性分子の自己集合様式

図2の(4),(5)に示された両親媒性分子が主に溶液中で自己集合して形成するナノチューブをその組織化様式の相違に応じて分類したのが図3である。図3-(1)では,キラルな低分子両親媒性分子がそのゲル-液晶相転移温度以上で球状のベシクル構造を形成し,それを転移温度以下に冷却した際に生成するらせん状のコイル様リボン構造が形態変化を起こし,究極的に形成するナノチューブが知られている[48,49,51]。分子は固相状態にあり,二分子膜中では分子が最近接する分子に対して少しずつずれながらキラルパッキングすることによって安定化している[54]。このナノチューブ構造はゲル-液晶相転移温度以下で安定であり,相転移温度以上になると球状ベシクル構造など分子の液晶状態に基づいた構造に転移する。このベシクル-チューブ構造転移は可逆的である。分子のキラルパッキングやナノチューブ形成における理論的な取り扱いや考察については文献を参照願いたい[46]。1984年頃,日米の3研究グループによって,グルタミン酸長鎖ジアルキル誘導体(**33**)やジアセチレン基を有するリン脂質誘導体(**35**(***m, n***))などから,ほぼ同時に見いだされた最初のナノチューブ構造はこの集合様式に基づいている[48,49,51]。いずれの例も,両親媒性分子は水中でその親水部を外側に向けて配列して二分子膜構造を形成し,それが一重から多重に円筒状に配列してチューブ膜を形成する(図3-(1))。これまでに見つかっているナノチューブのサイズ次元は内径が10〜500 nm,外径が20〜1000 nm程度,長さは数μm〜数百μmに及ぶ。

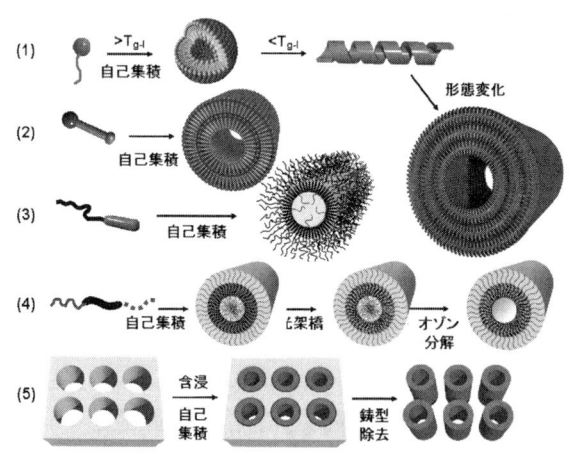

図3 ナノチューブに自己集合する両親媒性分子の組織化様式
(球状ベシクル図は,名古屋大学理学部の瀧口陽子博士ご提供)

第4章　有機ナノチューブ

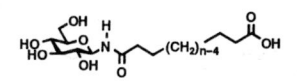

37(n) (n = 12, 13, 14, 16, 18, and 20)

　第二は，先に述べたコイル状あるいはねじれ状リボン様集合体など中間形態としてのキラルな分子集合体を経ない様式である。くさび形などの分子形状そのものと分子間相互作用を反映した結晶性ノッキングにより一段階でナノチューブ構造に収束する（図3-(2)）。2.3項で述べたロゼット型分子の集積と機構に関わる相互作用は類似しているが，環状集合体を形成するのに必要な構成分子数が前者の場合，4〜6量体であったが，このパッキング誘導型様式の場合，数十〜数百程度の分子が並列に，かつ円周方向に集積する必要がある。最近見いだされたくさび形をした双頭型両親媒性分子 37(n) が水中で自己集積して均一な内径サイズをもつナノチューブ構造を与える[55]。該当する分子のオリゴメチレン鎖長の炭素数を変化させることにより全分子長を変化させ，初めて分子集合体としてのナノチューブ内径を炭素数2炭素あたりで1.5 nmの精度で制御した。詳細は4.1項や応用編で述べられる。

　第三として，ブロック共重合体各成分の光架橋性や溶媒親和性を巧みに利用した高分子の設計によりナノチューブ構造が形成する例が知られている[56]。例えば，ポリフェロセニルシラン（PFS）とポリジメチルシロキサン（PDMS）から成るロッド－コイル型のジブロック共重合体(**38**)（組成：1:12〜1:18）が，PFSブロックに対して貧溶媒に当たる n-ヘキサンや n-デカン中でナノチューブ構造（外径約23 nm，内径9 nm）を与える[57]。そのロッド部分（PFS）が媒体から遮蔽される形でコアとして集積し，コイル部分（PDMS）がコロナ部分を形成する（図3-(3)）。

　第四として，Molecular Sculpting（コア部切削法）と呼ばれるナノチューブ形成法が知られている。トリブロック共重合体を用いてシリンダー状ミセル構造を形成させたのち，シェル部を光架橋して強化し，内部のコア部をオゾン分解などで除去して中空部を形成する手法である（図3-(4)）。例えば，ポリイソプレン（PI），ポリ（2-シナモイロキシエチルメタクリレート）（PCEMA），ポリ（ t-ブチルアクリレート）（PtBA）の3成分からなる共重合体(**39**)（組成：例えば，130:130:800）はPCEMA部が光架橋され，内部コアとなるPI部がオゾン分解で除去されナノチューブを与える（外径は数十 nm）[58]。形成する内表面はアルデヒド基やカルボキシル基で被覆された親水性表面を形成するため，更なる化学的官能基化が可能である。

　最後は，種々の高分子溶液や低分子両親媒性化合物などにも応用可能と考えられる手法である。ポリカーボネート膜や酸化アルミナなどの多孔性膜を鋳型に用いたナノチューブの生成法が報告されている（図3-(5)）[59]。この手法の利点は，孔サイズ（15〜400 nm）に応じたナノチューブ

構造の外径制御や，多孔性膜の除去に用いるアルカリや有機溶媒に耐性をもつ化学的に安定なナノチューブが形成する点である。

以上，低分子量から高分子量にいたるまで種々の両親媒性分子が合目的な分子設計により，媒体中で自己集合してナノチューブが形成することを報告した。ただし，ブロック共重合体の高分子を用いたナノチューブ形成はまだ限られた例であり，その多くが速度論的支配の下，形成するためサイズ次元制御や形態制御が困難と言われている[60]。一方，低分子性の両親媒性分子は分子設計や合成の容易さ，大量生産の可能性，などから比較的研究が進んでいる。最近では，内径や外径が数 nm 以内の精度で制御され，しかも表面官能基が内外表面上で合目的に分布する，テーラーメイド型の超分子ナノチューブが合成できるようになってきた。従来のホスト－ゲスト化学が数 nm 以下のナノスペースを対象としてきたのに対し，最近は，より産業や社会ニーズが高い生体高分子やナノ粒子など 10 nm 以上の大きなゲスト物質を対象とするナノチューブホストの概念が生まれてきている。そこで自己集合法を利用した両親媒性分子によるナノチューブ（以下，脂質ナノチューブと呼ぶ）に関して，サイズ次元の制御が現在どこまで可能になっているかを，分子構造や外部環境因子の影響について実例を中心に紹介したい。

4 脂質ナノチューブにおける内径，外径，長さ，形態制御

4.1 内径制御

孤立した脂質ナノチューブは内径，外径，膜厚，長さという4つのサイズ次元をもつ（図3）。これらの次元が独立して制御可能になれば，それぞれの応用にあった合目的なナノチューブが調製可能である。これまでに，ジアセチレン基を含むリン脂質誘導体(35(m, n))に関して，分子構造の変化，分散液濃度や熟成条件を制御することによって脂質ナノチューブの外径や膜厚を変化させた（厳密には制御ではない）例が数多く報告されている[61~63]。後述する 10 ～ 100 nm スケールの一次元中空構造の特徴を生かして生体高分子や金属ナノ粒子を包接し，ナノバイオテクノロジー分野に応用することを考えると，脂質ナノチューブの内径サイズの制御と合目的な内表面の創製が大きな課題となる。我々は最近，合成の脂質ナノチューブとしては世界初の内径サイズ制

御と内表面設計に成功している[55]。すなわち，大きさが異なる2つの親水部（グルコース残基とカルボキシル基）をもつくさび形分子 37(n) を設計合成し，連結オリゴメチレン鎖長を2炭素ずつ大きくすることで平均内径 17.7 nm から 22.2 nm まで約 1.5 nm 刻みで内径を制御できることを見いだした。X線構造解析などから，くさび形分子が並行にパッキングした単分子膜が円筒層状に配列した膜壁をもち，外表面がグルコース水酸基，内表面がカルボキシル基で覆われた非対

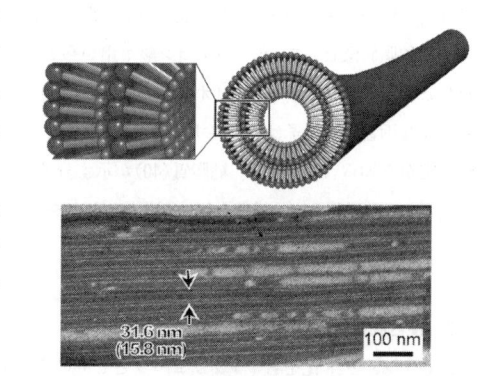

図4 非対称な内外表面を有するナノチューブとその分子充填模式図

称内外表面を有していることがわかった（図4）。最近では，アミノ基を内表面に有するナノチューブ形成にも成功した[64]。こうした新たな分子設計は，ナノチューブ中の中空シリンダー部へ10〜50 nm スケールのゲスト物質を選択的に包接するために，内表面のみを選択的に化学修飾できることを示している。詳細は応用編第11章の「脂質ナノチューブのサイズ制御と内・外表面の非対称化」のところで解説される。

4.2 外径制御

糖鎖を親水部に，長鎖の炭化水素基を疎水部に有する糖脂質が水中で自己集合する際，炭化水素鎖の不飽和度と不飽和位置が，生成ナノチューブの形態，外径サイズ分布にとって顕著な影響を及ぼす構造因子となることがわかってきた[65,66]。最近，グルコース残基を親水部に有する糖脂質誘導体を用いて均一な脂質ナノチューブを量産して得るための分子構造最適化が行われた。その結果，不飽和脂肪酸中のシス型二重結合の導入位置を変化させた1－グルコサミド系糖脂質の中で，糖脂質(40)が最も狭い外径サイズ分布をもち（平均外径 200 nm，標準偏差 23 nm），均質なナノチューブ構造（平均内径

図5 均一な外径サイズをもつ糖脂質ナノチューブの走査型電子顕微鏡写真

61 nm）をほぼ100％の収率で形成することが見いだされた（図5）[66]。ここでは，合成原料として不飽和脂肪酸として cis-バクセン酸が用いられているが，工業的には非常に安価で入手が容易な cis-9-オクタデセン酸（オレイン酸）でも90％以上の効率で脂質ナノチューブを与える。キラルな両親媒性分子は最隣接する分子と少しずれたキラルパッキングを起こすことが理論と実験事実から知られている[67]。糖脂質(40)が示す分子の屈曲構造はこのパッキングを最適化し，その結果，二分子膜リボン構造全体に顕著なねじれを与え，均質なサイズ次元を有する中空ナノファイバー構造に収束したものと考察できる。

4.3　長さ制御

高いアスペクト比をもつナノチューブとしての機能を果たすためには長さ次元の制御も重要である。しかしながら，精密な長さ制御を分子骨格，官能基配置などの分子の内部構造設計のみで達成した例は残念ながら未だない。したがって，自己集合に用いる溶媒組成[68]やゲル－液晶相転移付近での冷却速度などの外部環境因子を変化させる試み[69]，あるいは我々によって機械的攪拌を制御してナノチューブを切断する試み[70]が行われている。例えば，リン脂質ナノチューブでは，冷却速度を1時間あたり$0.08 \sim 10^5$℃と変化させることで，$1 \sim 100 \mu m$の範囲内で長さを変化させた報告例がある[69]。一方，均一な穴径をもつ多孔性の酸化アルミナ膜やポリカーボネート膜をナノチューブ形成の鋳型に用いて[59]，ナノポアへの濡れ性など表面特性を精密に制御できれば長さ制御も可能になるかも知れない。しかしながら，現在のところでは，生成したナノチューブ構造の端からは端まで中空シリンダー構造が保証されているかどうか定かではない。

4.4　形態制御

分子が自発的に集合して収束する一次元ナノ構造は，一定の条件下で最小のエネルギーで最大の正確性をもって組織化する。大きな課題は，思い通りの形態を創製するための分子設計指針と新たな自己集合手法を開拓することである。カルダノール系糖脂質(34)を構成する4成分のうち，モノエン型成分(34-m)は単独成分による自己集合により主にナノチューブ形態に，飽和型成分(34-s)はねじれ状リボン形態を与える。そこで，(34-m)と(34-s)を任意の割合で連続的に組成変化させて混合し，二成分系集合が試みられた。その結果，初めて，チューブ状⇔コイル状⇔ねじれ状といった具合にらせん状の一次元集合形態を連続して調節できる可能性が見いだされた(図6)[71]。

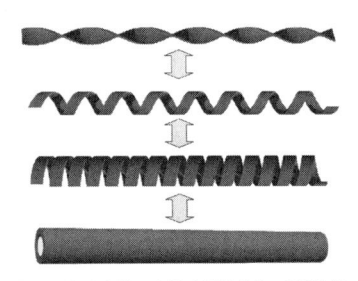

図6　らせん状一次元分子集合体の形態制御

第4章 有機ナノチューブ

新たな触媒担持やガス吸蔵材料の開発にとってナノメータスケールの穴，隙間，溝をいかに材料表面に三次元配列するかが重要な課題となっている。これら種々の有機系らせん状・チューブ状構造体は7節で述べる金属酸化物ナノスペース材料を創製するための有効なナノ鋳型として機能することが期待できる。

5 脂質ナノチューブの中空シリンダーの特性と機能

5.1 束縛水の極性と構造

脂質ナノチューブ中の一次元ナノ空間中に束縛された水の極性と構造は従来未知であった。最近，グルコース系糖脂質(34)から自己集合した内径10 nmの脂質ナノチューブ中に束縛された水が，細胞中の水と同様な構造物性を持つという興味深い結果が示された[72]。由井らは，その中空シリンダー中に，蛍光プローブである8-Anilino-1-Naphthalene Sulfonic Acid（1,8-ANS）分子を選択的に閉じこめる手法を開発し，時間分解蛍光スペクトルを用いて中空シリンダー中にのみ存在する1,8-ANSに帰属できる蛍光ピーク（成分I）を解析した。励起後，バルク水（相関時間：$\tau = 20$ ps）に比較して$\tau = 1.26$ nsでゆっくりと緩和する動的ストークスシフトが観測できた。この結果は，ナノチューブ内部に存在する水の粘性が，バルク水（約1 cP）に比べて約3～4 cPへと増加していることを示唆している。さらに，束縛された水の極性がバルク水に比較して約20%低下し，プロパノール相当の極性に変化していることもわかった。また，ATR-IR分光法を用いた解析から，それら束縛された水が，かなり水素結合が発達した成分群から構成される水構造であることが明らかとなった。

5.2 10～50 nmスケールのゲスト物質包接機能

先に中空シリンダー部に束縛された水の構造が過冷却状態にある水の構造を有し，細胞水（構造温度が－4～－9℃と言われる）と類似していることを示した。そこで，次に，10～100 nmサイズに相当する生体系の巨大分子やナノ物質のサイズを概観してみる（図7）。この領域には，例えば，球状タンパク質では一番大きい部類

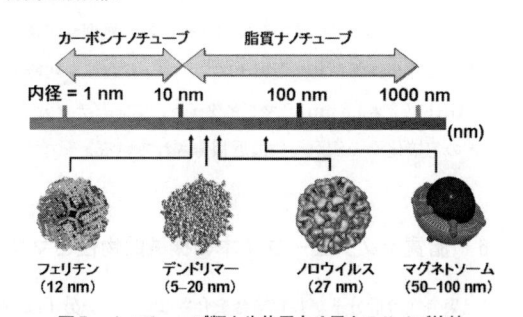

図7 ナノチューブ類と生体巨大分子とのサイズ比較
（ゲスト図面は，左からP.G. Vekilov教授，W.A. Goddard教授，P. Bijkerk博士ご提供）

環状・筒状超分子新素材の応用技術

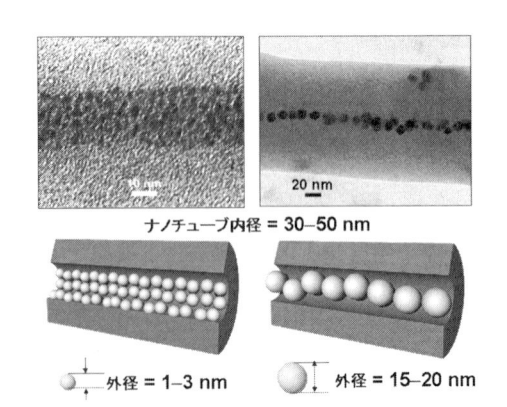

図8 脂質ナノチューブ内で起こる金ナノ粒子一次元組織化のサイズ依存性

に入るフェリチン（直径12 nm），種々の高分子デンドリマー（径5〜20 nm），球状ウイルスの中では一番小さい部類に入るノロウイルス（直径27 nm），磁性細菌内に含まれるマグネトソーム（直径が50〜100 nm）などが存在することがわかる。これらはいずれも従来の低分子系ホスト-ゲスト化学で用いるゲストに比較して10倍以上の大きさを有している。脂質ナノチューブがこれらの比較的巨大なゲスト物質を含む水溶液あるいは水分散液を毛細管力で中空シリンダー内部に包接できる[73]。取り込まれるゲストサイズとナノチューブの内径サイズのバランスは包接されるナノ物質がどのように束縛的に組織化されるかに大きく影響する。例えば，30〜50 nmの内径をもつ糖脂質(40)から成る脂質ナノチューブを用いて，金ナノ粒子の包接組織化を粒子サイズを変化させて検討した。その結果，3〜10 nmの金ナノ粒子は束縛的に組織化し，15 nm粒子は一次元的に配列化し，50 nm以上の粒子は全く包接されないことがわかった（図8）[74]。得られたハイブリッド構造の有機分子外殻は熱処理や溶媒抽出により除去可能であり，内径サイズによって幅が制御された金属ナノワイヤーの合成が可能である。同様にして，緑色蛍光タンパク質，GRF（3×4.5 nm），マグネタイト，フェリチン分子[75]，磁性細菌に含まれるマグネトソームなどの包接化[76]の例がつい最近報告されている。

6　脂質ナノチューブ1本の機械的物性とマニピュレーション

自己集合性の低分子が共有結合を介さないで弱い分子間力によってのみ集合した一次元ナノ構造体1本の機械的物性評価に関しては従来全く報告例がない。最近初めて，光ピンセットを利用した分子マニピュレーション技術によって脂質ナノチューブ1本の水中での曲げ弾性率が評価

第4章 有機ナノチューブ

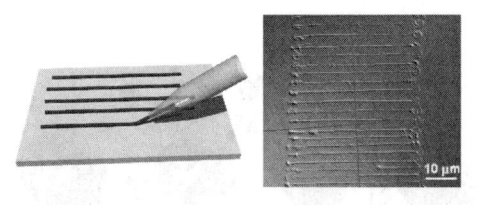

図9 脂質ナノチューブのガラス基板上でのマイクロインジェクション

された。糖脂質(34)から自己集合して形成する内径約10 nm,外径が約50 nm,長さが約30 μm の独立した脂質ナノチューブ1本に対して得たヤング率は720 MPaであった[7]。こうして,唯一比較可能な,チューブリンタンパク質が自己集合して形成する直径が約25 nmの微小管1本のヤング率1000 MPaと同程度であることを再現性と信頼性をもって初めて評価された。

　ガラスやプラスチックの固体基板上に,あるいは微細加工技術で作成したマイクロチャンネル構造の上にあるいは中にナノチューブ構造を固定化することは,トップダウン的手法では到達不可能な50 nmサイズ以下の構造をマイクロ構造の中に形成する観点から,現在,大きな注目を集めている。そこで,カーボンナノチューブよりはずっと柔軟でゴムよりは硬い,この適度な曲げ弾性率をもつ脂質ナノチューブ1本の特性を利用することが検討された。すなわち,脂質ナノチューブを基板上に1本ずつ自在に配向,配置固定化が可能なマニピュレーション技術を検討した。その結果,脂質ナノチューブを含む水分散液を内径約500 nmのガラスキャピラリー(市販名：FemtoChip®)先端から射出する方法(マイクロインジェクション法)を用いることで,脂質ナノチューブを1本ずつ基板上で配向させることに成功した(図9)[7]。言い換えれば,ナノチューブをインク代わりに用いて,つけペン的にナノチューブで文字を描画可能である。さらに,脂質ナノチューブから誘導できる高密度化DNAチップや電気泳動チップの開発を目的として,脂質ナノチューブ1本1本をガラス基板上に1～10 μm間隔で並行に固定配置し,それを光リソグラフィー技術と組み合わせてナノ流路の初期デバイスモデルが作成されている[46]。

7　分子集合を起点とした金属酸化物ナノチューブやハイブリッドナノチューブの創製

　分子を出発構築単位とする自己集合は単に分子集合体を調製するだけに留まらない。長さ,厚さ,径などが数nm以内の精度で制御された長い軸比を持つ分子集合体は,ナノバイオ分野,情報通信分野,環境分野などで興味ある応用が期待できる有機/無機,有機/金属,有機/バイオ,有機/無機/金属/バイオ構造などからなるハイブリッドナノチューブを調製するための恰好の

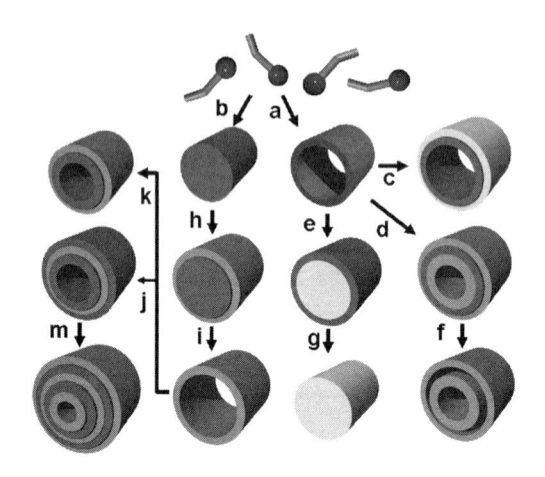

環状・筒状超分子新素材の応用技術

図10　分子集合を起点としたハイブリッドナノチューブの合成ルート

ナノ鋳型を提供する。例えば，自己集合して形成するロッド型構造は外面を金属アルコキシド類で被覆したのち，ゾル－ゲル反応を行うと，金属酸化物からなるチューブ状構造を与える（図10，b, h, i）[78～82]。この金属酸化物ナノチューブを反応容器に用いて内部の束縛空間で分子の自己集合を行えば，内表面の有機的官能基化が可能となる（図10，k）[83]。内外表面に分子を被覆して合成した有機／無機／有機ハイブリッドナノチューブを鋳型に用いると，無機／有機／無機／有機／無機の5層からなる多層同心円状ハイブリッドナノチューブを得ることができる（図10，j, m）[83]。一方，分子の自己集合によって作成した脂質ナノチューブをナノ鋳型に用いて，金属アルコキシド類のゾル－ゲル反応を行い，その後，有機物を焼成により除去すると二重円筒状の金属酸化物ナノチューブを得ることができる（図10，a, d, f）[84, 85]。脂質ナノチューブ類の中空シリンダー内部にのみ金属ナノ微粒子を充填し，その後，有機物を除去することで金属の一次元ナノ構造体，究極には金属ナノワイヤーが作成可能である（図10，e, g）[74]。図10に示した各種のナノチューブは，著者らが達成できた「ザ・ナノチューブワールド」の実例である。

8　将来展望

冒頭にも述べたように，自己集合性の分子は，一旦分子設計的にプログラムされると，最小のエネルギーで最大の正確性をもって目的とする三次元ナノ構造に集合する。これまでの半導体分野を支えてきたトップダウン型超微細加工技術では，チューブ状などの複雑な三次元形態をもつ

第4章　有機ナノチューブ

一次元ナノ構造材料の作製は困難であり，しかも数十nmと言われる物理的制御限界がある。したがって，分子を構築単位として自己集合的に，かつ階層的にナノ構造へ組み上げていく分子ボトムアップ型ナノテクノロジーの重要性は高く，特に化学やバイオ分野で有用な新しいナノ構造材料やナノシステムを創製できる可能性がある。以上に述べた有機，無機ナノチューブの特性から予想される用途分野として，標的遺伝子キャリアー，ミサイルドラッグデリバリシステム，ナノキャピラリー電気泳動，ナノ反応容器，ガス吸蔵材料，触媒担持材料，ナノ鋳型，などが考えられる。その波及効果としては，ナノ鋳型として利用することにより，金属酸化物や他の金属，無機材料からなる多様なナノチューブ材料の創製が可能となり，新規なナノ素材製造プロセスを開拓できるであろう。第二に，中空シリンダー部への機能性物質を導入することにより，従来にない有機／無機／バイオなど三元系一次元ナノハイブリッドが作成できる。脂質ナノチューブは水との相性がよいことから，バイオ，医療分野で有用生体物質や有用バイオナノ構造の分離や徐放に有用な材料素材を提供できるであろう。こうして，カーボンナノチューブと並ぶ化学・バイオ系新ナノ素材として花開くことを期待する。

文　　献

1) 渡慶次学，北森武彦，基礎から学ぶナノテクノロジー（平尾一之編，東京化学同人），pp 197-222 (2003)
2) 櫻井秀彦，繊維機械学会誌，**54**, 273 (2001)
3) 加茂　純，繊維工学，**56**, 126 (2003)
4) Special Issue "Carbon Nanotubes", *Top Appl. Phys.*, **80**, 1 (2001)
5) Special Issue "Carbon Nanotubes", *Acc. Chem. Res.*, **35**, 997 (2002)
6) Y. Xia, P. Yang, Y. Sun, Y. Wu, B. Mayers, B. Gates, Y. Yin, F. Kim, H. Yan, *Adv. Mater.*, **15**, 353 (2003)
7) M. A. B. Block, C. Kaiser, A. Khan, S. Hecht, *Discrete Organic Nanotubes Based on a Combination of Covalent and Non-Covalent Approaches*, Vol. 245, Springer, Berlin (2005)
8) S. Han, A. D. Bond, R. L. Disch, D. Holmes, J. M. Schulman, S. J. Teat, K. P. C. Vollhardt, G. D. Whitener, *Angew, Chem. Int. Ed.*, **41**, 3223 (2002)
9) S. Han, D. R. Anderson, A. D. Bond, H. V. Chu, R. L. Disch, D. Holmes, J. M. Schulman, S. J. Teat, K. P. C. Vollhardt, G. D. Whitener, *Angew, Chem. Int. Ed.*, **41**, 3227 (2002)
10) P. D. Santis, S. Morosetti, R. Rizzo, *Macromolecules*, **7**, 52 (1974)

11) J. Zhu, R. D. Parra, H. Zeng, E. Skrzypczak-Jankun, X. C. Zeng, B. Gong, *J. Am. Chem Soc.*, **122**, 4219 (2000)
12) J. M. Cary, J. S. Moore, *Org. Lett.*, **4**, 4336 (2002)
13) X. Yang, A. L. Brown, M. Furukawa, S. Li, W. E. Gardinier, E. J. Bukowski, F. V. Bright, C. Zheng, X. C. Zeng, B. Gong, *Chem. Comm.*, 56 (2003)
14) V. Berl, I. Huc, R. G. Khoury, M. J. Krische, J.-M. Lehn, *Nature*, **407**, 720 (2000)
15) J. J. v. Gorp, J. A. J. M. Vekemans, E. W. Meijer, *Chem. Comm.*, 60 (2004)
16) G. S. Hanan, J.-M. Lehn, N. Kyritsakas, J. Fischer, *J. Chem. Soc., Chem. Commun.*, 765 (1995)
17) L. A. Cuccia, J.-M. Lehn, J.-C. Homo, M. Schmutz, *Angew. Chem. Int. Ed.*, **39**, 233 (2000)
18) A. Petitjean, L. A. Cuccia, J.-M. Lehn, H. Nierengarten, M. Schmutz, *Angew. Chem. Int. Ed.*, **41**, 1195 (2002)
19) J. C. Nelson, J. G. Saven, J. S. Moore, P. G. Wolynes, *Science*, **277**, 1793 (1997)
20) T. Hasegawa, S. Haraguchi, M. Numata, T. Fujisawa, C. Li, K. Kaneko, K. Sakurai, S. Shinkai, *Chem. Lett.*, **34**, 40 (2005)
21) T. Hasegawa, T. Fujisawa, M. Numata, C. Li, A.-H. Bae, S. Haraguchi, K. Sakurai, S. Shinkai, *Chem. Lett.*, **34**, 1118 (2005)
22) M. Numata, M. Asai, K. Kaneko, T. Hasegawa, N. Fujita, Y. Kitada, K. Sakurai, S. Shinkai, *Chem. Lett.*, 232 (2004)
23) M. R. Ghadiri, J. R. Granja, R. A. Milligan, D. E. McRee, N. Khazanovich, *Nature*, **366**, 324 (1993)
24) J. D. Hartgerink, T. D. Clark, M. R. Ghadiri, *Chem. Eur. J.*, **4**, 1367 (1998)
25) J. R. Granja, M. R. Ghadiri, *J. Am. Chem. Soc.*, **116**, 10785 (1994)
26) P. R. Ashton, C. L. Brown, S. Menzer, S. A. Nepogodiev, J. F. Stoddart, D. J. Williams, *Chem. Eur. J.*, **2**, 580 (1996)
27) P. R. Ashton, S. J. Cantrill, G. Gattuso, S. Menzer, S. A. Nepogodiev, A. N. Shipway, J. F. Stoddart, D. J. Williams, *Chem. Eur. J.*, **3**, 1299 (1997)
28) G. Gattuso, S. Menzer, S. A. Nepogodiev, J. F. Stoddart, D. J. Williams, *Angew. Chem. Int. Ed. Engl.*, **36**, 1451 (1997)
29) D. Venkataraman, S. Lee, J. Zhang, J. S. Moore, *Nature*, **371**, 591 (1994)
30) J. Zhang, J. S. Moore, *J. Am. Chem. Soc.*, **114**, 9701 (1992)
31) Y. Tobe, N. Utsumi, K. Kawabata, A. Nagano, K. Adachi, S. Araki, M. Sonoda, K. Hirose, K. Nakamura, *J. Am. Chem. Soc.*, **124**, 5350 (2002)
32) A. Harada, J. Li, M. Kamachi, *Nature*, **356**, 325 (1992)
33) A. Harada, J. Li, M. Kamachi, *Nature*, **364**, 516 (1993)
34) Y. Kim, M. F. Mayer, S. C. Zimmerman, *Angew. Chem., Int. Ed.*, **42**, 1121 (2003)
35) E. Mezzina, P. Mariani, R. Itri, S. Masiero, S. Pieraccini, G. P. Spada, F. Spinozzi, J. T. Davis, G. Gottarelli, *Chem. Eur. J.*, **7**, 388 (2001)
36) S. Bonazzi, M. Capobianco, M. M. D. Morais, A. Gottarelli, P. Mariani, M. G. P.

第4章 有機ナノチューブ

Bossi, G. P. Spada, L. Tondelli, *J. Am. Chem. Soc.*, **113**, 5809 (1991)
37) S. Choi, X. Li, E. E. Simanek, R. Akaba, G. M. Whitesides, *Chem. Mater.*, **11**, 684 (1999)
38) N. Kimizuka, T. Kawasaki, K. Hirata, K. Kunitake, *J. Am. Chem. Soc.*, **117**, 6360 (1995)
39) H. Fenniri, P. Mathivanan, K. Vidale, D. Sherman, K. Wood, J. Stwell, *J. Am. Chem Soc.*, **12**, 3854 (2001)
40) P. Jonkheijm, A. Miura, M. Zdanowska, F. J. M. Hoeben, S. D. Feyter, A. P. H. J. Schenning, F. C. D. Schryver, E. W. Meijer, *Angew. Chem. Int. Ed.*, **43**, 74 (2004)
41) V. Percec, C. H. Ahn, G. Unger, D. J. P. Yeardley, M. Moeller, S. S. Sheiko, *Nature*, **391**, 161 (1998)
42) W. Zhou, W. Gu, Y. Xu, C. S. Pecinovsky, D. L. Gin, *Langmuir*, **19**, 6346 (2003)
43) T. Kunitake, *Angew. Chem., Int. Ed. Engl.*, **31**, 709 (1992)
44) H. Fuhrhop, W. Helfrich, *Chem. Rev.*, **93**, 1565 (1993)
45) J.-H. Fuhrhop, J. Koening, in *Monographs in Supramolecular Chemistry* (Ed.: J. F. Stoddart), The Royal Society of Chemistry, Cambridge (1994)
46) T. Shimizu, M. Masuda, H. Minamikawa, *Chem. Rev.*, **105**, 1401 (2005)
47) H. Fuhrhop, D. Spiroski, C. Boettcher, *J. Am. Chem. Soc.*, **115**, 1600 (1993)
48) Yamada, H. Ihara, T. Ide, T. Fukumoto, C. Hirayama, *Chem. Lett.*, 1713 (1984)
49) Nakashima, S. Asakuma, T. Kunitake, *J. Am. Chem. Soc.*, **107**, 509 (1985)
50) G. John, M. Masuda, Y. Okada, K. Yase, T. Shimizu, *Adv. Mater.*, **13**, 715 (2001)
51) P. Yager, P. E. Schoen, *Mol. Cryst. Liq. Cryst.*, **106**, 371 (1984)
52) J.-H. Fuhrhop, P. Blumtritt, C. Lehmann, P. Luger, *J. Am. Chem. Soc.*, **113**, 7437 (1991)
53) D. A. Frankel, D. F. O'Brien, *J. Am. Chem. Soc.*, **116**, 10057 (1994)
54) S. Spector, R. R. Price, J. M. Schnur, *Adv. Mater.*, **11**, 337 (1999)
55) M. Masuda, T. Shimizu, *Langmuir*, **20**, 5969 (2004)
56) M. Lazzari, M. Lopez-Quintela, *Adv. Mater.*, **15**, 1583 (2003)
57) J. Raez, I. Manners, M. A. Winnik, *J. Am. Chem. Soc.*, **124**, 10381 (2002)
58) S. Stewart, G. Liu, *Angew. Chem., Int. Ed.*, **39**, 340 (2000)
59) M. Steinhart, R. B. Wehrspohn, U. Goesele, J. H. Wendorff, *Angew. Chem., Int. Ed.*, **43**, 1334 (2004)
60) K. Yu, A. Eisenberg, *Macromolecules*, **31**, 3509 (1998)
61) N. Thomas, C. M. Lindemann, R. C. Corcoran, C. L. Cotant, J. E. Kirshch, P. J. Persichini, *J. Am. Chem. Soc.*, **124**, 1227 (2002)
62) N. Thomas, R. C. Corcoran, C. L. Cotant, C. M. Lindemann, J. E. Kirsch, P. J. Persichini, *J. Am. Chem. Soc.*, **120**, 12178 (1998)
63) A. Singh, E. M. Wong, J. M. Schnur, *Langmuir*, **19**, 1888 (2003)
64) Kameta, M. Masuda, H. Minamikawa, N. V. Goutev, J. A. Rim, J. H. Jung, T. Shimizu, *Adv. Mater.*, **17**, 2732 (2005)

65) J. H. Jung, G. John, K. Yoshida, T. Shimizu, *J. Am. Chem. Soc.*, **124**, 10674 (2002)
66) S. Kamiya, H. Minamikawa, J. H. Jung, B. Yang, M. Masuda, T. Shimizu, *Langmuir*, **21**, 743 (2005)
67) M. S. Spector, J. V. Selinger, A. Singh, J. M. Rodriguez, R. R. Price, J. M. Schnur, *Langmuir*, **14**, 3493 (1998)
68) B. R. Ratna, S. Baral-Tosh, B. Kahn, J. M. Schnur, A. S. Rudolph, *Chem. Phys. Lipids*, **63**, 47 (1992)
69) B. N. Thomas, C. R. Safinya, R. J. Plano, N. A. Clark, *Science*, **267**, 1635 (1995)
70) B. Yang, S. Kamiya, H. Yui, M. Masuda, T. Shimizu, *Chem. Lett.*, **32**, 1146 (2003)
71) G. John, J. H. Jung, H. Minamikawa, K. Yoshida, T. Shimizu, *Chem. Eur. J.*, **8**, 5494 (2002)
72) H. Yui, K. Koyama, Y. Guo, T. Sawada, G. John, B. Yang, M. Masuda, T. Shimizu, *Langmuir*, **21**, 721 (2005)
73) B. Yang, S. Kamiya, K. Yoshida, T. Shimizu, *Chem. Commun.*, 500 (2004)
74) B. Yang, S. Kamiya, Y. Shimizu, N. Koshizaki, T. Shimizu, *Chem. Mater.*, **16**, 2826 (2004)
75) H. Yui, Y. Shimizu, S. Kamiya, M. Masuda, I. Yamashita, K. Ito, T. Shimizu, *Chem. Lett.*, **34**, 232 (2005)
76) A. Banerjee, L. Yu, M. Shima, T. Yoshino, H. Takeyama, T. Matsunaga, H. Matsui, *Adv. Mater.*, **17**, 1128 (2005)
77) H. Frusawa, A. Fukagawa, Y. Ikeda, J. Araki, K. Ito, G. John, T. Shimizu, *Angew. Chem., Int. Ed.*, **42**, 72 (2003)
78) Y. Ono, K. Nakashima, M. Sano, Y. Kanekiyo, K. Inoue, J. Hojo, S. Shinkai, *Chem. Commun.*, 1477 (1998)
79) H. Jung, S. Shinkai, T. Shimizu, *Nano Lett.*, **2**, 17 (2002)
80) M. Nakagawa, D. Ishii, K. I. Aoki, T. Seki, T. Iyoda, *Adv. Mater.*, **17**, 200 (2004)
81) S. Kobayashi, K. Hanabusa, N. Hamasaki, M. Kimura, H. Shirai, *Chem. Mater.*, **12**, 1523 (2000)
82) S. Kobayashi, N. Hamasaki, M. Suzuki, M. Kimura, H. Shirai, K. Hanabusa, *J. Am. Chem. Soc.*, **124**, 6550 (2002)
83) Q. Ji, S. Kamiya, J. H. Jung, T. Shimizu, *J. Mater. Chem.*, **15**, 743 (2005)
84) H. Jung, S. Shinkai, T. Shimizu, *Chem. Rec.*, **3**, 212 (2003)
85) J. H. Jung, S.-H. Lee, J. S. Yoo, K. Yoshida, T. Shimizu, S. Shinkai, *Chem.-Eur. J.*, **9**, 5307 (2003)

応用編

I　(ポリ)ロタキサン，(ポリ)カテナン

第5章　分子素子・分子モーター

浅川真澄*

1　はじめに

　カテナンとは2個以上の環状分子が鎖状に結合した分子であり，ロタキサンとは環状分子とダンベル型分子が機械的に結合した分子である。この章では，カテナンとロタキサンが分子素子や分子モーターとして利用されている例に関して解説する。

　カテナン，ロタキサンそれぞれに関して最も単純な構造を例に取ると，図1に示すように環状分子の位置が，Aにある場合とBにある場合が区別されることによって，その分子素子としての機能を発現することが出来る。また，環状分子のAからBへの分子運動を駆動力とする機械的な動力系を開発することにより，分子モーターとしての機能を発現することが可能となる。

　カテナン，ロタキサンの分子素子・分子モーターとしての機能を実証するためには，外部からの刺激による環状分子の位置の制御（AとB）とそれぞれの状態を区別して読み取れるシステムが必要である。これまでの溶液中でのカテナン，ロタキサンの物性に関する基礎研究の成果から，様々な外部からの刺激によって環状分子の挙動を制御出来ることが判ってきている。

　カテナンに関する研究では，金属との配位結合を利用した系や芳香族環の電荷移動相互作用を利用した系，等が報告されている。

　金属との配位結合を利用した系では，分子内にフェナンスロリンを1個持つ環状分子とフェナンスロリン1個とテルピリジン1個を持つ環状分子を組み合わせたカテナンの銅錯体が設計されている。このカテナン銅錯体は，電気化学的に銅の1価と2価状態を制御することにより，銅と配位子の安定性が変化して，環状分子の位置を制御出来ることを実証している[1]。

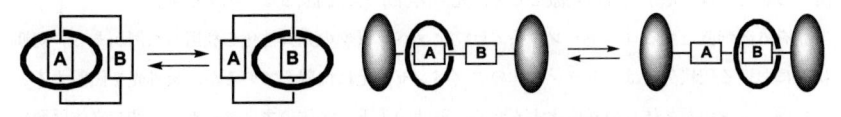

図1（A）　カテナンの分子運動　　　　図1（B）　ロタキサンの分子運動

---

*　Masumi Asakawa　㈱産業技術総合研究所　界面ナノアーキテクトニクス研究センター
　　主任研究員

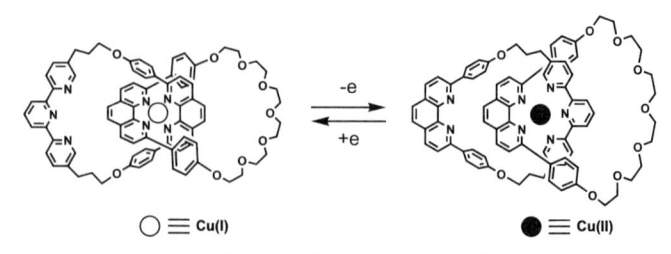

図2　金属への配位結合を利用したカテナン

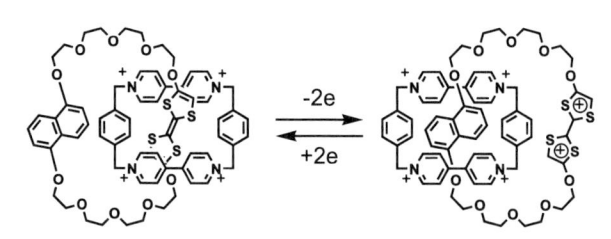

図3　電荷移動相互作用を利用したカテナン

　電荷移動相互作用を利用した系では，化学的もしくは電気化学的に制御可能なテトラチアフルバレン（TTF）の酸化還元状態を利用している。環状分子は初期状態では，より強い電荷移動相互作用が働くTTF上に存在するが，TTFが酸化されると正に荷電したTTFと環状分子の正電荷が静電反発するために，もう1つの電荷移動相互作用可能なサイトであるナフタレン上へ移動する。また，TTFを化学的もしくは電気化学的に還元することで，環状分子は元の位置に戻る。この分子運動は，電荷移動相互作用の状況を反映する溶液の色の変化でも確認することが出来る。

　カテナンに関する研究では，外部刺激として電子を用いた例を示した。そこで，ロタキサンに関する研究では，電子以外の刺激として，光や溶媒が外部刺激となる例を示す。

　光を外部刺激とするロタキサンの系では，アゾベンゼンの光異性化を利用した例がある。初期状態における環状分子は，トランス体のアゾベンゼン上に位置しているが，紫外光を照射するとアゾベンゼンがシス体への異性化するため，環状分子とシス体のアゾベンゼンの間で立体反発が起こり，環状化合物が他の部位へと移動する。また，この変化は可視光を照射することで元の状態に戻すことが出来るため，紫外光と可視光を利用することで繰り返し可能な分子スイッチとして機能する[3]。

　溶媒を外部刺激とするロタキサンの系では，環状分子とダンベル分子間の水素結合を利用した

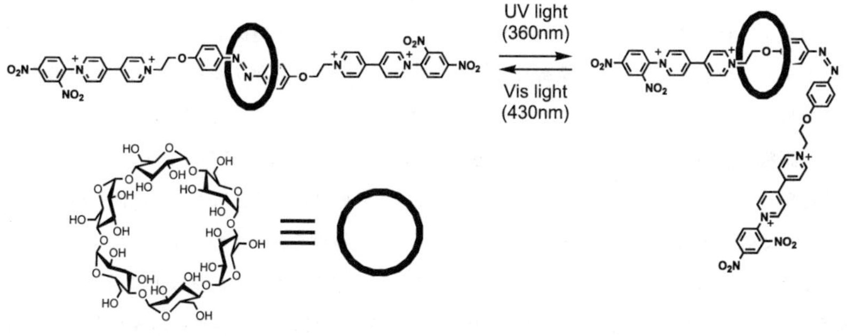

第 5 章　分子素子・分子モーター

図 4　光異性化を利用したロタキサンの分子運動制御

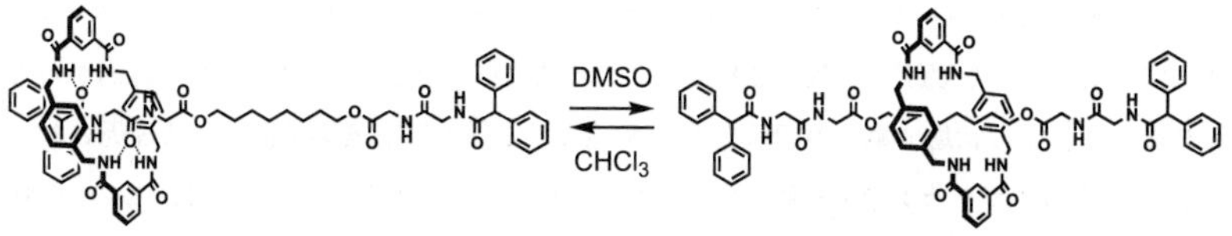

図 5　溶媒を外部刺激とするロタキサンの分子運動制御

例がある。非極性溶媒（クロロホルム）中では水素結合によってアミド基周辺に存在した環状分子が, 極性溶媒（ジメチルスルホキシド）中では, 極性基の溶媒和によって環状分子とアミド基間の水素結合が働かなくなり, アルキル鎖周辺へ移動する[4]。

以上, カテナン, ロタキサンそれぞれについて外部刺激によって分子運動が制御出来る例を示した。これらはいずれも溶液中での外部刺激に依存する分子運動挙動を各種測定装置により実証した例であり, 実際の応用の一歩手前の基礎研究として捉えることが出来る。

これら基礎研究の成果を基に実用化への道を拓くためには, 溶液状態での物性評価から固体状態での物性評価へ展開する必要がある。また, 外部刺激によって引き起こされる分子運動の結果は, 物性解析を目的とした測定機器による情報としてだけではなく, 実際に使用される環境下で検出されることが必要である。以下にこれらのことを考慮した応用研究の事例について解説する。

2　電気化学的に可逆的にスイッチするカテナン分子素子[5]

環状分子であるシクロビス（パラコット-*p*-フェニレン）と, TTF とナフタレンを有するクラウンエーテルを組み合わせたカテナンは, TTF 部位の酸化還元状態を制御することによって,

環状・筒状超分子新素材の応用技術

環状分子の位置を制御可能であり，この分子を素子として利用するための研究が行われている（図3）。シクロビス（パラコット-p-フェニレン）は，4つの正電荷を持っている。そのため，このカテナンはとても高い極性を有している。このカテナンと長鎖アルキルの末端に負電荷を持つリン酸脂質（DMPA）とを組み合わせることによって，カテナンとDMPAが強く静電相互作用した両親媒性のカテナン−DMPA錯体を形成することが出来る。このカテナン−DMPA錯体溶液を用いてラングミュア・ブロジェット（LB）法を適用することにより，固体基板上に単分子膜として固定出来る。このLB法とリソグラフィーの技術を組み合わせることによって，電極の間にカテナンの単分子膜をサンドイッチすることが出来る。つまり，基板上に描いたシリコン電極パターン上にLB法による単分子膜を固定化し，その上にアルミニウム電極パターンを形成することによって，カテナンを素子として回路に組み込むことが出来る。

このカテナン単分子膜は，外部電場によってその導電性を制御することが可能である。すなわち，初期状態（図6 A）では電気を流さないカテナン単分子膜（OFF状態）が，＋2Vの電圧を印可することによりTTF環が酸化されてシクロビス（パラコット-p-フェニレン）内から外へ位置を変える。この状態で電圧の印可を止める（0V）と，TTFはその位置のまま還元され（図6 B）電気を流すカテナン単分子膜（ON状態）へとスイッチすることが出来る。このON状態（B）の単分子膜へ-2Vの電荷を印可すると，再びOFF状態（A）へと戻すことが出来る。このカテナン分子素子は，繰り返し情報を書き込むことが出来ることから，メモリとして有望視されている。他にも，ロタキサンを利用したシステムも研究されており，様々な検討が進行中である[6]。

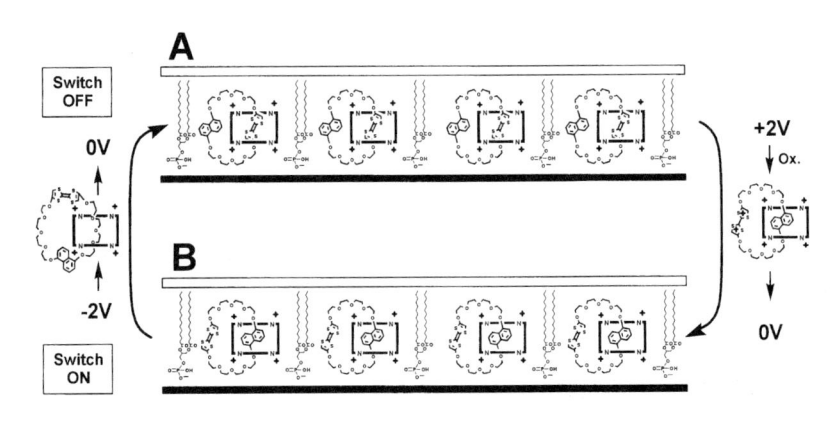

図6　外部電場で制御可能な分子スイッチ

3　化学的酸化還元によって駆動するリニア分子モーター[7]

図7に示すように環状分子（シクロビス（パラコット-p-フェニレン））の位置を制御することにより，分子内の環状分子間の距離を制御出来るように設計した［3］ロタキサンは，環状分子に置換しているジチオラン基が，金チオール（Au-S）結合を形成することによって金基板上への固定化が可能である。そこで，上面を金薄膜でコーティングしたカンチレバー上にこのロタキサンを固定化し，化学的酸化還元によって環状分子の動きを制御することにより，カンチレバーが曲がることを確かめた（図7）。

すなわち，金薄膜で被覆したカンチレバー上へロタキサンをAu-S結合を利用したセルファセンブル法によって固定化する。このロタキサンを固定化したカンチレバーを溶液セル中に設置して，酸化剤（Fe(ClO$_4$)$_3$）と還元剤（アスコルビン酸）を交互に流しながら，カンチレバーの反射をモニターすることでカンチレバーの動きを追跡した。その結果，ロタキサンの酸化に伴って，約35 nmカンチレバーが上向きに曲がること，還元するとまた元の位置に戻ることが判った。このカンチレバーの動きは，完全にロタキサンの間の動きに同調しており，ロタキサンが酸化され環同士の距離が4.2 nmから1.4 nmに変化するのに伴って，カンチレバーが上向きに曲がると言うことが確認された。

このような，ナノスケールの動きを制御出来る仕組みは，NEMS素子としての利用が期待されており，今回の化学的な刺激での制御から，今後は光や電気で制御出来るシステムへと発展していくと思われる。

NEMS：ナノ・エレクトロ・メカニカル・システムズ

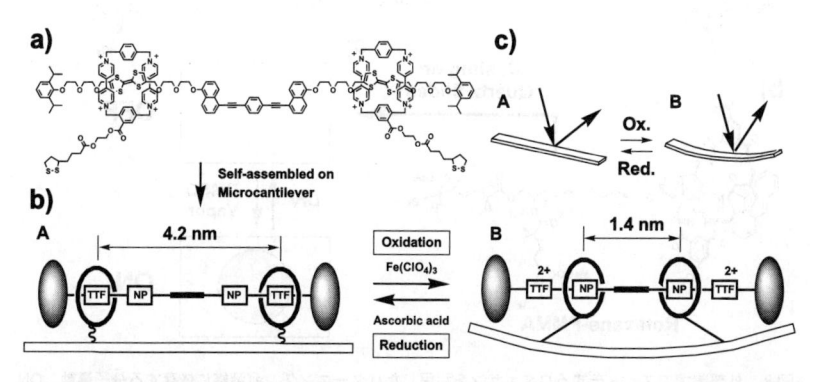

図7　化学的外部刺激によって駆動するロタキサンリニアモーター：a)［3］ロタキサンの分子構造，b)カンチレバーに固定化されたロタキサンの酸化還元による分子運動，c)酸化還元に依存するカンチレバーの動きとその反射

4 溶媒蒸気によるロタキサンの動きを利用したパターニング[8]

溶媒を外部刺激とするロタキサンの分子構造(図5)を少し変えることによって,分子運動に連動して蛍光発光をシグナルとする分子素子へ応用することが出来る。すなわち,ダンベル型分子の片末端に蛍光性分子であるアントラセンを置換し,環状分子に蛍光消光剤であるニトロベンゼンを組み込んだロタキサンは,クロロホルム中では環状分子が水素結合によってアントラセンの近傍に存在するために蛍光が消光しているのに対し,ジメチルスルホキシド中では水素結合が有効に働かないために,環状分子がアントラセンから離れて位置するので強い蛍光発光が観察される(図8 a))。

このロタキサンを構成するダンベル型分子のアントラセンが置換していない末端へ重合性基を導入し,メチルメタクリレートと重合することでポリメチルメタクリレート(PMMA)中に約10 wt%ロタキサンが導入された高分子(ロタキサン-PMMA)を合成出来る(図8 b))。このロタキサン-PMMAを塩化メチレン中に溶解し,このロタキサン-PMMA溶液をガラス基板上で乾燥することによって,容易に透明なフィルムを作成出来る。また,スピンコーティングによっても同様のフィルムを作成出来る。このフィルムはそのままでは,UVランプを照射しても何も変化しないが,ジメチルスルホキシド蒸気にさらした後にUVランプを照射すると,蛍光発光

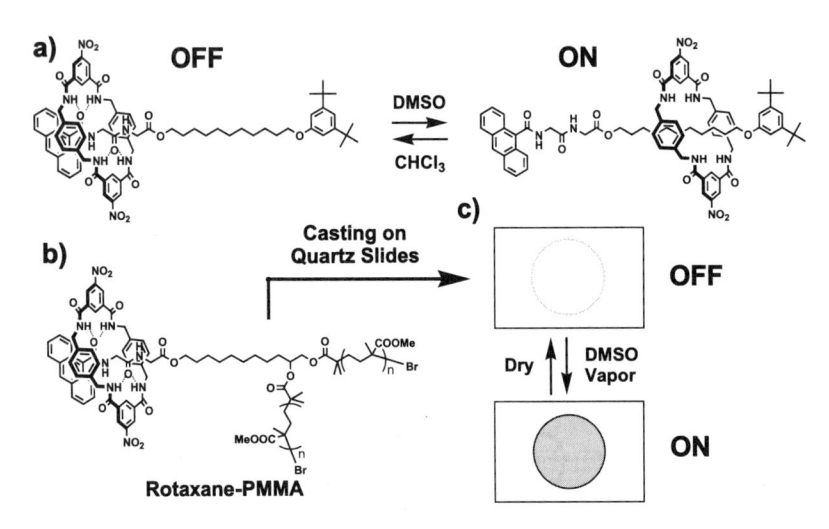

図8 外部環境でスイッチするロタキサンを利用したパターニング:a)溶媒に依存する分子運動,ONで蛍光発光,OFFで消光状態,b)PMMA中に置換されたロタキサン,c) ガラス基板上のロタキサン-PMMAキャストフィルム,ONで蛍光発光,OFFで消光状態

第5章 分子素子・分子モーター

する。また，このフィルムを70度で加熱しながら減圧乾燥することで元の蛍光発光しない状態に戻すことが出来る。この結果は，溶媒中でのロタキサンの挙動と同じであり，つまりフィルム中においても周辺の環境に依存して環状分子がダンベル型分子上を自由に動けると言うことである。さらに，このフィルムを利用してマスキング法でUVランプを照射した時にだけ現れるパターンを描くことも可能である（図8 c)）。このフィルムに情報を書き込むには溶媒暴露を必要とするため，現状では溶媒を使用するセンシング等に応用が限られてしまうが，今後他の外部刺激を利用出来るシステムを開発出来れば，機能性フィルムとして応用範囲が広がるものと考えられる。

5 光によって駆動するロタキサンを利用した液滴輸送[9]

ダンベル型分子内に環状分子認識部位として，炭素-炭素2重結合を含む部位（フマル酸アミド；フマル酸ステーション）とフッ素化された部位（四フッ化スクシン酸アミド；フッ素化ステーション）の2カ所を持つロタキサンは，UV照射によって環状分子の位置を制御することが出来る。初期状態における環状分子は，親和性の高いフマル酸ステーションに位置しているが，UV照射されることで炭素-炭素2重結合が E 体から Z 体へ光異性化し，その結果フッ素化ステーションへと移動する。Z 体は溶液中で加熱することで E 体へと戻り，環状分子もフマル酸ステーションへ戻る（図9 a)）。また，このロタキサンの環状分子に置換したピリジンを利用することで，カルボン酸が露出した10-カルボキシ-1-デカンチオールの金基板上でのSAM膜上へ，水素結合によって固定化することが出来る（図9 b))。

金基板表面にSAM膜を介して固定化されたロタキサンは，固体表面においても光照射によって環状分子の位置を変えることが出来る。さらに，このロタキサンに覆われた固体表面を利用することで，ジョードメタン（CH_2I_2）液滴を輸送することが出来る。この液滴輸送は傾斜のない平らな表面でのみならず，傾斜角12度の登り坂でも重力に逆らって輸送可能である。すなわち，12度の傾斜に置いたロタキサン被覆基板の下方にジョードメタン液滴1.25 μl を滴下し，液滴の上方へUV照射を6分間続けると，重力に逆らった液滴の移動（距離1.4 mm）が観察された。この液滴輸送の引き金となっているのは，もちろん光照射であり，光を外部刺激として表面に固定化されたロタキサンのフマル酸ステーション内にある炭素-炭素2重結合が異性化し，それに伴って環状分子がフッ素化ステーションへ移動する。この一連の分子運動により，基板表面に露出していた疎水性のフッ素化ステーションが親水性の環状分子でマスクされ，その結果，基板表面の濡れ性が変化したことによって，液滴が疎水性の初期の場所から光照射によって親水性となった斜面上方へ移動した。

この技術は，ラボ・オン・チップ（lab-on-a-chip）環境において，もしくは反応容器を用い

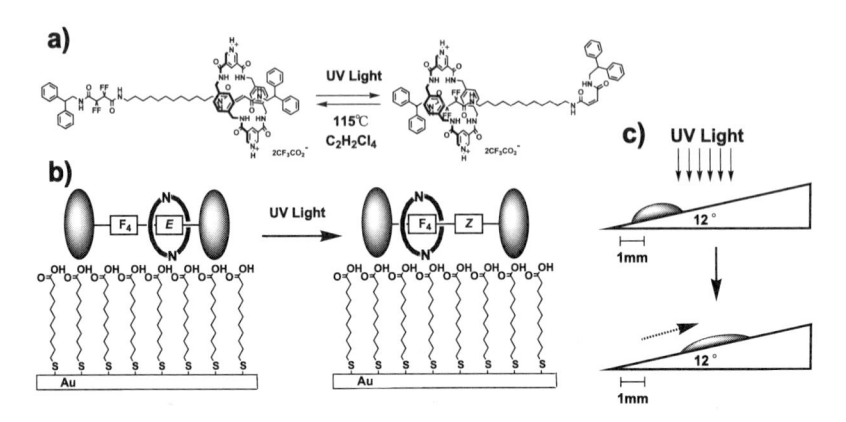

図9 光駆動型ロタキサンによる液滴輸送，a)光駆動型ロタキサンのスイッチング，b)金基板上の10-カルボキシ-1-デカンチオール SAM 膜に固定化されたロタキサンの UV 照射による動き，c)UV 照射によって引き起こされるロタキサン薄膜上のジヨードメタン液滴の動き

ずに微小スケールで化学反応を行うのに有用であり，今後の展開が注目されている。

6 まとめ

ロタキサン，カテナンに関する研究は歴史が浅い。その興味深い構造から合成研究の目標となり，分子認識の化学，超分子化学の考え方に基づく効率的な合成法が開発されたのは，最近のことである。今回，解説した応用研究に関する成果は，今世紀に入ってからのものであり，その多くが発表から1年以内のものであることから考えても，この分野に秘められた可能性は非常に大きい。今後は，これまで培ってきたツールと，これから新たに開発されるツールを武器に，リソグラフィーに代表されるトップダウンの技術，遺伝子やタンパクを扱うライフサイエンスの技術，等との融合を図りつつ，種々の分野でのブレークスルー技術となることが期待されている。

文　　献

1) J.-P. Sauvage et al., J. Am. Chem. Soc., **116**, 9399-9400 (1994).
2) J. F. Stoddart et al., Angew. Chem. Int. Ed., **37**, 333-337 (1998).

3) N. Nakashima *et al., J. Am. Chem. Soc.,* **119**, 7605-7606 (1997).
4) D. A. Leigh *et al., J. Am. Chem. Soc.,* **119**, 11092-11093 (1997).
5) J. F. Stoddart, J. R. Heath *et al., Science,* **289**, 1172-1175 (2001).
6) J. F. Stoddart *et al., Appl. Phys. A,* **80**, 1197-1209 (2005)
7) C.-M. Ho, J. F. Stoddart *et al., J. Am. Chem. Soc.,* **127**, 9745-9759 (2005).
8) D. A. Leigh *et al., Angew. Chem. Int. Ed.,* **44**, 3062-3067 (2005).
9) D. A. Leigh *et al., Nature Materials,* **4**, 704-710 (2005).

第6章　可逆的架橋ポリロタキサン

古荘義雄*

1　はじめに

1.1　可逆的な架橋／脱架橋プロセスによるポリマーのリサイクル

　熱硬化性樹脂やゴムなどのような架橋ポリマーの材料リサイクルおよび化学リサイクルのための新しい手法の開発は，ポリマー科学と材料科学における最も重要な課題の一つである[1]。というのも，適切なリサイクルの手法の開発は，ポリマーのネットワーク構造の特異な性質のために簡単なものではないからであり，長い間，新しいリサイクルの方法論の登場が待たれていた。効率的なリサイクルの手順の構成要素の一つとして可逆な架橋／脱架橋が挙げられる。高田らは以前，スピロオルトエステルの酸触媒開環重合の可逆性を利用した架橋ポリマーのリサイクルの概念を示している[2]。架橋ポリマーの形成と分解は十分な可逆性を有しており，もとのポリマーを高い収率で回収することができる[3]。その他にも，架橋ポリマーのリサイクルに関しては，これまでに数多くのアプローチがなされてきたが，新しい概念や材料を提供するためには，まだたくさんの課題が残されている[1,4]。

1.2　ポリロタキサンネットワーク

　ポリロタキサンネットワークとはロタキサン構造を持った架橋ポリマーのことである[5]。ポリロタキサンネットワークは，トポロジーと潜在性のある特性の両方の点で興味深い。ポリロタキサンネットワークからなるゲルは第3のゲルとも呼ばれ，そのうちいくつかは通常の化学ゲルや物理ゲルとは異なった興味深い性質を示す。ポリロタキサンネットワークの合成法は二つの型に分類される。一つは統計的手法であり，巨大なマクロサイクルをそのまま重合，あるいは共重合させてロタキサン構造で架橋されたポリマーを得る統計学的な手法である。もう一つは，ホストーゲスト化学を使う戦略的な方法である。

　Gibsonらは，側鎖に大環状クラウンエーテルを導入することにより，統計的に分岐型の架橋された側鎖型ポリロタキサンを初めて合成した（図1）[5a]。全く同じコンセプトに基づいて，クラウンエーテル基を持ったモノマーの重縮合によって架橋ポリマーが合成された[5b]。また，直

---

*　Yoshio Furusho　㈱科学技術振興機構　ERATO八島プロジェクト　グループリーダー

第6章　可逆的架橋ポリロタキサン

図1　側鎖型ポリロタキサン

図2　架橋型ポリロタキサン

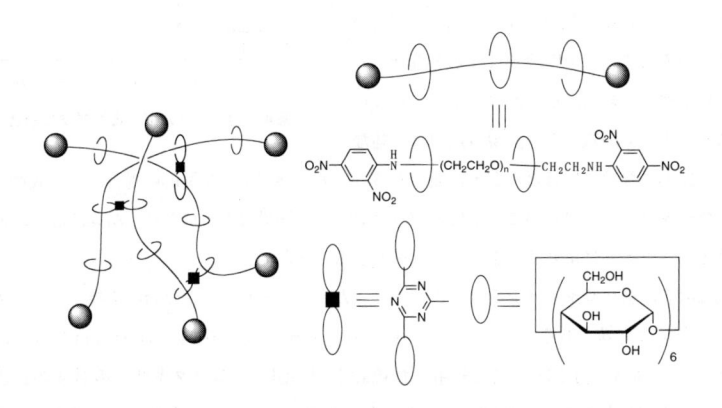

図3　ポリロタキサンゲル

　線状のポリ（クラウンエーテル）とパラコートユニットを持つポリマーとの錯形成により，架橋型ポリロタキサンが作られている（図2）[5c]。この場合，溶媒や温度に応じて応答して，架橋構造は可逆的に形成される。DMSOのような高極性の溶媒中や，あるいは高温下では，この二つの直線状ポリマーはそれぞれ独立して存在するが，THFのような低極性溶媒中や低温下では擬ロタキサン構造による架橋構造を形成する。

　伊藤らはシクロデキストリンとポリエチレングリコールからなるポリロタキサンを合成し，シクロデキストリンユニット同士を分子間で架橋させることによりポリロタキサンゲルをつくった

(図3)[5k)]。彼らはこのポリマーをトポロジカルゲルと名付けている。環状ユニットがポリマー鎖に沿って高い自由度を持って動けるように，ポリマー鎖一本あたりの環状ユニットの数は非常に少なくしてある。この材料設計法により大きな弾性を持つゲルを作ることができる。この弾性はゴムと同様にポリマー鎖のエントロピーの変化に由来していると考えられている。

1.3 動的共有結合の化学

ある条件下で可逆的に生成／開裂する結合を利用して熱力学的に安定な化合物を合成する化学を動的共有結合の化学と呼ぶ[6)]。速度論に支配された通常の有機合成反応においては，反応物と遷移状態との自由エネルギー差（$\Delta G_B^\ddagger$ と $\Delta G_C^\ddagger$）によって生成物の割合が決まる（図4）。一方，熱力学に支配された動的共有結合の化学では，生成物の比率は各々の相対的な安定性（ΔG_B と ΔG_C）によってのみ決まる。速度論的な反応を設計するためには遷移状態の構造を考えなくてはならないが，これは極めて困難であり，現時点では単純な

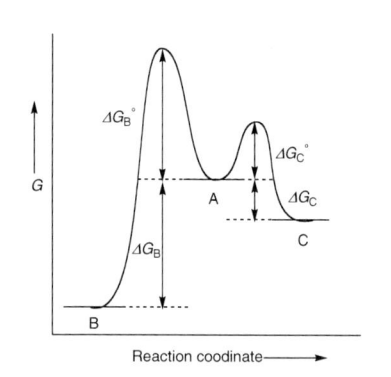

図4　自由エネルギーと生成物の割合

化合物の反応でなければほとんど不可能である。一方，熱力学的な反応の場合，各生成物の基底状態の構造を考えれば良いので，反応の設計はいたって簡単なものになり，溶媒，温度，あるいは濃度といった条件により反応をコントロールすることができる。

動的な共有結合はロタキサンやカテナンといったインターロック化合物を持つ化合物の合成に対して非常に有効であるということが見いだされてきた[7)]。1972年，Harrisonにより，トリチルエーテル結合の可逆的性質を利用した統計学的手法によるロタキサンの合成が報告された[7a, 7b)]。これは動的共有結合の性質を活かしたインターロック化合物合成の初めての例である。同様に，SchillらはトリチルチオエーテルIを用いてインターロック化合物の合成を行った[7c)]。サンダースらは閉環メタセシスにより，パイ電子欠乏芳香環とパイ電子過剰芳香環との電荷移動相互作用を駆動力とするカテナンの合成を行った。これは動的共有結合を用いたロタキサン合成の中でも，熱力学的コントロールによる合成の初めての例である[7d,f)]。Leighらもまた，C＝C二重結合を持つマクロサイクルを用いて，オレフィンメタセシスによるカテナン合成を行った[7g)]。さらに，Stoddartらはロタキサンやカテナンの合成に対して，可逆的な性質を持つイミン結合が有効であることを示した[7h~j)]。

第6章　可逆的架橋ポリロタキサン

1.4　ジスルフィド結合の可逆的性質を利用したロタキサン合成

　ジスルフィド結合はもっとも興味深い動的結合のひとつであり、その可逆性はタンパク質の折りたたみや高次構造の安定化に大きな役割を果たしている。触媒量のチオールの存在下で起こるジスルフィド／チオール交換反応は、非常に温和な条件下で進行するばかりでなく、様々な官能基への許容性も高く、合成ツールとしても優れている。実際、ホストーゲスト相互作用を利用したジスルフィド化合物の合成例がいくつか報告されている[8]。

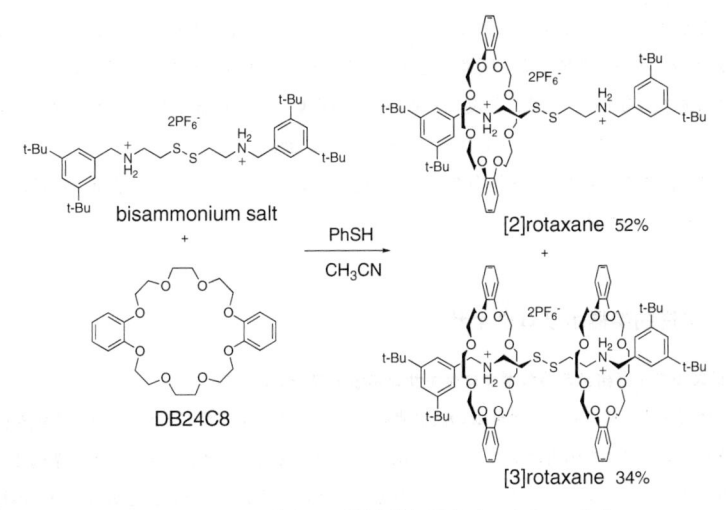

図5　ジスルフィド結合の可逆的性質を利用したロタキサン合成

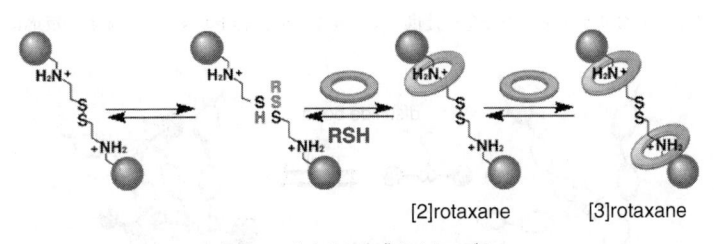

図6　ロタキサン生成のメカニズム

我々は，2000年の初頭にジスルフィド結合の可逆的性質を利用した初めてのロタキサン合成法を報告した[9]。二つの二級アンモニウム塩部位を持ち，中央にジスルフィド結合を持つダンベル型の化合物を合成した（図5）。一般に，二級アンモニウム塩はジベンゾ-24-クラウン-8-エーテル（DB24C8）を貫通し，擬ロタキサン構造を形成することが知られているが，この場合，両末端の3,5-ジ-*tert*-ブチルフェニル基の立体障害のため，加熱しても DB24C8 を貫通することはない。ところが，触媒量のチオフェノールを加えると[2]ロタキサンおよび[3]ロタキサンが生成する。添加したチオフェノールによりジスルフィド結合が開裂するとその部分から DB24C8 が貫入できるようになる（図6）。新しく生成したジスルフィド結合もチオールと反応することにより[2]ロタキサンが生成する。同様の過程を経ることで[3]ロタキサンが生成する。この過程は完全に可逆であるため，溶媒，温度，あるいは濃度といった反応条件により[2]ロタキサンおよび[3]ロタキサンの生成比をコントロールすることができる。

本章では，このジスルフィド結合を利用した可逆的架橋ポリロタキサンの合成と物性，およびリサイクルについて述べる[10]。

2 可逆的架橋ポリロタキサン[10]

2.1 ジスルフィド結合を持つポリロタキサンネットワークの合成

図7に可逆的架橋ポリロタキサンの設計戦略を示す。クラウンエーテルからなる主鎖を持つポリクラウンエーテルを中央にジスルフィド結合を持つ二官能性のアンモニウム塩で架橋することによりポリロタキサンネットワークが得られる。ジスルフィド結合は可逆であるため，溶媒などを変更することにより，架橋構造を解消することができる。この系では，軸成分上で起こる可逆なジスルフィド結合の開裂が，ポリロタキサンネットワークが形成／解除される過程における唯一の反応であるため，見かけの上では化学結合の形成も開裂も起こらない。それゆえ，この手順は極めて効果的なリサイクルの概念を提供する。すなわち，幹ポリマーはいずれの反応にも直接

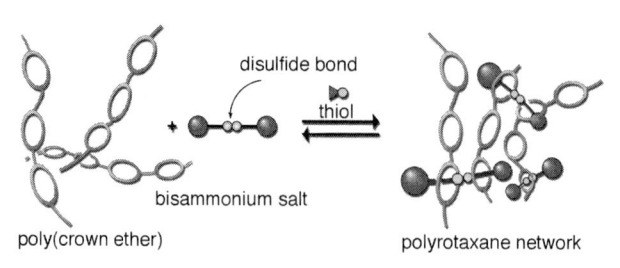

図7　可逆的架橋ポリロタキサンの設計戦略

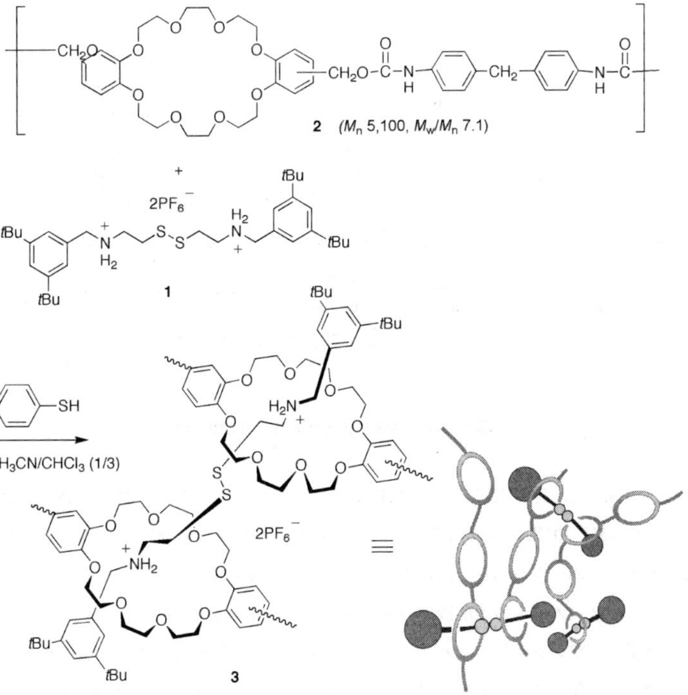

第6章 可逆的架橋ポリロタキサン

図8 ジスルフィド結合の可逆的性質を利用した架橋反応

関与しないため，全く損傷を受けることなく架橋および脱架橋されることになる。

0.25 M（クラウンエーテル環ユニットの濃度）のポリクラウンエーテル 2（M_n=5,100, M_w/M_n=7.1, T_{d10}=256℃, T_g=81℃），0.063 M のビスアンモニウム塩 1，および 0.013 M のチオフェノールをアセトニトリル／クロロホルム (1/3) 中で 50℃ に加熱することにより架橋反応を行った（図8）。20時間後，弾性のある透明なゲル化生成物が定量的に得られた。このゲルは減圧乾燥により可塑性のある硬い固体になった。このようにして得られたポリロタキサンゲルのガラス転移温度 T_g=60.4℃，および 10％ 重量減少温度 T_{d10}=203℃ であった。もちろん，チオフェノールを加えないとゲル化は起こらなかった。以上の結果は，ゲル化がダンベル型ジスルフィド 1 と 2 のクラウンエーテルユニットからなる[3]ロタキサン状構造の形成に由来するものであることを示唆している。

架橋が機械的結合の形成に基づくものであることを確かめるため，ゲル化の過程を ^{1}H NMR

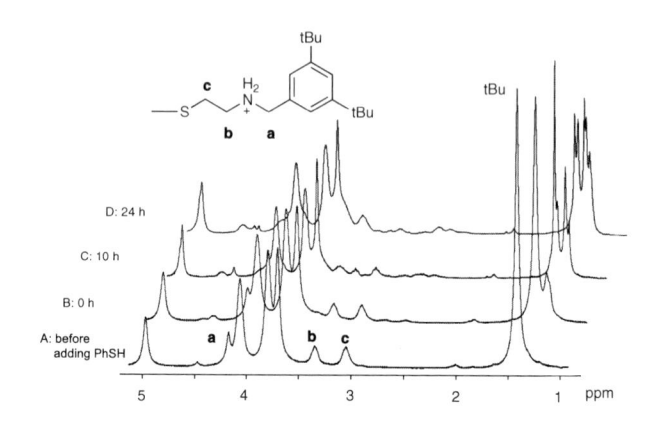

環状・筒状超分子新素材の応用技術

図9 ^{1}H NMRによるゲル化の過程の追跡

で追跡した（図9）。1（0.040M），2（0.10M（クラウンユニット）），および触媒量のチオフェノール（0.0080M）のCD$_3$CN/CDCl$_3$（1/4）溶液をNMRチューブ中で50℃に静置して反応を行った。チオフェノールを加える前は1と2のスペクトルの重ね合わせに等しかった溶液のスペクトルは，チオフェノールの添加後，直ちに変化した。1のt-Bu基のシグナル（$ca.$ 1.3 ppm）は二つに分裂し，ベンジル位のプロトンのシグナルaは約4.5 ppmにまで大きく低磁場側にシフトした。同様の現象が1とDB24C8からなる[3]ロタキサンに関しても観測されている[9]。すなわち，これらのシグナルの変化は，1とDB24C8ユニットからなるロタキサン構造に由来するものであることを示している。24時間後，チューブ内は流動性の無いゲルで満たされていた。1のメチレンプロトンのシグナル（bおよびc）がほとんど消失してしまっていることから，ほとんどの1がロタキサン形成に消費されたことが分かる。1のアンモニウム塩部位と2のクラウンエーテルユニットのロタキサン構造形成率は^{1}H NMRより，74%と求められた。この数値は，少なくとも48%の1がゲル中で[3]ロタキサン構造を作っていることを示している。これらの結果は，1と2の架橋構造がロタキサンの機械的結合に由来することを明確に示すものである。

2.2 架橋率のゲル物性に及ぼす影響

架橋率がゲル3の物性に及ぼす影響を明らかにするために，ガラス転移温度（T_g）と膨潤率（%swelling）を調べた（表1）。%swellingは以下の式を使って求めた：%swelling＝［膨潤ゲルの重量-乾燥ゲルの重量］/［乾燥ゲルの重量］×100。乾燥ゲルは，架橋した粗生成物を減圧下で約30時間乾燥することにより得られた。膨潤ゲルは室温で30時間クロロホルム中に浸すことに

第6章 可逆的架橋ポリロタキサン

表1 架橋率がゲルの物性に及ぼす影響

RUN	$2^{a)}/M$	[1]/[2]	%swelling$^{b)}$/%	$T_g{}^{c)}$/℃
1	0.25	0.50	75	60.4
2	0.25	0.25	97	53.3
3	0.25	0.10	238	31.8
4	0.17	0.25	167	48.8

a) Concentration of the crown ether unit.
b) The value after the crosslinked polymer was immersed in chloroform for 30h at room temperature, as calculated according to the following equation:
%Swelling={[weight of swelled gel]−[weight of dried gel]}/[weight of dried gel]×100.
c) Measured by DSC at a scan rate of 10℃/min.

より調製した。%swellingの値は、[1]/[2]の仕込み比が減少するとともに増大した。T_gは[1]/[2]の仕込み比が減少するとともに低下した。これらの結果は、[1]/[2]の仕込み比の減少とともに、架橋率も減少していることを示唆するものである。[1]/[2]の仕込み比が一定の場合、1と2の仕込み濃度が減少すると、膨潤率が増加し、T_gが低下した。これは仕込み濃度が下がると架橋率が低下することを示している。

表2に、得られたポリロタキサンネットワークの膨潤率を示す。3はDMF（1400%）やDMSO（840%）で非常に良く膨潤した。メタノールでは3はほとんど膨潤しなかった（27%）。ポリクラウンエーテルの溶媒に対する親和性が高くなるにつれて膨潤率も増加した。図10にDMF中で膨潤する前後の無色透明のゲル3の写真を示す。

表2 ポリロタキサンネットワークの膨潤率

solvent	%swelling$^{a)}$
DMF	1400
DMSO	840
CHCl$_3$	240
CH$_3$CN	62
MeOH	27

a) The value after the crosslinked polymer was immersed in chloroform for 30h at room temperature, as calculated according to the following equation: %Swelling={[weight of swelled gel]−[weight of dried gel]}/[weight of dried gel]×100.

(a) before swelling   (b) after swelling

5 mm

図10 DMF中で膨潤する前後のポリロタキサンゲル

2.3 ポリロタキサンエラストマーの合成

　この方法の幅広い応用性を示すため，他のクラウンエーテルをゲル化に用いてみた。主鎖にm-キシリレンユニットを持つポリクラウンエーテル**4**（M_n 5,500, M_w/M_n 3.7, T_{d10} 310 ℃, T_g 18 ℃）をクロロホルム／アセトニトリル中で，ダンベル型ジスルフィド**1**と触媒量（20mol%）のチオフェノールで架橋した（図11）。ゲル化は，ポリクラウンエーテル**2**の時と同じように，20時間以内に起こり，無色透明のゲル**5**（T_{d10}=176 ℃，T_{g1}=48.3 ℃，T_{g2}=81.3 ℃）が得られた。

　次にウレタン結合をハードセグメントとして持ち，ポリ（テトラメチレングリコール）鎖をソフトセグメントとして持つポリクラウンエーテル**6**のゲル化および得られたゲル**7**の物性について検討した（図12，表3）。**1**と触媒量（20 mol%）のチオフェノールを用いて，クロロホルム／アセトニトリル混合溶媒中でポリクラウンエーテル**6**の架橋を行った。クラウンエーテルユニットの比率がある程度ある場合には，少し長い時間はかかるものの，仕込み濃度が低くてもゲル化が進行した（エントリー1～4）。クラウンエーテルユニットの導入率が低くなると収率がやや減少し，x/y=1/4まで低下するとゲル化しなかった（エントリー5）。これらの得られたゲルは全て透明であり，室温よりも低いガラス転移温度を持っていた。エントリー1で得られたゲルはポリクラウンエーテル**4**のときに得られたゲルと同じくらい硬かったが，エントリー2で得られたゲルは弾性があり，エントリー3と4で得られたゲルは非常に大きな弾性を示した。エントリー4のゲルは長さが700%にまで伸びた（図13）。

　このように，高い分子量と高い極性を持つポリマーを用いることで，低濃度でもポリロタキサンネットワークを作ることができた。これらの結果は，ポリロタキサンネットワークのこの合成法の幅広い応用性を保証するものである。

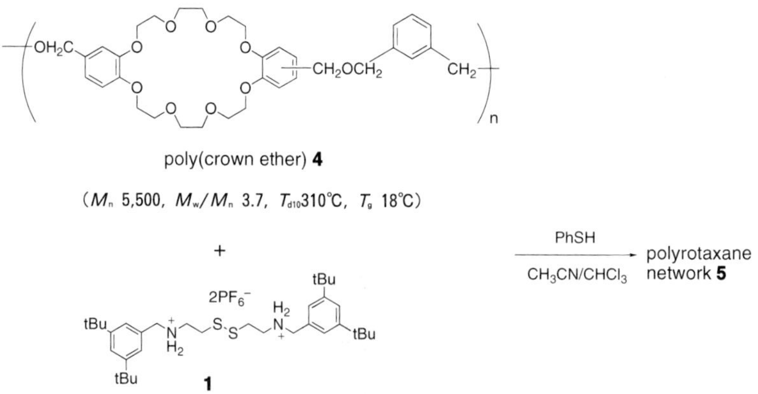

図11　主鎖にm-キシリレンユニットをもつポリクラウンエーテルを用いたポリロタキサンゲルの合成

第6章 可逆的架橋ポリロタキサン

図12 主鎖にポリエーテル部位とウレタン結合をもつポリクラウンエーテルを用いたポリロタキサンゲルの合成

表3 ポリクラウンエーテルゲルの物性

	x/y	M_n (M_w/M_n)	$6^{a)}/M$	$1/M$	time /day	yield %	$T_{d10}{}^{b)}$	$T_{g1}{}^{c)}$	$T_{g2}{}^{c)}$
1	2/1	14600(4.89)	0.10	0.050	1	93	268	−75.4	65.6
2	1/1	25700(4.10)	0.068	0.034	3	98	271	−72.7	74.7
3	1/2	45700(3.16)	0.040	0.020	10	97	263	−72.9	68.3
4	1/3	49500(3.01)	0.025	0.013	10	76	280	−72.1	70.4
5	1/4	33600(2.80)	0.025	0.013	10	−			

a) Concentration of the crown ether unit. b) 10% weight loss temperature was reported as T_{d10}. c) Measured by DSC(−100 to 120℃) at a scan rate of 10℃/min.

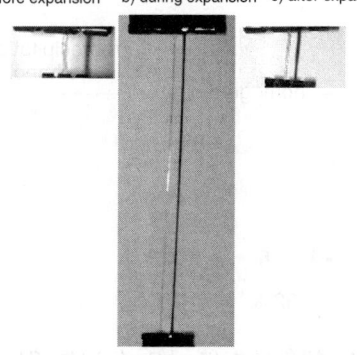

図13 ポリロタキサンエラストマーの伸縮

2.4 ポリロタキサンネットワークのリサイクリング

　上述の架橋の仕方のもっとも特徴的な点は，トポロジカルな結合以外に構造が変化しないため，幹ポリマーと架橋材がともに見かけ上は化学反応に関わっていないということである。架橋過程は可逆であるため，もし架橋されたポリマーが適切な条件下で処理されれば，出発物質が完全に回収されることになる。

　アンモニウム塩とクラウンエーテルの会合の駆動力は水素結合である。それゆえ，高いドナー数を持つ溶媒を使用すると，平衡は左側に偏り，結果として脱架橋が起こる。チオフェノールを用いると，いくつかのチオールやジスルフィドが副生するため，化学リサイクルの観点からは好ましくない。そこで，チオール 8 を用いることにした（図14）。8 はジスルフィド軸 1 の還元体である。8 を用いると材料の化学組成が，架橋／脱架橋反応の前後で変化することが無い。チオール 8 を使っても 1 と 2 から95％の収率でポリロタキサンネットワーク 3 が得られた。ゲル 3 は DMF に 3 日間浸しておいても膨潤するだけであるが，チオール 8（50 mol%）を加えて60℃に

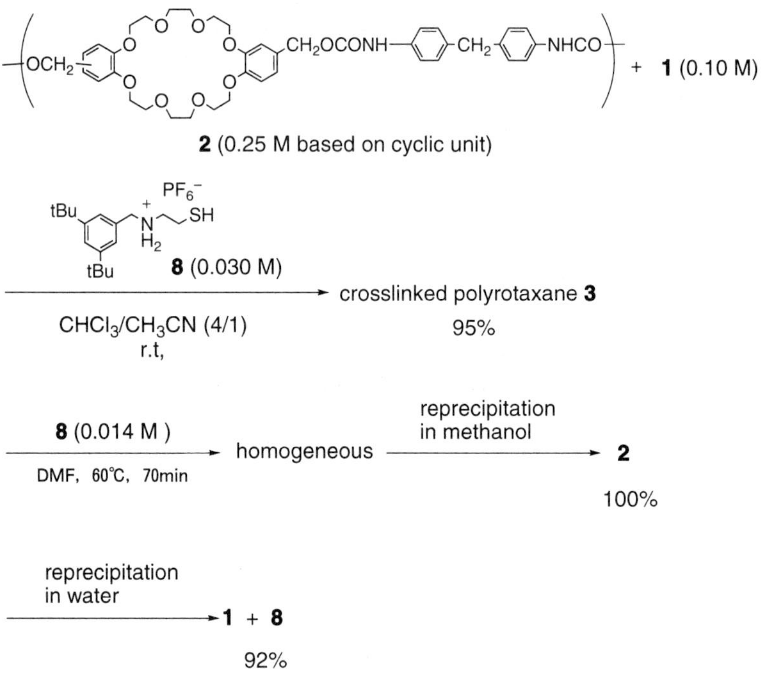

図14　ポリロタキサンネットワークのリサイクリング

第6章 可逆的架橋ポリロタキサン

すると，70分後には混合物は無色の均一な溶液に変化した。これをメタノールに再沈殿させて濾取するとポリクラウンエーテル2が100％の回収率で得られた。濾液を水に再沈殿させると，ジスルフィド1とチオール8の混合物が92％の収率で回収された。このように，これらの方法で回収された原料は，架橋／脱架橋の前後で化学構造と化学組成に全く変化はない。このように回収された材料のリサイクルは簡単に達成することができる。

3 おわりに

我々は，動的共有結合の化学に基づいて可逆なチオール－ジスルフィド交換反応を利用することにより，新規なポリロタキサンネットワークを合成することに成功した。このポリロタキサンネットワークはチオールを含むDMF溶液で処理することにより，簡単に除去することが可能であった。また，チオール8を用いることで，もともとの材料をほぼ定量的に回収することができた。本方法はこのように，ポリロタキサンネットワークの簡便な合成法というだけでなく，リサイクル可能な架橋ポリマーの新たな設計原理を提供するものである。最後になりますが，本章で紹介させていただいた研究は，大阪府立大学大学院工学研究科・髙田十志和教授（現・東京工業大学大学院理工学研究科）の御指導のもとに行われ，また，ほとんどの結果は奥智也博士（現・キヤノン）がたたき出したものであります。ここに深く感謝します。

4 代表的実験例[10]

(1) ポリロタキサンネットワーク3の調製

ダンベル型ジスルフィド1（0.025 mmol）とポリクラウンエーテル2（0.10 mmol, M_n 5,100, M_w/M_n 7.1, T_{d10} 256 ℃, T_g 81 ℃）のクロロホルム／アセトニトリル溶液（3/1 (v/v), 0.40 mL）にチオフェノールのクロロホルム溶液（2 M, 2.5 μL, 0.005 mmol）を加えて，50度で24時間静置するとゲル化する。このゲルをクロロホルムとメタノールで洗浄し，乾燥するとポリロタキサンネットワーク3が白色個体として得られる。収率100％；T_g 60.4 ℃；T_{d10} 203 ℃。

(2) ポリロタキサンネットワーク3の脱架橋によるリサイクル

ポリロタキサンネットワーク3（545 mg）をチオール8のクロロホルム溶液（0.014 M, 7.0 mL）に加える。この混合物を60℃で70分静置すると均一な溶液になる。この溶液をメタノール（25 mL）にあけて生じた沈殿をメタノールで洗浄して乾燥するとポリクラウンエーテル2が定量的に回収される。ろ液を減圧濃縮して水に再沈殿させると1と8の混合物が92％の収率で回収される。

文　献

1) a) F. Sanda, T. Endo, *Eco Ind.*, **6**, 18-26 (2001); b) M. Mori, N. Sato, *Sokeizai*, **4**, 17-21 (2000); c) F. Sanda, T. Endo, *Polym. Recycl.*, **4**, 17-21 (1998).
2) a) S. Chikaoka, T. Takata, T. Endo, *Macromolecules*, **24**, 331-332 (1991);
   b) S. Chikaoka, T. Takata, T. Endo, *Macromolecules*, **24**, 6557-6562 (1991);
   c) S. Chikaoka, T. Takata, T. Endo, *Macromolecules*, **24**, 6563-6565 (1991);
   d) S. Chikaoka, T. Takata, T. Endo, *Macromolecules*, **25**, 625-628 (1992).
3) a) T. Endo, F. Sanda, *React. Funct. Polym.*, **33**, 241-245 (1997);
   b) T. Endo, T. Suzuki, F. Sanda, T. Takata, *Bull. Chem. Soc. Jpn.*, **70**, 1205-1210 (1997); c) T. Endo, F. Sanda, *Macromol. Symp.*, **132**, 371-376 (1998);
   d) S. Chikaoka, T. Takata, T. Endo, *Macromolecules*, **27**, 2380-2382 (1994);
   e) T. Endo, T. Suzuki, F. Sanda, T. Takata, *Macromolecules*, **29**, 3315-3316 (1996);
   f) K. Yoshida, F. Sanda, T. Endo, *J. Polym. Sci. Part A*, **37**, 2551-2558 (1999);
   g) T. Endo, T. Suzuki, F. Sanda, T. Takata, *Macromolecules*, **29**, 4819-4819 (1996).
4) a) H. J. Sawada, *J. Macromol. Sci., Part C*, **8**, 235-288 (1972);
   b) I. C. McNeil in Comprehensive Polymer Science, Vol. 6, Pergamon, New York, 1989, pp.451-500; c) W. Egan, R. Schneerson, K. E. Werner, G. Zon, *J. Am. Chem. Soc.*, **104**, 2898-2910 (1982); d) B. E. Christensen, O. Smidsroad, A. Elgsaeter, B. T. Stokke, *Macromolecules*, **26**, 6111-6120(1993);
   e) J. C. W. Chien, P. H. Lu, *Macromolecules*, **22**, 1042-1048 (1989);
   f) L. E. Manring, R. C. Blume, G. T. Dee, *Macromolecules*, **23**, 1902-1907 (1990); g) P. Dubois, I. Baraket, R. Jerome, P. Teyssie, *Macromolecules*, **26**, 4407-4412 (1993).
5) a) C. Gong, H. W. Gibson, *J. Am. Chem. Soc.*, **119**, 5862-5866 (1997);
   b) C. Gong, H. W. Gibson, *J. Am. Chem. Soc.*, **119**, 8585-8591 (1997);
   c) C. Gong, H. W. Gibson, *Macromol. Chem. Phys.*, **199**, 1801-1806 (1998);
   d) A. Zada, Y. Anvy, A. Zilkha, *Eur. Polym. J.*, **35**, 1159-1164 (1999);
   e) A. Zada, Y. Anvy, A. Zilkha, *Eur. Polym. J.*, **36**, 351-357 (2000);
   f) A. Zada, Y. Anvy, A. Zilkha, *Eur. Polym. J.*, **36**, 359-364 (2000);
   g) T. Ichi, J. Watanabe, T. Ooya, N. Yui, *Biomacromolecules*, **2**, 204-210 (2001);
   h) J. Watanabe, T. Ooya, K. D. Park, Y. H. Kim, N. Yui, *J. Biomater. Sci. Polym. Ed.*, **11**, 1333-1345 (2000); i) H. Oike, T. Mouri, Y. Tezuka, *Macromolecules*, **34**, 6229-6234 (2002); j) M. Kubo, T. Hibino, M. Tamura, T. Uno, T. Itoh, *Macromolecules*, **35**, 5816-5820 (2002); k) Y. Okamura, K. Ito, *Adv. Mater.*, **13**, 485-487 (2001).
6) a) Y. Furusho, T. Takata, *Kagaku*, **57**, 72 (2002); b) S. J. Rowan, S. J. Cantrill, G. R. L. Cousins, J. K. M. Sanders, J. F. Stoddart, *Angew. Chem. Int. Ed.*, **41**, 898-952 (2002).
7) a) I. T. Harrison, *J. Chem. Soc., Chem. Commun.*, **1972**, 231-232; b) I. T. Harrison, *J. Chem. Soc., Perkin Trans. 1*, **1974**, 301-304; c) G. Schill, W. Beckerman,

N. Schweickert, H. Fritz, *Chem. Ber.*, **1986**, 2674-2655; d) D. G. Hamilton, N. Feeder, S. J. Teat, J. K. M. Sanders, *New J. Chem.*, **1998**, 1019-1021; e) D. G. Hamilton, J. E. Davies, L. Prodi, J. K. M. Sanders, *Chem. Eur. J.*, **4**, 608-620 (1998); f) D. G. Hamilton, M. Montali, L. Prodi, M. Fontani, P. Zanello, J. K. M. Sanders, *Chem. Eur. J.*, **6**, 608-617 (2000); g) T. J. Kidd, D. A. Leigh, A. J. Wilson, *J. Am. Chem. Soc.*, **121**, 1599-1600 (1999); h) S. J. Cantrill, S. J. Rowan, J. F. Stoddart, *Org. Lett.*, **1**, 1363-1366 (1999); i) S. J. Rowan, J. F. Stoddart, *Org. Lett.*, **1**, 1913-1916 (1999); j) P. T. Glink, A. I. Oliva, J. F. Stoddart, A. J. P. White, D. J. Williams, *Angew. Chem. Int. Ed.*, **40**, 1870-1875 (2001).
8) a) W. J. Lee, G. M. Whitesides, *J. Org. Chem.*, **58**, 642-647 (1998); b) H. Hioki, W. C. Still, *J. Org. Chem.*, **63**, 904-905 (1998); c) S.-W. Tam-Chang, J. S. Stehouwer, J. Hao, *J. Org. Chem.*, **63**, 334-335 (1999); d) S. Otto, R. L. E. Furlan, J. K. M. Sanders, *J. Am. Chem. Soc.*, **122**, 12063-12064 (2000).
9) a) Y. Furusho, T. Hasegawa, A. Tsuboi, N. Kihara, T. Takata, *Chem. Lett.*, **2000**, 18-19; b) Y. Furusho, T. Oku, T. Hasegawa, A. Tsuboi, N. Kihara, T. Takata, *Chem. Eur. J.*, **9**, 2895-2903 (2003).
10) Y. Furusho, T. Oku, T. Takata, *Angew. Chem. Int. Ed.*, **43**, 966-969 (2004).

第7章　ポリロタキサンゲル

伊藤耕三[*]

1　はじめに

　ゲルは，食品，医療品，工業製品等に幅広く利用されており，用いられる高分子の種類も多様である。しかし架橋構造という視点から眺めてみると，物理ゲルと化学ゲルのわずか2種類しかない[1]。物理ゲルは，ゼラチン，寒天などのように自然界によく見られるゲルであり，また生体組織の大半も多種多様な物理ゲルが占めている。この物理ゲルは，高分子（ひも状分子）間にはたらく水素結合や疎水性相互作用などの物理的引力相互作用により微結晶からなる架橋点によってネットワークを構成している。試料の調製が比較的容易という利点もあるが，長時間経過すると逆に収縮・結晶化し，また物理的相互作用が失われる条件（高温や溶けやすい溶媒中）では液化してしまうなどの欠点がある。

　一方，化学ゲルは高分子合成が盛んになった今世紀後半になって急速に発展したゲルであり，高分子間を共有結合で直接架橋することでネットワークを形成する。化学ゲルはゲルのネットワーク全体が共有結合で直接つながった巨大な1分子であるため良溶媒中でも溶けない長所がある反面，架橋点が固定されているため架橋反応において不均一な構造ができやすく，機械強度の面で高分子本来の強度に比べ大幅に劣っている。

　このような物理ゲルや化学ゲルとは異なり，分子の幾何学的拘束を用いてネットワークが形成されているゲルをトポロジカルゲル（Topological Gel）と呼ぶことにする（表1）[2]。分子の幾何学的拘束としては，紐状分子をたくさんの環状分子に通してその両端を脱けないように留めたポリロタキサン，環状分子が知恵の輪のよう

表1　架橋構造に注目したゲルの分類
環動ゲルはポリロタキサンゲルの1種として位置付けられる。

化学ゲル	重合と同時架橋
	架橋剤による架橋
	放射線架橋
	光架橋
	プラズマ架橋
物理ゲル	水素結合架橋
	疎水性相互作用による架橋
	配位結合架橋
	イオン性相互作用による架橋
	ヘリックス形成による架橋
トポロジカルゲル （分子の幾何学的拘束を利用したゲル）	ポリロタキサンゲル
	カテナンゲル
	包接を利用したゲル

＊　Kohzo Ito　東京大学　大学院新領域創成科学研究科　基盤科学研究系　教授

第 7 章 ポリロタキサンゲル

につながったカテナンなどがよく知られており，このポリロタキサン構造を利用した様々なポリロタキサンゲル（Polyrotaxane Gel）が現在までに報告されている[2〜5]。その中でも，ポリロタキサン上の環状分子の数を抑制し，環状分子どうしを架橋して架橋点が自由に動ける構造を持たせた環動ゲル（Slide-Ring Gel）は，従来の物理ゲルや化学ゲルとは大きく異なる物性を示す点で基礎・応用両面から注目されている。特に，1980年代以降，高分子多体系の絡み合い効果を説明するために盛んに研究されてきたスリップリンクモデルを具現化した材料という点からも興味が持たれている[6]。本章では，ポリロタキサンゲルの中でも特に環動ゲルについて，作成法，構造・物性，応用分野などに焦点を当てて紹介する。

2 環動ゲルの作成法

まず，高分子量（平均分子量2万〜50万）のポリエチレングリコール（PEG）の両末端をTEMPO酸化によりカルボキシル化して，α-シクロデキストリン（α-CD）との包接錯体（分子ネックレス）を形成する[7]。その後，アダマンタンアミンを用いて両末端を封止すれば，α-CDがすかすかに包接した低密度のポリロタキサンを容易に調整できる。ポリロタキサンの合成スキームの一例を図1に示す。本法で作成すると，分子量分散の狭いポリロタキサンが80%以上の高収率で合成できる[7]。PEGとα-CDの混合比を調整すれば充填率がある程度の範囲で調整

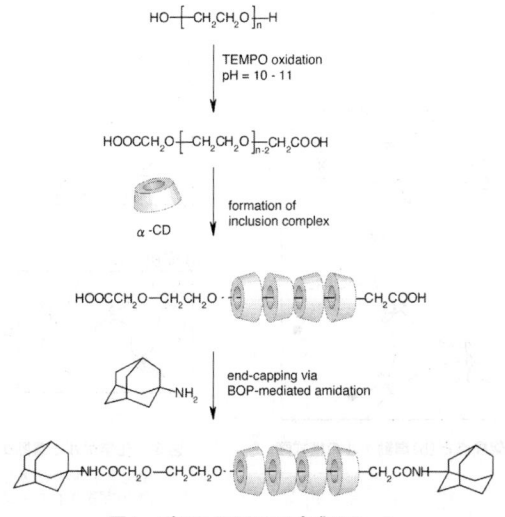

図1 ポリロタキサンの合成スキーム

可能である。このポリロタキサンの溶液中に塩化シアヌルやカルボニルジイミダゾールなど水酸基に反応する架橋剤を投入すると，ポリロタキサンに含まれるシクロデキストリン間が化学架橋されて図2(a)に示す「8の字架橋点」を形成し，透明で柔らかいゲルが得られる。ゲル中において両端がかさ高い置換基でとめられた高分子鎖は，図2(b)に示すような8の字架橋点により位相幾何学的に（トポロジカルに）拘束されることで線状高分子のネットワークを保持している。

実際にゲルのネットワークがトポロジカルな拘束で保持されていることを検証するため，以下のような実験が行われた。まず，両端がかさ高い置換基でとめられたポリエチレングリコールとα-CDをポリロタキサンと同じ組成で混合して同様の架橋反応を行ったところ，トポロジカルな拘束がないためにゲル化が起こらない。またこのゲル中の高分子鎖の末端の置換基を強アルカリ中で加熱して切断するとゲルは液化する。したがって図2(b)のような8の字架橋点によってゲルが実際に構成されており，しかも架橋点に拘束された状態でも高分子が分子鎖に沿った方向に自由に動けることが明らかになった。このような環状分子が自由に動ける構造を持つゲルを特に環動ゲルと呼ぶことにする。

図3に化学ゲルと環動ゲルを伸長させたときの比較の模式図を示す。化学ゲルでは高分子溶液のゲル化に伴って，動かない化学架橋点により本来1本だった高分子が力学的には別々で長さが

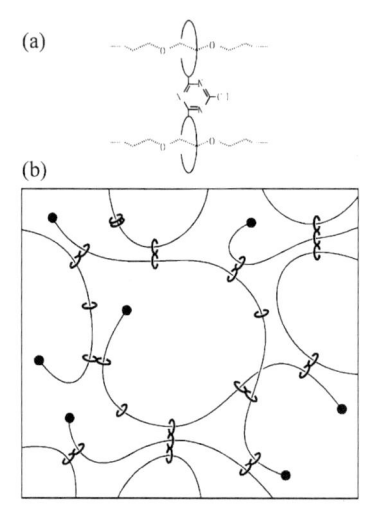

図2 (a)8の字架橋点と(b)環動ゲルの模式図

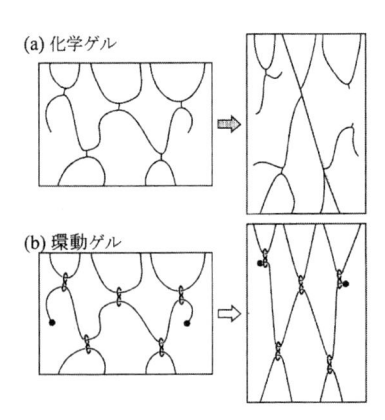

図3 化学ゲルと環動ゲルの伸長の比較
(a)化学ゲルの破壊と(b)環動ゲルの
滑車効果のイメージ

異なる高分子に分割されている。その結果，外部からの張力が最も短い高分子に集中してしまい順々に切断されるため，高分子の潜在的強度を生かすことなく容易に破断することになる。一方，環動ゲルに含まれる線状高分子は，架橋点を大量に導入しても架橋点を自由に通り抜けることができるため，力学的には高分子は1本のままとして振る舞うことができる。この協調効果は1本の高分子内にとどまらず，架橋点を介して繋がっている隣り合った高分子同士でも有効なため，ゲル全体の構造および応力の不均一を分散し，高分子の潜在的強度を最大限に発揮することが可能だと考えられる。架橋点が滑車のように振る舞っていることから，この協調効果を滑車効果（Pulley Efect）と呼ぶ[2]。この効果は，線状高分子の長さの不均一性を解消し，大幅な体積変化や優れた伸長性などを生み出していると考えられ，従来の物理ゲル，化学ゲルとは大きく異なる環動ゲルの特性をもたらす要因になっている。

膨潤収縮挙動についても，化学ゲルと環動ゲルでは大きな違いが生じる。化学ゲルでは膨潤の限界が一番短い高分子鎖で決まってしまい，長い高分子鎖は膨潤に何ら寄与しないのに対して，環動ゲルでは滑車効果によって高分子鎖どうしで長さを互いにやり取りできるため，化学ゲルに比べて大きな膨潤収縮挙動が予想される。実際に，環動ゲルは乾燥重量の約24,000倍と大幅に膨潤・収縮をすることが明らかになっている。また環動ゲルを伸長したときには，架橋の程度にもよるが最高で24倍にも伸長することも分かっている。さらに環動ゲルは透明・均一なゲルであり，長期にわたってその透明度が維持される。以上のような環動ゲルの特性は，上記の滑車効果と密接に関連していると考えられている。

3 応力－伸長特性

物理ゲルの一軸応力－伸長特性は，通常のゴムでよく見られるS字曲線とは大きく異なり，伸長とともに下に凸のカーブを描くJ字曲線となる点や，応力－伸長曲線が大きな履歴を伴う点などに特徴がある。物理ゲルの場合には，伸長に伴い架橋点が組み変わるために，S字曲線から大きく外れるだけでなく，力を緩めても同じカーブ上を元に戻らない。これに対し，化学ゲルはゴムと同様のS字状の応力－伸長曲線を示す。すなわち，低伸長領域では上に凸の曲線を描き，高伸長領域では高分子鎖の伸び切りに起因して急速に立ち上がるLangevin関数的挙動を示す[8,9]。また，一般に化学ゲルの場合には，ゴムのような伸長に伴う高次構造の形成が起こりにくいので，履歴をほとんど示さないことが多い。

一方，架橋点が自由に動く環動ゲルでは，物理ゲルや化学ゲルとは異なる応力－伸長曲線が観測されている。ポリロタキサンをジメチルスルフォキシドに溶かし，ゲル化時間を変えながら応力－伸長曲線を測定した結果を図4に示す[10]。用いたポリエチレングリコールの分子量は10万，

架橋剤はカルボニルジイミダゾールである。ゲル化時間の短い柔らかいゲルでは，低伸長領域で化学ゲルのような上に凸とは大きく異なり下に凸の曲線になっている。しかも，物理ゲルとも異なり履歴が全く見られない。環動ゲルのこのような挙動は，架橋点の自由な移動による滑車効果を考慮すると以下のような簡単なモデルで定性的に解釈することができる。

化学ゲルの応力－伸長曲線は，ゴムと同様に固定された3方向の高分子鎖の変形を考える固定架橋点モデルによっ

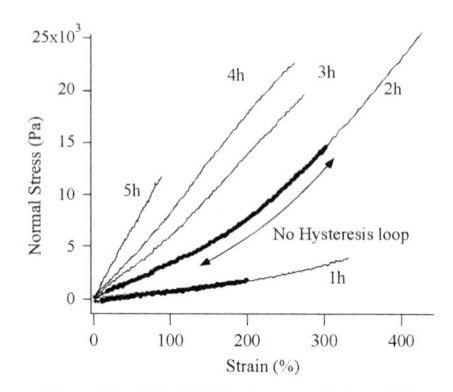

図4 異なるゲル化時間における環動ゲルの応力－伸長曲線（ゲル化時間1時間〜5時間）。太線は伸長してから0％へ戻すときの履歴曲線

て説明されている[8, 9]。3方向の高分子鎖のセグメント数をそれぞれ N_x, N_y, N_z とし，それぞれの高分子鎖の末端間距離を R_x, R_y, R_z とすると，状態数 W は一般に，

$$W \propto (N_x N_y N_z)^{-3/2} \exp\left[-\frac{3}{2}\left(\frac{R_x^2}{N_x b^2}+\frac{R_y^2}{N_y b^2}+\frac{R_z^2}{N_z b^2}\right)\right] \tag{1}$$

で与えられる。ここで b はセグメントの長さを表す。化学ゲルの場合には架橋点が固定されているので，3方向の高分子鎖の長さが一定（$N_x=N_y=N_z\equiv N$）であるため，アフィン変形の仮定を導入すると，よく知られている次式が得られる。

$$\sigma = 3\nu kT\,(\lambda-\lambda^{-2}) \tag{2}$$

ここで，σ は応力，λ は伸長度，ν は架橋点密度，kT は熱エネルギーを表す。これに対し環動ゲルの場合には，架橋点が自由に動ける（自由架橋点モデル）ために，3方向の高分子鎖の長さの総和が一定（$N_x+N_y+N_z=3N$）という束縛条件に基づいて自由エネルギーを最小にすれば，応力の伸長度依存性が解析的に求まる。結果は複雑なので割愛するが，自由架橋点モデルがJ字型の応力－伸長曲線を与えることから，このモデルを用いて環動ゲルの特性を定性的に説明することができる。

このようなJ字型の応力－伸長曲線は，哺乳類の皮膚や筋肉，血管などの生体組織でよく見られる力学特性である。すなわち皮膚などの場合は，小さな力では柔らかくよく伸びるのに対して，ある程度伸びたところでは突然伸びなくなり大きな抵抗力が発生する。このような特性は，皮膚などの場合には亀裂を防いだり，血管の場合には動脈瘤を作りにくくするなど，生体機能の上で重要な意味を持っている。生体の場合には，エネルギーを用いた能動的機構でJ字型の応力－伸

第7章 ポリロタキサンゲル

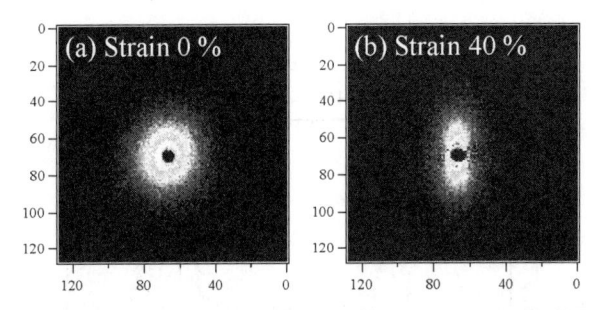

図5 (a)伸長していない(Strain 0%)環動ゲルの散乱パターンと，(b)横に伸長した環動ゲル(Strain 40%)で観察されたノーマルバタフライパターン
ゲルで観察された初めてのノーマルバタフライパターンであり，
環動ゲルがきわめて均一であることを表している。

長特性が現れるのに対して，環動ゲルの場合には，滑車効果を利用した受動的機構で同じ特性を実現している点が異なる。以上のように，環動ゲルは滑車効果によって生体材料としては理想的な力学特性を示す。

4 小角中性子散乱パターン

ゲルのナノスケールでの構造や不均一性を調べるのに中性子散乱はよく使われる有効な手段である[11]。通常の化学ゲルを一軸方向に延伸しながら小角中性子散乱パターンを測定すると，延伸方向に伸びたパターンが観測される[12]。これをアブノーマルバタフライパターンと呼んでいる。延伸によってその方向に高分子鎖が配向すると，延伸と垂直方向に引き伸ばされたパターン（ノーマルバタフライパターン）が見られるはずであり，実際に高分子溶液やフィルムではそのようなパターンが観測されている。これに対し，ゲル中には固定した架橋点分布の不均一性が存在するため，高分子鎖の配向よりもむしろ凍結した揺らぎの影響の方が大きくなるために，アブノーマルバタフライパターンが生じるものと考えられている。しかも，延伸に伴い不均一性が増大するため，散乱強度も増加するという傾向が一般的である。

一方，環動ゲルでは，図6に示すように，ゲルとして初めてノーマルバタフライパターンが観測された[13,14]。これは，環動ゲルの架橋点が自由に動くために，ゲル内部の不均一な構造・ひずみが緩和された結果であると考えられている。また，延伸に伴い散乱強度の減少が見られた。以上の結果は，可動な架橋点を持つ環動ゲルが，架橋点が固定された通常の化学ゲルと大きく異なる特性を持つということを顕著に示している。すなわち，環動ゲルと化学ゲルの架橋点におけるナノスケールの構造の違いが，マクロな物性に大きな影響を与えている。

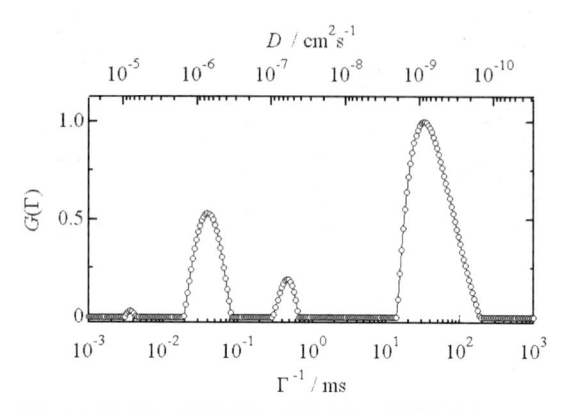

図6 ポリロタキサン溶液(充填率25%,濃度10%)の準弾性光散乱のCONTIN解析結果

5 準弾性光散乱

環動ゲル中の架橋点が実際に運動していることを直接観察するために,ポリロタキサンおよび環動ゲルの準弾性光散乱が測定された[15]。

充填率が25%程度とシクロデキストリンがすかすかに詰まったポリロタキサンの準希薄溶液(濃度10%)の準弾性光散乱を測定すると,図6のように3つのモードが観測される。それぞれのモードの角度依存性の測定から,いずれのモードも散乱ベクトルの大きさの2乗に比例するため拡散に起因することが明らかになった。通常,高分子の準希薄溶液の準弾性光散乱を測定すると,自己拡散モードと協同拡散モードが観測され,この2つのモードの濃度依存性が逆になることが知られている。ポリロタキサンの濃度を変化させながら準弾性光散乱が測定された結果,最も早いモードがポリロタキサンの協同拡散に対応し,最も遅いモードが自己拡散に対応することが明らかになった。濃度に依存しないモードは,ポリロタキサン中のシクロデキストリンの拡散に起因したスライディングモードであることが考えられる。これを検証するため,充填率が65%と高いポリロタキサンの準弾性光散乱が測定されたところ,2つのモードしか観測されなかった。これは,充填率が高くなるとポリロタキサン中のシクロデキストリンがほとんど動けなくなることを示している。すなわち,環動ゲルで架橋点が自由に動くためには,シクロデキストリンが疎に包接したポリロタキサンを調整する必要がある。

次に,シクロデキストリンがすかすかに詰まったポリロタキサンを架橋してゲル化しながら,準弾性光散乱が測定された。ゲル化に伴い,通常の化学ゲルと同様に自己拡散モードが消失する

第7章 ポリロタキサンゲル

が，協同拡散モード（ゲル化した後にはゲルモードと呼ばれている）およびスライディングモードはほとんど変化しない。このことは，ゲル化後も環動ゲル中の架橋点がスライディングしていることを示唆している。

6 環動ゲルの応用

ゲルの材料としての最大の特徴は，構成成分がほとんど液体でありながら液体を保持し固体（弾性体）として振舞う点である。従来の化学ゲルの材料設計では，高い液体分率と機械強度は相反するベクトル軸を形成していた。これに対して環動ゲルは，可動な架橋点を導入することで高分子を最大限に効率よく利用することにより，従来のゲル材料では実現不可能であった高い液体分率と機械強度を両立させることが可能である。以上のような理由から，環動ゲルの応用先としては，ゲルのあらゆる分野に及ぶと考えられている。

特に，ポリエチレングリコールとシクロデキストリンからなる環動ゲルは生体に対する安全性・適合性が高いことが期待されるので，生体適合材料・医療材料分野への応用が期待されている。具体的には，ソフトコンタクトレンズ，眼内レンズ，人工血管，人工関節などへの応用展開が進められている。また，化粧品や食品分野などへの応用も考えられている。さらに，環動ゲルの大量生産が可能になり作製コストが下がれば，衝撃吸収剤や建築資材などへの利用も予想されている。

今後，環動ゲルを構成する環状分子，線状高分子，架橋剤等の組み合わせを多彩に広げて，様々なニーズに応える優れた特性を提供できるようにさらなる研究が必要である。シクロデキストリンだけでも，現在10種類程度の高分子を包接することがすでに報告されている。例えば一般の高分子材料に環動ゲルのデザインを適用した「環動高分子材料」が実現すれば，従来の材料とは特性が大きく異なる優れた粘弾性体が実現すると考えられている。環動ゲルの今後の展開に期待したい。

文　献

1) 長田義仁他編，ゲルハンドブック，エヌ・ティー・エス（2003）.
2) Y. Okumura and K. Ito, *Adv. Mater.*, **13**, 485 (2001).
3) J. Li, A. Harada and M. Kamachi, *Polym. J.*, **26**, 1019 (1993).

4) J. Watanabe, T. Ooya, N. Yui, *J. Artif. Organs*, **3**, 136 (2000).
5) T. Oku, Y. Furusho, T. Takata, *Angew . Chem. Int. Ed.*, **43**, 966(2004).
6) S. Granick and M. Rubinstein, *Nature Mater.*, **3**, 586(2004).
7) J. Araki, C. Zhao and K. Ito, *Maclomolecules*, **38** (17), 7524 (2005).
8) L. R. G. Treloar, The Physics of Rubber Elasticity, 3rd Ed. Clarendon Press, Oxford (1975).
9) J. E. Mark, B. Erman, Rubber Elasticity, A Molecular Primer, John Wiley, New York (1998).
10) 奥村泰志, 伊藤耕三, 日本ゴム協会誌, **76**, 31(2003).
11) M. Shibayama, *Macromol. Chem. Phys.*, **199**, 1 (1998).
12) C. Rouf, J. Bastide, J. M. Pujol, F. Schosseler, J. P. Munch, *Phys. Rev. Lett.*, **73**, 830 (1994).
13) T. Karino, M. Shibayama, Y. Okumura and K. Ito, *Macromolecules*, **37**, 6177(2004).
14) T. Karino, Y. Okumura, C. Zhao, T. Kataoka, K. Ito and M. Shibayama, *Macromolecules*, **38**, 6161 (2005).
15) C. Zhao, Y. Domon, Y. Okumura, S. Okabe, M. Shibayama and K. Ito, *J. Phys. Condens. Matter*, **17** , S2841 (2005).

第8章　ポリロタキサンによる先端医療への挑戦

由井伸彦*

1　はじめに

　ポリロタキサンの構造的特徴は，多数の環状分子とその空洞部を貫通している線状高分子鎖とのあいだに共有結合がないことである。そのため，環状分子を線状高分子鎖に沿って自由に移動させることが出来る。ネックレスのような構造であることから，当然のことながら，末端に嵩高い官能基を導入して環状分子が脱離しないようにしてあるが，この嵩高い官能基が加水分解などによって脱離すれば，封じ込められていた環状分子は一時に線状高分子鎖から抜け落ちて超分子構造そのものがいっぺんに失われてしまう宿命的特徴もある。この二つの構造的特徴は，先端医療を目指した医薬設計の上で重要な意味を持っている。本章では，そのことを著者らの研究成果をもとに紹介し，改めてポリロタキサンの超分子構造が示すバイオマテリアル機能の特異性を浮き彫りにしたい。

　分子から臓器に至る階層において生体は，高度に流動的な分子集合体形成をもとにして機能発現している。これらは，ファンデルワールス力，水素結合，静電的相互作用など，水中で生体分子に働くいろんな分子間力の調節によって生起していることはよく知られている。そのような意味で，合成高分子による医薬学的機能設計においては，バイオマテリアル側の機能分子群をいかに生体分子の動的構造や機能にマッチすべきかの点で，分子の形・分子間距離・分子間力・運動性などを考慮した超分子科学的アプローチが重要であり[1,2]，そうした点でポリロタキサンのバイオマテリアルとしての潜在的可能性には計り知れないものがある。

2　ポリロタキサンによる生体との多価相互作用の亢進

　生体に特有な機能発現機構の一つとして，細胞表層に存在するレセプタータンパク質と情報伝達物質といわれるリガンド分子との特異的な結合が，細胞内の各種反応を誘起していることが知られている。そこで，組織再生のための細胞の分化誘導や遺伝子治療などの標的医薬の開発には，細胞膜上のレセプターとの相互作用を利用して医薬を細胞内に導入したり，細胞外から細胞質内

---

　*　Nobuhiko Yui　北陸先端科学技術大学院大学　材料科学研究科　教授

代謝を制御することが重要な設計戦略として位置づけられている。中でも，非常に弱い分子間力をもとに成立しているリガンド－レセプター相互作用をいかに亢進するかは，永年の重要命題となっている。これに対する有効な解決策として，水溶性高分子を利用したリガンドとレセプターとの多価相互作用が提唱されている[3]。

　多価相互作用とは，細胞表層に存在する複数のレセプタータンパク質あるいはタンパク質自身のもつ複数の結合サイトと高分子鎖に導入した複数のリガンドが同時多発的に結合することである。これは，リガンド－レセプター間の結合定数増大に効果的であり，更には細胞膜表層のレセプタータンパク質の局在化誘起によって細胞質内機能を亢進・抑制することが出来ることから，新薬設計のアプローチとして特に注目されている。多数のリガンド分子を導入可能な多官能性高分子としては，ポリアクリル酸などの水溶性合成高分子，デキストランなどの多糖類，あるいは多岐高分子であるデンドリマーが応用されてきたが，必ずしも期待どおりの効果は得られていない。この原因は，リガンド導入高分子－レセプター間の相互作用を熱力学的視点から考察すると理解できる。すなわち，高分子に導入したリガンド数の増加は結合におけるエンタルピー的利得をもたらすが，その一方ではリガンド分子の高分子鎖への導入や過度のリガンド密度増加，更には多数のリガンドとレセプターとの結合を困難にする空間的ミスマッチが系における重大なエントロピー的損失をもたらすので，結果として結合の自由エネルギー変化は期待された程に増大しない。また，結合の自由エネルギー変化は結合定数の関数であり，結合定数は結合速度定数と解離速度定数の比で表される。同時多発的に結合したリガンド－レセプターは系全体としての解離速度定数を低下させるので結合定数の増加に貢献するが，一方では立体的なリガンド配置や密度増加によるレセプターとの結合における空間的ミスマッチのために結合速度定数は多価結合の場合に著しく低下してしまい，結果的に結合定数は理論どおりに増加しない。

　こうした背景をもとにして，リガンド－レセプター間の多価結合性を飛躍的に亢進するための新たなバイオマテリアル戦略には，多数のリガンド導入によるエンタルピー的利得を確保しつつ如何にエントロピー的損失を回避するかが重要であり，高分子鎖への導入により生じるリガンドの立体的配置の制限や運動性の低下を解消できるバイオマテリアル設計が不可欠であるということがわかる。

　そこで著者らは，高分子鎖に導入されたリガンド分子が導入前と同様な運動性を確保し，レセプター側の結合サイトの分布状態に応じてリガンド分子が移動可能なバイオマテリアル設計を可能にする有効な手法として，多数の環状分子空洞部を線状高分子鎖が貫通した超分子骨格を有するポリロタキサンを利用することを推進してきた[4]。ポリロタキサンでは，線状高分子の分子量や貫通された環状分子数を調節することにより，線状高分子鎖に沿った環状分子の移動や回転が自由であることから，この環状分子にリガンドを導入すれば，立体障害や運動性低下を回避しな

第8章　ポリロタキサンによる先端医療への挑戦

がらレセプターとの多価結合性を飛躍的に発揮できるものと期待される(図1)。

ここでは，糖認識タンパク質における著者らの研究例について紹介したい。糖鎖と糖認識タンパク質との相互作用は数多くの細胞機能調整に関与しており，そのためウィルスがその外層に多くの糖鎖認識部位を有していることは合目的的といえる。糖とその認識レセプターとの相互作用はペプチド間や核酸間に働く水素結合や静電的相互作用に比べると非常に弱く，特異性も低いことから，多価相互作用による結合力および特異性向上が特に期待される課題でもある。

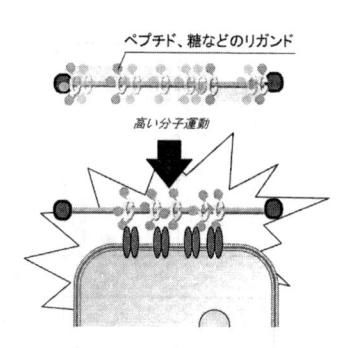

図1　立体障害と運動性低下を回避したレセプターとの多価相互作用

著者らは，ポリロタキサンによる多価相互作用研究のモデルとして，二糖であるマルトースを導入したポリロタキサンと糖認識タンパク質であるコンカナバリンA(Con A)との相互作用を検討した。ポリロタキサン合成は，環状分子としてα-CD，線状高分子としてポリエチレングリコール(PEG)(数平均分子量2×10^4)からなる包接錯体を調製し，PEG両末端にα-CD脱離を防止するための嵩高い置換基(チロシン)を導入して行った。更に，α-CD水酸基への酸無水物の付加反応によってカルボキシル基を導入し，ポリロタキサンの水溶性を向上させるとともに，ポリロタキサンへマルトースを導入するための官能基として利用した。具体的には，マルトースの還元末端をアミノ化して，α-CD導入カルボキシル基との縮合反応を行った。このようにして，多彩な貫通α-CD数や導入マルトース数を有するポリロタキサンを種々に調製した。

マルトース導入ポリロタキサンとCon Aとの相互作用は，Con Aによる赤血球凝集におけるポリロタキサンの阻害効果から検討し，凝集を阻害する最低濃度をマルトース単位に換算して評価した(図2)[5]。従来から用いられているポリアクリル酸では，ある程度の導入マルトース数増大によって阻害効果亢進が認められたが，過度のマルトース導入は効果的でなかった。このことは，上述の説明のように，密度増加によってリガンド運動性が低下し，レセプターとの結合に立体障害が生じたためと理解される。また，低分子のα-CDに導入したマルトースでは，多価相互作用性が低いために阻害効果が十分でないこともわかる。これらの結果に対してポリロタキサンでは，貫通α-CD数によってマルトース導入による凝集阻害効果の程度が異なり，適当な貫通α-CD数のポリロタキサンにおいて導入マルトース数による阻害効果が飛躍的に亢進することがわかった。すなわち，マルトース導入ポリロタキサンによる凝集阻害効果はマルトース単位で3000倍以上にも達し，ポリロタキサン単位では100万倍近いものとなった。導入マルトース

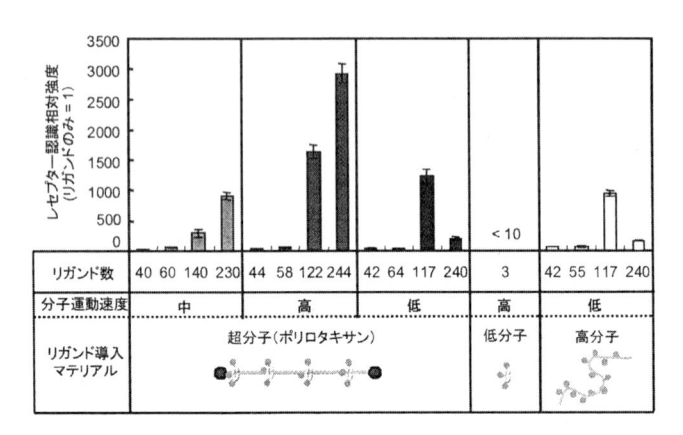

図2 マルトース導入ポリロタキサンと Con A との多価相互作用を反映する赤血球凝集試験の結果

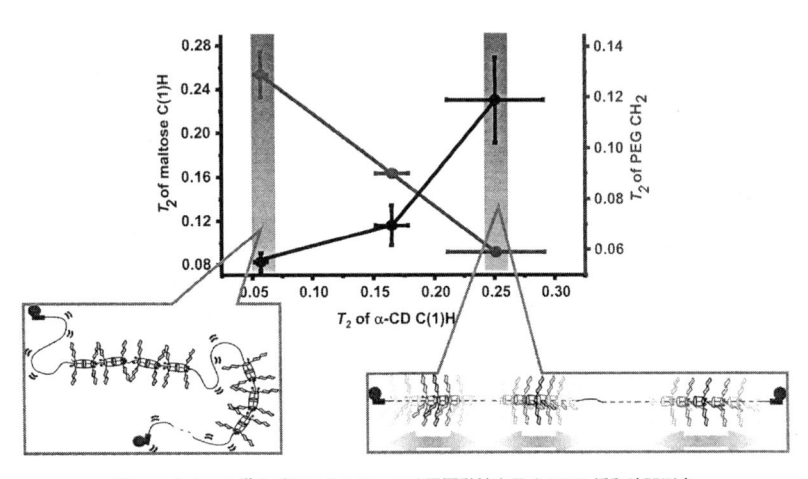

図3 マルトース導入ポリロタキサンの分子運動性を示す NMR 緩和時間測定

数が同じでも，貫通 α-CD 数によって阻害効果の程度が桁違いに異なった事実は，ポリロタキサン骨格に由来する動的特性の影響を強く示唆しており非常に興味深い。そこで，こうしたポリロタキサンに導入されたマルトースの運動性を NMR のスピン―格子緩和時間 (T_1) およびスピン―スピン緩和時間 (T_2) により評価した。マルトースの運動性は CD の運動性と相関しており，

第8章　ポリロタキサンによる先端医療への挑戦

表1　マルトース導入ポリロタキサンと Con A との多価相互作用における速度論的解析結果

Sample code	# of α-CDs	Total # of Mal	K_a ($M^{-1}\ s^{-1}$)	k_{diss} (s^{-1})	k_a (M^{-1})
Mal-PRX, 1	50(22)	230	2.96×10^2	2.20×10^{-3}	1.32×10^4
Mal-PRX, 2	85(38)	244	1.32×10^4	2.30×10^{-3}	5.88×10^6
Mal-PRX, 3	120(53)	240	2.12×10^2	1.70×10^{-3}	1.22×10^5
Mal-CD, 4	—	3	1.47×10^2	1.72×10^{-1}	8.55×10^2
Mal-PAA, 5	—	240	9.80×10	1.44×10^{-2}	6.80×10^3

逆に PEG の運動性は CD の運動性と逆相関していた。また，阻害効果の亢進とマルトースの運動性とには，非常によい相関が見られた（図3）[6,7]。この結果は，ポリロタキサンを用いることによるリガンド運動性の確保が多価相互作用亢進に有効であることを示している。

そこで更に，Con A 固定化表面とマルトース導入ポリロタキサンとの相互作用を表面プラズモン共鳴スペクトルにより解析し，マルトース導入 CD やマルトース導入ポリアクリル酸と比較した。得られた結果の1次反応速度論的解析によって，結合速度定数（k_a），解離速度定数（k_d），およびその比である結合定数（K_a）を算出した（表1）。k_d はポリロタキサンでもポリアクリル酸でも低下し，高分子を用いた多価相互作用性に基づく効果（K_a の増加）が認められたが，k_a の結果には眼を見張るものがあった。すなわち，ポリアクリル酸では従来からの指摘通り k_a も低下していたが，ポリロタキサンの場合には k_a が増加し，その程度は上述の T_2 の結果とよく一致していた[8]。このことは，著者らが冒頭にかかげた仮説（ポリロタキサンにおける CD 運動性によるリガンド運動性の確保が k_a 低下の回避に貢献することによって K_a を飛躍的に亢進する）が正しかったことを証明しており，ポリロタキサンが細胞機能制御など多くの生体との多価相互作用の飛躍的亢進に適したマテリアルであることを結論づけるものであるといえる。

3　ポリロタキサンによる遺伝子送達

遺伝子治療は，究極的なテーラーメード医療の根幹の一つとして強く期待されている分野である。その実現の如何は，遺伝子の効果的な細胞核内送達と安全性の確保にあるといえよう。両刃の剣ともいえるウィルス系遺伝子キャリアー使用の危険性が指摘される中で，非ウィルス系遺伝子キャリアーは，安全かつ高効率な遺伝子送達を可能にすべく数多く研究されてきたが，まだ十分なものは見出されていない。この背景には，血中安定性，細胞内取り込み，エンドソーム内分解からの回避（細胞質への遊離），核内への移行，核内での転写など，数多くの異なるプロセスのいずれをも一挙に解決出来るキャリアー設計法がいまだに見出されていないことがある[9]。

例えば，非ウィルス系遺伝子キャリアーとしてポリエチレンイミン（PEI）のような水溶性ポリカチオンが多く研究されてきている。高分子量 PEI は DNA とのポリイオンコンプレックス（ポリプレックス）形成に有利であり，細胞内取り込みや核内への送達効率も高いが，強い細胞毒性に問題があり，将来的にも臨床使用の認可は取れないものと推測されている。一方，低分子量 PEI は安全性の面で有利であるが，ポリプレックスの安定性や送達効率の低さが問題であり，キャリアーとして現実的でないといえる。このようにポリカチオンを用いた遺伝子送達では，DNA の効果的な送達と安全性の確保（細胞毒性の回避）の両方を一挙に可能とするキャリアー設計が構造的に無理であることが指摘され，研究上の大きなジレンマとなっている。

こうした背景のもとに著者らは，細胞内分解性ポリロタキサンによる DNA 送達の有効性を提案し，研究を推進している[10]。ここでポリロタキサンを用いる利点は2つある。1つ目は，前節で紹介したように，環状分子の自由な運動性によって DNA との効果的なポリプレックス形成が期待されることである。通常 PEI などのポリカチオンを用いてポリプレックスを形成させる場合，DNA のリン酸基と PEI のアミノ基との空間的配置は必ずしも一致していないことから，DNA のリン酸基による正荷電を中和して安定なポリプレックスを形成するには過剰の PEI を必要とし，そのことが更なる細胞毒性の要因となっている。ポリロタキサン中の環状分子にカチオン性基を導入すれば，環状分子の運動性によって少量のカチオン基によって安定なポリプレックスが形成できる可能性は，前節の成果から容易に想像できよう。

ポリロタキサンを用いる利点の2つ目は，そうしたポリロタキサンによる多価相互作用が末端官能基の脱離に起因する超分子構造の崩壊によって一時に消失し，DNA を速やかに遊離することが出来，と同時にポリカチオンを低分子カチオンへと変換することによって細胞毒性も回避できることにある。通常 PEI などポリカチオンと DNA とのポリプレックスはエンドサイトーシスによって細胞内に取り込まれるが，取り込まれて出来たエンドソームはリソソームと融合し，そこに存在する酵素による消化を受けることになる。従って，DNA を送達する使命をもつポリカチオンは，いち早くリソソームから脱出するとともに DNA を核内に送達するために DNA を遊離することも要求される。もちろん，ポリプレックスが安定であればある程，今度は DNA を遊離するのも容易ではなく，一大難事といえる。その点，ポリロタキサンの線状高分子鎖末端部位にリソソーム内など細胞内の特定部位で分解するような結合を導入しておけば，その分解に伴う超分子構造の崩壊によって，リソソームからの脱出と DNA の遊離とを両方同時に実現することが可能になるわけである。この時，ポリロタキサンは高分子量ポリカチオンから低分子の構成分子群に構造が変わることから，高分子量ポリカチオンに原因する細胞毒性も回避できる，きわめて理想的なキャリアー設計といえる。

この一挙両得ともいえる離れ技は，細胞内分解性ポリロタキサンならではの特徴であり，その

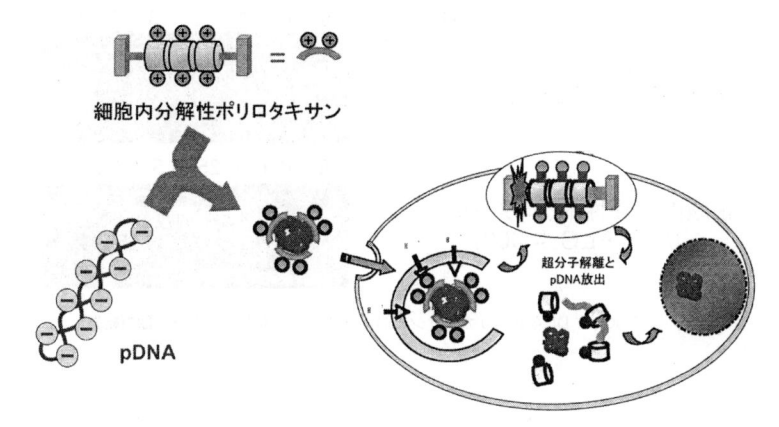

第 8 章　ポリロタキサンによる先端医療への挑戦

図 4　細胞内分解性ポリロタキサンを利用した遺伝子デリバリーの概念図

超分子構造的特徴を最大限に利用した医薬機能設計の究極と考えている（図 4）。以降では，細胞内分解性ポリロタキサンによる DNA 送達の実際について，いくつかの研究成果をもとに順を追って説明したい。

著者らは PEG 両末端部位にジスルフィド（S-S）結合を有する α-CD ベースのポリロタキサンを合成し，その α-CD 水酸基にジメチルアミノエチル基（3 級アミノ基）を導入して，細胞内分解性ポリロタキサンを合成した。この細胞内分解性ポリロタキサンは，これまで報告されてきた数多くのポリカチオンと同様に，アニオン性である DNA とのあいだに安定なポリプレックスを形成する。ただ著者らの細胞内分解性ポリロタキサンにおいて特徴的なことは，非常に少量のカチオンで安定なポリプレックスを形成する点にある[11]。一例として，PEI とのポリプレックス形成能との比較を紹介する。図 5 は DNA の電気泳動結果であるが，PEI の場合には N/P 比（ポリマーのカチオンと DNA のアニオンとのモル比）1.0 以上でフリーの DNA に起因する泳動バンドが消失し，新たに形成したポリプレックス由来のバンドだけが観測されるようになっているのがわかる。通常，ポリカチオンと DNA との安定なポリプレックス形成には高い N/P 比が必要とされ，このことが高い細胞毒性を生じる要因となっている。ところが細胞内分解性ポリロタキサンでは，N/P 比 0.25 において既にフリーな DNA が消失し，全ての DNA がポリプレックスを形成していることがわかる。こうした細胞内分解性ポリロタキサンによる低 N/P 比におけるポリプレックス形成能については，別途ポリプレックスのゼータ電位測定によっても明らかにしている。すなわち，PEI では系のゼータ電位を正にするためには N/P 比 5.0 以上を必要としたが，細胞内分解性ポリロタキサンでは N/P 比 1.0 において既に正の値を示していたことを

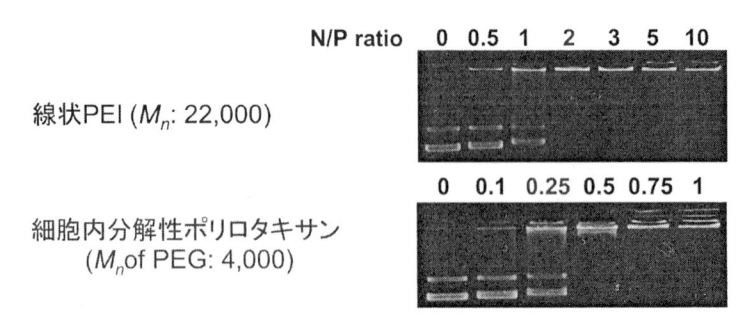

図5 プラスミドDNAとポリカチオンとのポリプレックス形成（電気泳動の結果）

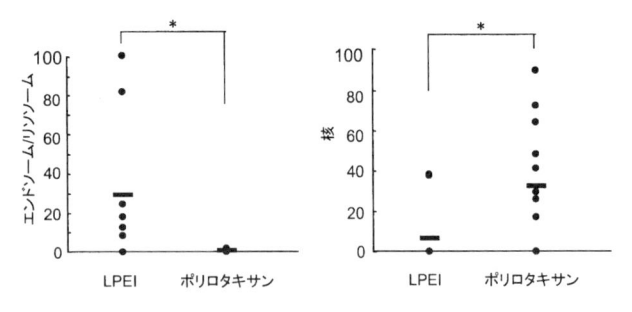

図6 ポリプレックスの細胞内動態定量解析の結果

確認している。また，ここで用いた細胞内分解性ポリロタキサンはPEIと同様なpKa値を有していることも確認している。従って，細胞内分解性ポリロタキサンによるDNAとの効果的なポリプレックス形成が，その超分子構造に由来していることがわかる。すなわち，前節で紹介したように，CDの高い運動性によってDNA表面に存在するリン酸基と細胞内分解性ポリロタキサンの3級アミノ基とが高い多価相互作用性を有していることによるものであると考えている。

　線状高分子鎖末端部位に導入したS-S結合は，細胞内の還元的環境下で分解する使命を担っている。細胞質内やリソソーム内にはグルタチオンなどの還元酵素が高濃度に存在しており，それらによって細胞内分解性ポリロタキサンの超分子構造が容易に崩壊することが期待される。リソソームと融合したエンドソーム内では，末端分解に伴う超分子構造の崩壊によって浸透圧が上昇し，それによってエンドソーム内から細胞質内へ速やかに脱出するとともに，DNAを遊離することが可能である。これらについては，還元環境モデル系を用いて，S-S結合の分解，分解に伴う超分子構造の崩壊，それに起因するDNAの遊離の全ての過程が進行することを確認してお

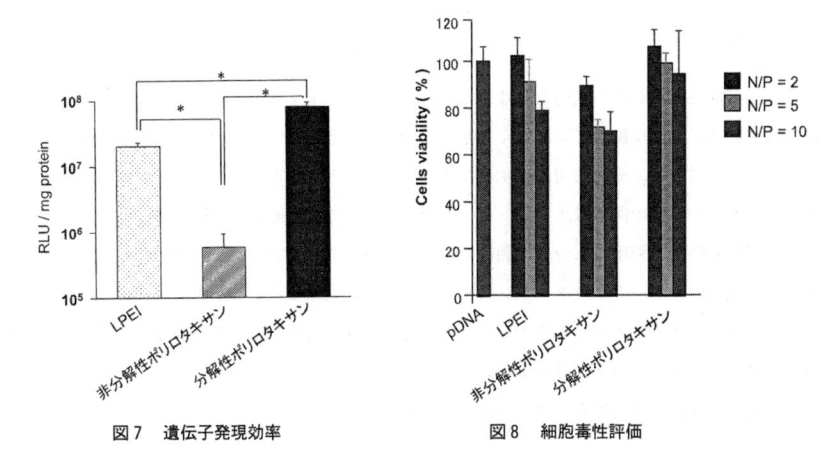

第 8 章　ポリロタキサンによる先端医療への挑戦

図7　遺伝子発現効率

図8　細胞毒性評価

り，細胞内においても設計どおりに DNA を送達できる可能性を示唆していた。

　こうした特性を有する細胞内分解性ポリロタキサン-DNA ポリプレックスの細胞内動態実験を，NIH-3T3 細胞を用いて検討した[11]。細胞内取り込み過程における共焦点レーザー蛍光顕微鏡画像の3次元ピクセル解析から，きわめて興味深い結果が得られた。すなわち，比較対照である PEI-DNA ポリプレックスでは投与90分後に，その多くがエンドソーム内に残留していることが認められたが，細胞内分解性ポリロタキサン-DNA ポリプレックスでは投与90分後にはエンドソーム内に全く認められず，既にエンドソームから脱出して細胞質内に移行し，更には核内まで到達していることが定量的に確認された（図6）。こうした細胞内分解性ポリロタキサンによる遺伝子発現効率はPEIの場合の10倍以上の値を示し，N/P 比を増大させても細胞毒性は全く見られなかった（図7，8）。また，S-S 結合を導入していないポリロタキサンを用いて同様の実験をしたところ，遺伝子発現効率は500分の1以下であり，細胞毒性も PEI と同様に N/P 比とともに増大していた。このことから，S-S 結合の細胞内分解に伴う超分子構造の崩壊が，DNA 核内送達と細胞毒性回避の上で重要な役割を演じていることも証明された[11]。

　このように，細胞内分解性ポリロタキサンがきわめて優れた遺伝子送達特性を発揮したことには，CD の高い運動性に裏付けられた効果的なポリプレックス形成と，細胞内での S-S 結合の分解に伴う超分子構造崩壊による DNA 遊離とが設計どおりに実現できたことを示している。ポリロタキサンの動的な特徴と非共有結合による集合体であることを巧妙に利用することによって，従来からの共有結合型高分子では困難な局面を解決することが出来る典型例であると考えており，今後の更なる応用展開を推進しているところである。

4 おわりに

　生体の機能を亢進したり制御したりする目的で生体とバイオマテリアルとの相互作用を考える際には，同時多発的に働いているいくつかの分子間力を空間的にも時間的にも考慮することが重要である。本章では，それを可能にするための設計戦略としてポリロタキサンが有効であることを紹介した。1つ目の例では，リガンド－レセプター間での多価相互作用亢進には，ポリロタキサンの機械的結合を利用した分子運動性の確保がきわめて有効であることを紹介した。2つ目の例では，細胞内分解性ポリロタキサンによって，更に細胞内での超分子構造崩壊をもとに多価相互作用を消失させることによってDNAを効果的に核内に送達でき，細胞毒性を回避することも可能であることを紹介した。今後は，著者らの提唱しているポリロタキサンによる医薬学的機能設計の重要性を，更に基礎と応用の両面から明らかにしていきたいと考えている。

　謝辞　本章で紹介した内容は，北海道大学大学院薬学系研究科・原島秀吉教授，小暮健太郎講師，秋田英万助手，九州大学先導物質化学研究所・丸山 厚教授，本学・大谷 亨助手，江口 優博士（現：産業技術総合研究所），崔 學秀博士（現：米ハーバード大学医学部），山下 敦君との共同研究成果であり，この場を借りて深謝します。また，これら研究の一部は，文部科学省・科学研究費補助金（基盤研究(B)(2)14380397）および本学・21世紀COEプログラム「知識科学に基づく科学技術の創造と実践」によった。

文　献

1) N. Yui (ed), *Supramolecular Design for Biological Applications*, CRC Press, Boca Raton, USA, 2002.
2) N. Yui, R. J. Mrsny, K. Park (ed), *Reflexive Polymers and Hydrogels: Understanding and Designing Fast Responsive Polymeric Systems*, CRC Press, Boca Raton, USA, 2004.
3) M. Mammen, S.-K. Choi, G. M. Whitesides, *Angew. Chem. Int. Ed.*, **37**, 2745 (1998).
4) T. Ooya, N. Yui, *Crit. Rev. Ther. Drug Deliv. Syst.*, **16**, 289 (1999).
5) T. Ooya, M. Eguchi, N. Yui, *J. Am. Chem. Soc.*, **125**, 13016 (2003).
6) H. Hirose, H. Sano, G. Mizutani, M. Eguchi, T. Ooya, N. Yui, *Langmuir*, **20**, 2852 (2004).
7) T. Ooya, H. Utsunomiya, M. Eguchi, N. Yui, *Bioconj. Chem.*, **16**, 62 (2005).
8) T. Ooya, N. Yui, in preparation.

第 8 章　ポリロタキサンによる先端医療への挑戦

9) R. G. Crystal, *Science*, **270**, 404 (1995).
10) T. Ooya, A. Yamashita, Y. Sugaya, A. Maruyama, N. Yui, *Sci. Technol. Adv. Mater.*, **5**, 363 (2004).
11) T. Ooya, H. S. Choi, A. Yamashita, N. Yui, Y. Sugaya, A. Kano, A. Maruyama, H. Akita, R. Ito, K. Kogure, Harashima, submitted.

第9章 ゴム状ポリカテナン

圓藤紀代司*

1 はじめに

ビニルモノマーや環状モノマーの重合から通常は直鎖状のポリマーが生成するが，モノマーおよび重合条件などを選択することで環状ポリマーが生成する場合がある。このような環状ポリマーは末端基を持たない特徴を有しており，特殊構造高分子として展開が期待されることから高収率で種々のモノマーの重合から環状ポリマーを合成する多くの方法が報告されている[1~8]。さらに，環状ポリマーや多環状ポリマーを含む直鎖状ポリマーにはないと思われる機能の特異性のみでなく設計された複雑なポリマーの要素あるいは空間的に束縛されたトポロジカル的な高分子の合成に多くの注目が集まっている。それらの中でロタキサンやカテナンと言った空間的な束縛鎖を有する高分子の合成法は近年飛躍的に発展し[9~11]，その特殊な構造を生かした高機能性材料としての開発も進んでいくことが期待されている。

ポリロタキサンやポリカテナンなどのインターロックトポリマーは環状分子をコンポーネントとして，複数のコンポーネントが空間的な束縛を介して連結しているため，その合成はこれまで容易ではなかったが，高効率で高収率な合成法が相次いで見出されている[12~18]。このようなインターロックトポリマーの魅力は空間的束縛に起因する特異的性質の発現であろう。空間的束縛に起因する物性発現の例としては，図1に示したような機能基を持ったシクロデキストリンとポリエチレングリコールから得られるポリロタキサン[19]など，従来の物理ゲルや化学ゲルとは異なったポリロタキサンネットワークによるトポロジカルゲルがある[19~22]。

カテナンの合成については，これまでにも種々の方法が提案されているが，図2に示すように各コンポーネントの前駆体を物理的相互作用などであらかじめ自己集合させておき，その後環化させ二段階で合成する方法が一般的である[23]。カテナンの合成では必ず最後は環化反応が誘起されなければならない。分子の自己集合や鎖の糸通しは，基質濃度が高いほど反応に有利となるが，分子内環化は基質濃度が高いと分子間反応が優先されるため，希薄溶液状態で反応させることが必要となり，ポリカテナンの合成はポリロタキサンに比べて多くの設計上の工夫が必要となる。それゆえに，ポリカテナンの合成はポリロタキサンに比べその形態に基づく特異的な物性発現は

---

*　Kiyoshi Endo　大阪市立大学　大学院工学研究科　化学生物系専攻　助教授

第9章　ゴム状ポリカテナン

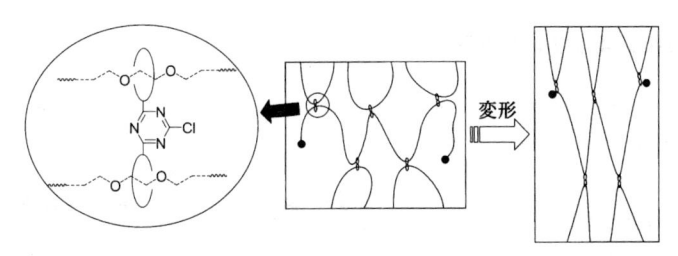

図1　ロタキサン構造を利用したトポロジカルゲル

おろかトポロジー構築が困難であるがゆえに開発が進んでいない。しかし，コンポーネントが大環状化合物の成分のみからなるポリカテナンは，ゴム弾性を発現する本質が鎖間同士の絡み合いであることから理想のゴムとも見なされており[24]，その物性にも大きな興味がもたれる。

ポリカテナンの合成において，環を段階的につなげる方法が提案されているが[23]，この方法ではポリカテナンを構成する環の数が多くなるにつれて収率は大幅に減少することから，高分子量のものを得ることが困難となる。最近，高田らは[2]カテナンを合成し，そのジールスーアルダー反応を利用することで架橋ポリカテナンを合成している[25]。これに対して，モノマーの重合から一段階でポリカテナンを合成するには，高いモノマー濃度の重合においても，環化反応が可能であり，その反応をうまく環状ポリマー鎖が有する空間を通過後に環化過程を含む重合系を設計する必要がある。このような条件に適したものが，環状ジスルフィドの自発的な開環重合であるとされた。それは，環状ジスルフィドの開環重合では，生成してくるポリマー鎖中にジスルフィド結合が存在し，鎖の組み換え，環の拡大およびバックバイティングなどの反応も可能でカテナンの生成が期待できるからである。ここでは，環状ジスルフィドの重合から得られる空間的束縛に起因するゴム状ポリカテナンの合成と性質について述べる[26, 27]。

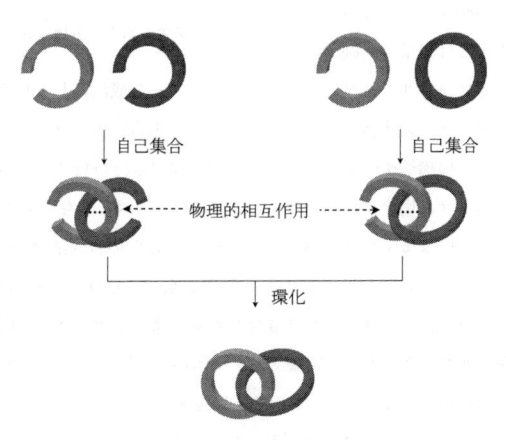

図2　カテナンの合成方法

2 環状ジスルフィドの重合

主鎖にジスルフィド結合を含むポリマーの合成法をスキーム1に示す。この中で環状ジスルフィドの開環重合は、α,ω-ジハライドと多硫化ナトリウムの重縮合反応[28]やα,ω-ジチオールの酸化カップリング反応[29, 30]などとは異なり、副反応もなく

(a) X-R-X + Na$_2$S$_x$ → $\{$R-S$_x\}_n$

(b) HS-R-SH $\xrightarrow{[O]}$ $\{$S-R-S$\}_n$

(c) (環状 R, S-S) → $\{$S-R-S$\}_n$

スキーム1 主鎖にジスルフィド結合を含むポリマーの合成

主鎖にジスルフィド結合を有するポリマー合成法として有用である[31~36]。これまでにも、環状ジスルフィドの重合については、環の歪と重合活性などとの関係は研究されていたが[36~41]、生成ポリマーの構造や性質についての詳細な検討は行われていなかった。しかし、このものをラジカル重合させた場合には結合反応などで環状ポリマーの生成が推測された。

代表的なモノマーである1,2-ジチアン(DT)の合成法は以下の通りである。DTの合成は、まず1,4-ブタンジチオール（BDT）を濃塩酸、DMSO中、室温で24時間かき混ぜながら反応させる。反応終了後、生成物をかき混ぜながら大量の氷水に注ぎ、塩化メチレンで抽出する。抽出層を大量の水で洗浄した後、炭酸ソーダを用いて乾燥する。減圧下で濃縮すると淡黄色の粘稠物を得る。これを減圧蒸留して得られた粗DTをメタノールから数回再結晶することで高純度のDTを得る。純度が低い場合には原料に用いたジチオールなどが残存し、連鎖移動反応で直鎖状ポリマーが生成する。これを防ぐために、重合に使用するモノマーは超高純度であることが要求される[42]。

重合は封管法を用いて真空下に行う。必要量の試薬を封管に仕込んだ後、封管を数回脱気する。その後高真空下に熔封する。所定時間所定温度で重合後、封管を開封し内容物を大量のヘキサンに投入し、生成ポリマーを沈殿させる。その後、ヘキサンでよく洗浄し、生成ポリマーを真空下に乾燥させる。重合収率は重量法より求める。

表1に高純度な環状ジスルフィドの塊状熱重合を開始剤不在下に脱気真空下で行った結果を示す[26, 27, 42~44]。各モノマーの融点以上の温度で重合すると容易にポリマーが生成し、GPC測定から求めたポリマーの分子量は高いことが分かった。DTの開始剤不在下における熱による塊状重合から得られたポリマーと重合に際してチオールを添加して合成した直鎖状のポリマーの^{1}H NMRスペクトルを図3に示す。直鎖状のポリマーに認められた末端基に基づくピークは、前者からのポリマーでは観測されず環状ポリマーの生成が推定され、DTの重合から得られたポリマーが環状構造をとっていることはESI-MS測定からも確認されている[44]。以上のことはスキーム

第9章　ゴム状ポリカテナン

表1　環状ジスルフィドの熱重合（塊状）

環状ジスルフィド	Temp(℃)	Time(h)	Yield(%)	$M_w \times 10^{-4}$	M_w/M_n
1,2-ジチアン (mp.31〜32℃)	0	10	〜0	—	—
	40	8	24	81.3	2.0
	80	8	84	28.1	2.5
リポ酸 (mp.61〜62℃)	40	20	0	—	—
	70	6	76	99.6	2.0
	80	6	88	121.3	2.1
1,2-ジチアシクロデカン (mp.41〜42℃)	30	10	0	—	—
	50	20	trace	—	—
	80	20	26	46.4	1.8
1,4-ジヒドロ-2,3-ベンゾジチイン (mp.77〜78℃)	60	2	〜0	—	—
	80	2	25	47.8	2.4
	90	2	79	23.0	2.0

1,2-ジチアン (DT)　**リポ酸**　**1,2-ジチアシクロデカン**　**1,4-ジヒドロ-2,3-ベンゾジチイン (XDS)**

図3　DTの重合から得られたポリマーの ^{1}H NMRスペクトル
(a) 高純度DTの重合から生成したポリマー
(b) 少量のチオール存在下で得られたDTの直鎖状ポリマー

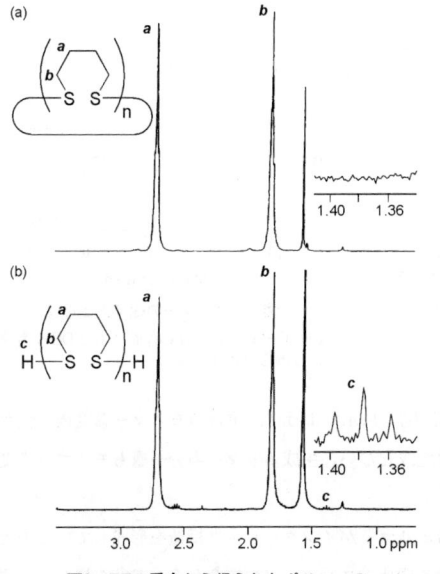

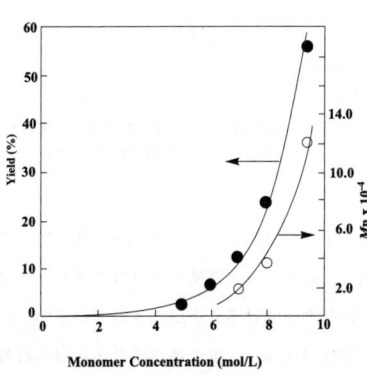

図4　DTの重合におけるモノマー濃度の依存性
（ベンゼン中，60℃，5時間）

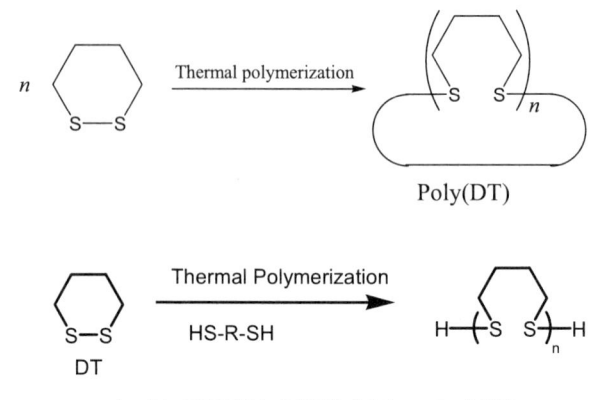

スキーム2　DTの重合における生成ポリマーの一次構造

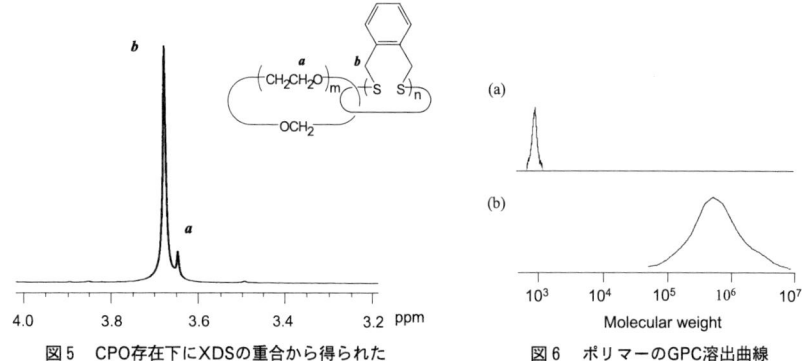

図5　CPO存在下にXDSの重合から得られたポリマーの ¹H NMRスペクトル

図6　ポリマーのGPC溶出曲線
(a) CPO, (b) CPO存在下にXDSの重合から得られたポリマー

2で示される。さらに，DTの重合において，図4に示すように，重合のモノマー濃度依存性が高く，高モノマー濃度でなければポリマーは生成しない。生成ポリマーの分子量もモノマー濃度の依存性を受けることが示されている[43]。

環状ジスルフィドの塊状重合から得られるポリマーがインターロック構造を形成しているのであれば，異種の環状ポリマーの存在下における環状ジスルフィドの重合から，二つの異なった環状ポリマーを含むポリカテナンが合成できる。このことが環状ポリエチレンオキサイド（CPO）存在下における環状ジスルフィドの重合から検討されている[42]。重合から得られた生成物をメタノールによる洗浄で完全にCPOを除去したものの構造解析が行われている。XDSを用いた場

第9章　ゴム状ポリカテナン

合の ^{1}H NMR スペクトルを図5に示すが，CPO とともに XDS の環状ポリマーに由来するピークも観測される。図6には生成物の GPC 溶出曲線を示すが，その曲線は単峰性であり CPO の分子量に相当する位置にピークは観測されない。すなわち，生成物は単なる2種類のポリマーの混合物ではなく，CPO と環状ジスルフィド由来の環状ポリマー間でポリカテナン構造が形成されていることが明らかにされている。

3　環状ジスルフィドポリマーの諸性質

3.1　熱的性質

DT の重合から生成したポリマーの GPC より求めた分子量とガラス転移温度の関係を図7に示す。これより，DT 重合から得られた環状ポリマーでは分子量が増大しても T_g は殆ど一定であり，むしろ下がる傾向を示した。CPO や直鎖状のポリマーでは T_g は分子量の増加で上昇したことと対照的であった。このことも DT 重合から得られた環状ポリマーはポリカテナン構造をしていることを支持している[42]。生成ポリマーの TGA 測定から，ポリマーの分解が始まると急激に重量減少が起こり，ほぼ残渣なく完全に分解することが示され，ポリマーからモノマーへの解重合が起こることが示唆された。

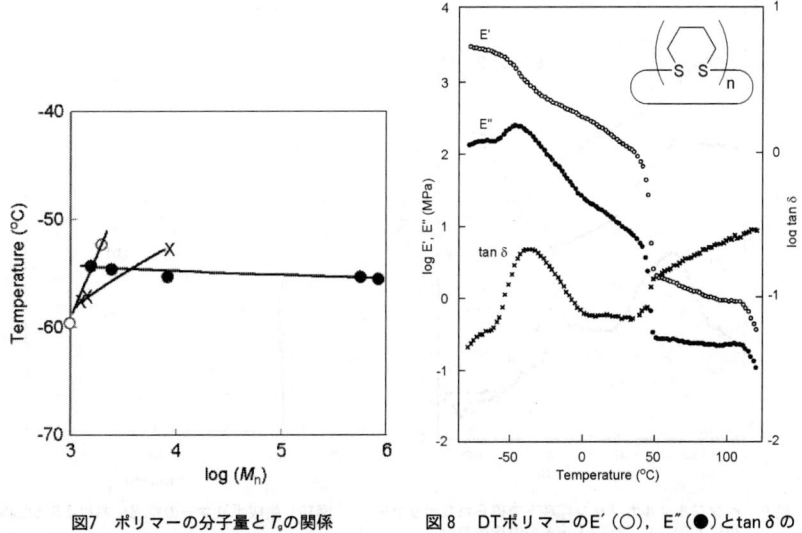

図7　ポリマーの分子量と T_g の関係
(○)CPO, (X)直鎖状DTポリマー, (●)環状DTポリマー

図8　DTポリマーのE′(○), E″(●)とtanδの温度依存性
$M_n=18.2×104$, $M_w/M_n=2.33$

3.2 動的粘弾性

ポリマーの動的粘弾性試験からその性質について検討された。図8にPoly (DT) の動的粘弾性測定の結果を示すが，Poly (XDS) も同様な挙動を示し，いずれもポリマーの融点以上の温度において，試料の破断が起こることなくゴム平坦部を示し，この領域においてゴム弾性を示すことが認められた。通常のポリマーではこのような現象は認められず，融点以上の溶融状態では試料の溶融体の切断につながる挙動を示す。そこで，DTの直鎖状のポリマーを合成し，その動的粘弾性測定を測定した。図9に示すように，直鎖状の環状ジスルフィドポリマーでは通常のポリマーと同様な現象が認められた。分子量が数十万の単独重合体で，架橋も行っていないPoly (DT) およびPoly (XDS) においてポリマーの融点以上の温度で認められたゴム弾性はポリマーのポリカテナン構造を支持するものである。

動的粘弾性の測定に用いた試料はポリマーのクロロホルム溶液からキャスト法により作成した。動的粘弾性はレオロジーDVE－V4FTレオスペクトラーで測定する。試料は長さ15mm，幅2.2mm，厚み0.6mmの短柵状試験片を用い，窒素雰囲気下，周波数を11Hzとして，振幅変異2μとして荷重は自動荷重，変位振幅は温度により変化させて測定する。環変位振幅は44℃で6.8μなどと変化させ，76℃で荷重制御を停止し測定する。貯蔵弾性率E'，損失弾性率E''および正接$\tan\delta$は80から2℃/分で上昇しながら150℃まで測定する。

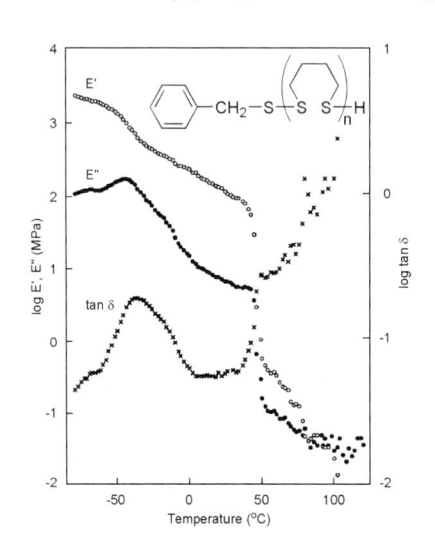

図9 ベンジルメルカプタン存在下で得られたポリマーのE'(○)，E''(●)と$\tan\delta$の温度依存性
$M_n = 9.5 \times 10^4$, $M_w/M_n = 1.97$

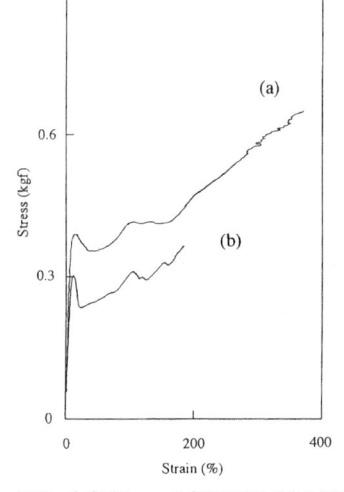

図10 生成ポリマーの室温におけるS-S曲線
(a) DTポリマー (b)ベンジルメルカプタン存在下に得られたDTポリマー

第9章 ゴム状ポリカテナン

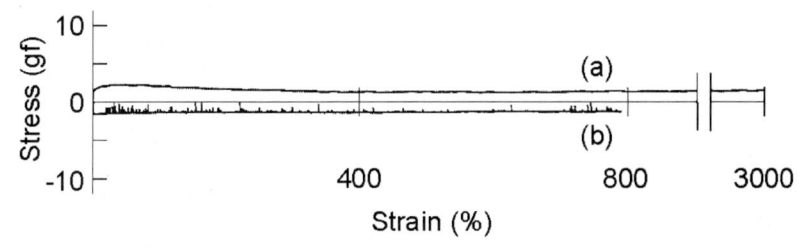

図11 50℃におけるDTポリマーのS-S曲線
(a) DT ポリマー, (b) ベンジルメルカプタン存在下に得られた DT ポリマー

さらに,生成ポリマーの引張り試験を行った。生成ポリマーの引張り試験に使用した試料はクロロホルム溶液からキャスト法で作成したものである。引張り試験には島津オートグラフ AG‑1000Dを用い,シングル引張りモード,試験速度100 mm/分,ロードセル100 kgf, F/S荷重2 kgf, 空気雰囲気下で測定した値である。その結果,図10に示すように室温においては,ポリカテナン構造のPoly (DT) は2段階の応力-歪曲線(S-S)曲線を与えた。これに

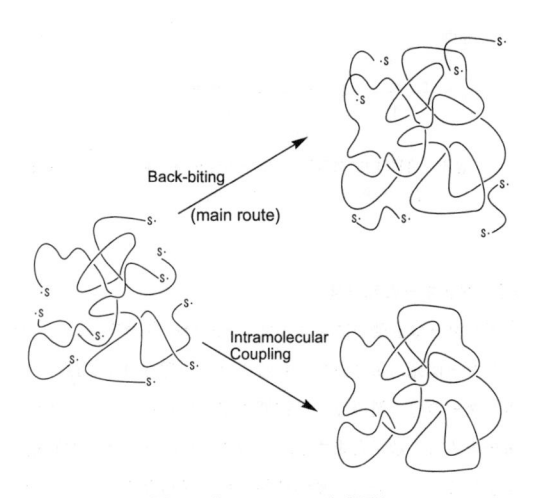

図12 ポリカテナンの生成経路

対してポリカテナン構造を持たない直鎖状のポリマーでは通常のポリマーと同様のS-S曲線を与えた[45]。50℃では poly (DT) は溶融状態となる,この状態においては延伸試験を行うと,ポリカテナン構造の Poly (DT) は図11に示したように3000 %延伸しても切れないような特徴あるゴム弾性を示した。一方,直鎖状のものでは応力伝達機構は働かず,ただ溶融状態の弾性挙動を示した。S-S曲線からも,多数の環状ジスルフィドポリマー同士が空間的に束縛された図12に示すような経路でもって生成するポリカテナンであるとの結論されている。弾性回復試験を行って,そのゴム弾性を調べたところ,10回繰り返しても,弾性回復は瞬時に起こり元の長さに回復した[26]。この挙動は動的粘弾性における説明と一致する。

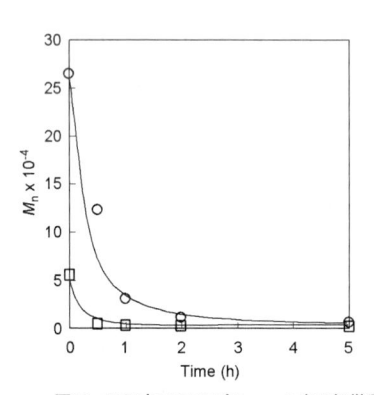

図13 THF中でのDTポリマーの光分解挙動
$M_n = 26.8 \times 10^4 (\bigcirc)$, $5.3 \times 10^4 (\square)$

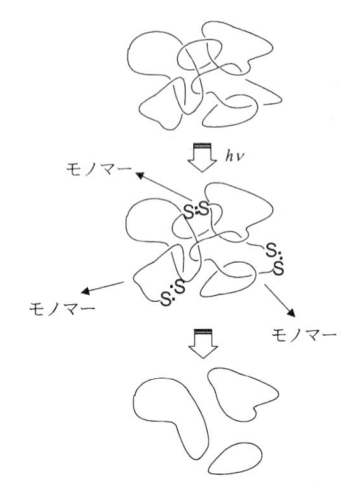

図14 ポリカテナンの分解過程の模式図

3.3 ポリマーの光分解

ポリマーは主鎖中にジスルフィド結合を有する。この結合は光により開裂可能であることから，ポリマーは光により分解されることが予想される。DTポリマーの光分解の結果を図13に示すが，ポリマーの分子量の減少は初期に急激に起こり，その後ほぼ一定の値を与える。このときの分子量を求めると数千と求まる。このことは図14のような経路をとってポリマーが分解していることを示している。一方，動的粘弾性から求めた絡み合い点間の分子量と光分解から求めた値は一致した[42]。このことは，環状ジスルフィドの重合から得られたポリカテナンは非常に多くの単環状ポリマーのコンポーネントから成っていることを示唆している。

4 形状記憶特性

形状記憶ポリマーは，最近見出された光刺激応答材料と見なせるものもあるが[46]，これまでのものは殆んどが熱刺激応答材料と見なすことができる。この形状記憶機能を発現するにはポリマー流動を固定する固定点と温度変化に応じて軟化と硬化が可逆相を有する構造が必要である。固定点の流動化が起こる温度以上で成形し，可逆相の転換温度（融点あるいはガラス転移点）以上の温度で変形を加えた後，そのまま冷却すると，結晶化あるいはガラス状化により目的の賦形がで

第9章 ゴム状ポリカテナン

きる。ここで，可逆相の転換温度以上にすると形態を保持していた拘束が解かれ，元の形に戻り形状記憶が発現することになる。これまでにも多くの形状記憶ポリマーが開発されており，成型段階で加熱架橋したトランス型ポリイソプレン，ポリノルボルネンやスチレン-ブタジエン共重合体，ポリウレタンなどの熱可塑性エラストマーなどがある[47〜49]。いずれの形状記憶ポリマーにおいても化学結合による架橋点あるいは物理的架橋点とされるハードセグメント（凍結相）が存在し，ポリマー鎖の運動が温度変化により制限・開放されることによって形状記憶が発現する。環状ジスルフィドの重合から得られるポリマーはポリカテナン構造を形成しており，ポリカテナンのような空間的束縛を利用する形状記憶材料の例は見当たらない。

Poly (DT) は室温において約30％の結晶化度を示し，ポリマーの融点（42℃）以上でゴム弾性を示すことより，ポリマー融点を可逆相の転換温度とした新規な形状記憶材料の条件を備えている。そこで，図15のように Poly (DT) の試料を注型法で作成し，ポリマーの融点以上（60℃）で変形を与え，その形のまま室温まで冷却するとその形状は完全に保持される。この試料を再びポリマーの融点以上に加温すると，試料は元の形状に回復する。この Poly (DT) では融点を可逆相の転換温度とした形状記憶ポリマーとして利用する[26]。一方，主鎖に芳香環を有する Poly(XDS) は Poly (DT) より結晶性が低く，融点も100℃と高い。この場合には，結晶融解温度を可逆相として利用することも可能であると思われるが，Poly (XDS) のガラス転移温度は39℃であり，これを可逆相の転換温度として利用した形状記憶が発現する。このときはガラス転移を可逆相とする形状記憶となる[27]。これまで，架橋成形や熱可塑性エラストマーといった既存の

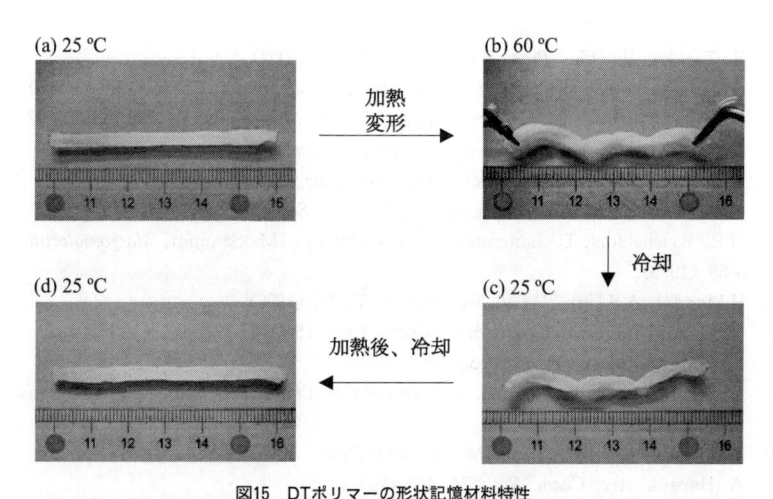

図15　DTポリマーの形状記憶材料特性
(a) 加熱前の試料，(b) 加熱後に変形した試料，(c) 冷却後の試料，(d) 変形回復した試料

形状記憶ポリマーのように，化学結合の架橋点あるいはハードセグメントが存在しなくても，トポロジカルな結合の空間的束縛だけでも形状記憶を示すことが見出され，今後の応用が期待されている。

5 おわりに

環状ポリマー同士が空間的束縛によって連結されたポリカテナンの合成法および環状ポリマー同士のトポロジカルな結合によるエラストマー的な性質ならびに形状記憶特性について述べてきた。環状ジスルフィドポリマー系のゴム状ポリカテナンは，環と環の間に強い相互作用が存在しないため環の移動が容易で柔軟性がある。環状ジスルフィドの重合から得られるポリカテナンは構成要素である単環状のポリマーがランダムに絡み合った複雑な形状のものと考えられる。今後は構造の制御されたポリカテナンの合成が望まれる。ポリカテナン構造特有の物性に基づく新しい機能材料としての展開はこれからと思われるが，環状ジスルフィドポリマーで示した記憶形状やエラストマー的な性質はその一例であろう。

文　　献

1) Y. Tezuka, H. Oike, *Prog. Polym. Sci.*, **27**, 1069(2002).
2) H. Houjou, S-K Lee, Y. Nagawa, K. Hiratani, *Supramol. Chem.*, **13**, 683(2001).
3) M.Kubo, T.Hibino, M.Tamura, T.Ueno, T.Itoh, *Macromolecules*, **35**, 5816(2002).
4) L.Rique-Lurbet, M.Schppacher, A.Deffieux, *Macromolecules* , **27**, 6318(1994).
5) E.S.Tillman, T. E .Hogen-Esch, *Macromolecules*, **34**, 6616(2001).
6) C.W. Bielawski, D. Benitez, and R.H. Grubbs, *Science* , 2002, p.2041.
7) H.R. Kricheldorf, D. Langanke, J. Spickermann, M. Schmidt, *Macromolecules*, **32**, 3559 (1999).
8) H.Mandal, A.S.Hay, *J. Pol. Sci. Part A*, **37**, 927(1999).
9) D. B. Amabilino, J. F. Stoddart, *Chem. Rev.*, **95**, 2725 (1995).
10) M. Fujita, *Acc. Chem. Res.*, **32**, 53 (1999).
11) J. W. Steed, L. L. Atwood, *Supramolecular Chemistry*, John Wiley & Sons, pp. 511(2000).
12) J.-P. Sauvage, *Acc. Chem. Res.*, **31**, 611(1998).
13) A. Harada, *Acc. Chem. Res.*, **34**, 456 (2001).
14) A.-D. Schlüter, Ed., *Synthesis of Polymers*, Wiley-VCH: Weinheim (1999).

15) F. M. Raymo, J. F. Stoddart, *Chem. Rev.*, **99**, 1643(1999).
16) 高田十志和, 木原伸浩, 古荘義雄, 高分子, **50**, 770(2001).
17) J.-L. Weidmann, J.-M. Kern, J.-P. Sauvage, D. Muscat, S. Mullins, W. Kohler, C. Rosenauer, H.J. Rader, K. Martin, Y. Geerts, *Chem. Eur. J.*, **5**, 1841(1999).
18) D. Muscat, W. Köhler, H. J. Räder, K. Martin, S. Mullins, B. Müller, K. Müllen, Y. Geerts, *Macromolecules*, **32**, 1737(1999).
19) Y. Okumura, K. Ito, *Adv. Mater.*, **13**, 485(2001).
20) H. Oike, T. Mouri, Y. Tezuka, *Macromolecules*, **34**, 6229(2001).
21) M. Kubo, T. Hibino, M. Tamura, T. Uno, T. Itoh, *Macromolecules*, **35**, 5816(2002).
22) N. Yamaguchi, H. W. Gibson, *Angew. Chem., Int. Ed.*, **38**, 143(1999).
23) D. B. Amabilino, P. R. Ashton, V. Balzani, S. E. Boyd, A. Credi, J. Y. Lee, S. Menzer, J. F. Stoddart, M. Venturi, D. J. Williams, *J. Am. Chem. Soc.*, **120**, 4295(1998).
24) 岩田一良, 江野科学振興財団研究報告書, **1**, 49(1998).
25) N. Kihara, K. Hinoue, T. Takata, *Macromolecules*, **38**, 223(2005).
26) 山中拓, 圓藤紀代司, 第52回高分子学会予稿集, **52**, 506 (2003).
27) 石田豪伸, 圓藤紀代司, 第52回高分子学会予稿集, **52**, 1943 (2003).
28) K. Kishore, K. Ganesh, *Adv. Polym. Sci.*, **121**, 81 (1995).
29) C. S. Marvel, L. E. Olson, *J. Am. Chem. Soc.*, **79**, 3089 (1957).
30) W. Choi, F. Sanda, N. Kihara, T. Endo, *J. Polym. Sci., Part A: Polym. Chem.*, **36**, 79 (1998).
31) R. C. Thomas, L. J. Reed, *J. Am. Chem. Soc.*, **78**, 6148 (1956).
32) F. O. Davis, F. M. Fettes, *J. Am. Chem. Soc.*, **70**, 2611 (1948).
33) A. V. Tobolsky, F. Leonard, G. P. Roeser, *J. Polym. Sci.*, **3**, 604 (1948).
34) F. S. Dainton, J. A. Davies, P. P. Manning, S. A. Zahir, *Trans. Faraday Soc.*, **53**, 813 (1957).
35) T. Suzuki, Y. Nambu, T. Endo, *Macromolecules*, **23**, 1579 (1990).
36) J. A. Barltlop, P. M. Hayes, M. Calvin, *J. Am. Chem. Soc.*, **76**, 4348 (1954).
37) J. A. Burns, G. M. Whitesides, *J. Am. Chem. Soc.*, **112**, 6296 (1990).
38) R. Singh, G. M. Whitesides, *J. Am. Chem. Soc.*, **112**, 6304 (1990).
39) A. Fava, A. Iliceto, E. Camera, *J. Am. Chem. Soc.*, **79**, 833 (1957).
40) J. G. Affleck, G. Dougherty, *J. Org. Chem.*, **15**, 865 (1950).
41) R. B. Whitney, M. Calvin, *J. Chem. Phys.*, **23**, 1750 (1955).
42) K. Endo, T. Shiroi, N. Murata, G. Kojima , T. Yamanaka, *Macromolecules*, **37**, 3143 (2004).
43) K.Endo, T.Shiroi, N.Murata, *Polym. J.*, **37**, 512(2004); **37**, 512 (2005).
44) R. Arakawa, T. Watanabe, T. Fukuo, K. Endo, *J. Polym. Sci., Part A: Polym. Chem.*, **38**, 4403 (2000).
45) 圓藤紀代司, 城居知次, 村田直紀, 日本ゴム協会誌, **73**, 392 (2000).
46) A.Lendlein, H.Jiang, O.Junger, R.Langer, *Nature*, **434**, 879(2005).

47) 長田義仁, 梶原莞爾, ゲルハンドブック, エヌ・ティー・エス, p398 (1997).
48) 入江正浩監修, 形状記憶ポリマーの材料開発, シーエムシー (2000).
49) A. Lendlein, R. Langer, *Science*, **296**, 1673 (2002).

応用編
II ナノチューブ

第10章　シクロデキストリンナノチューブ

原田　明*

1　はじめに

　自然界には様々な大きさの空間が存在し，特異な機能を発現している。人工的にも大小さまざまな空間がつくられ，それぞれが機能を果たしている。特に生体系では酵素や抗体，DNAなどの高分子鎖がつくりだす微小な空間が生命の営みの根源となっている。なかでもチューブ状の分子集合体は生体内で重要な働きをしている。例えば，運動器官などには直径が数十nmほどのマイクロチューブ（微小管）が存在している（図1）。また，細胞間の情報伝達にイオンチャンネルというナノメートルサイズのチューブ状の構造が重要な働きをしている。DNAを合成・分解する酵素はドーナツ型をしており，そのなかにDNAの2重らせんをとりこんで作用することが明らかにされている。さらにタンパク質合成の反応場であるリボソームの構造は，合成されたタンパク質がリボソームのトンネルを通過するチューブ状構造であることもわかってきた。

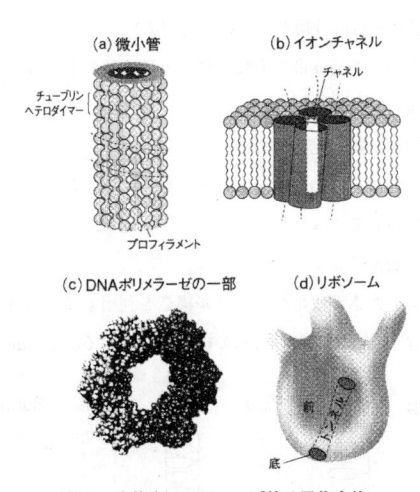

図1　生体内でのチューブ状分子集合体

---

*　Akira Harada　大阪大学　大学院理学研究科　教授

このようなチューブ状の分子や分子集合体は,生命を維持していくうえで重要な役割をはたしている。これはチューブがある長さをもった空間であることから,その機能に方向性(運動性)があり,入口と出口があることで時間の次元が組み込まれてくるからである。このようなナノメートルサイズのチューブが人工的に実現できれば,その生命体への還元のみならず,新たな機能材料として無限の可能性が生じる。

2 分子チューブの設計

近年,フラーレンの合成と同様の物理的な方法により,カーボンナノチューブが得られている。これは炭素だけで構成された比較的硬い,直径が1～数ナノメートルのチューブである。また,両親媒性の脂質分子が集合してチューブ状の構造ができることがある。このような脂質ナノチューブやカーボンナノチューブに関しては他の章で詳述される。筆者らはカーボンナノチューブの発見と同時期により細く,しかも柔軟で,水などの溶媒に溶けて生体適合するチューブを設計,合成することを報告した[1]。

このようなチューブを設計構築するためには化学的な方法が適している。その後,ナノメーターサイズのチューブ構造を構築するためには以下に示すような方法がレーンらによって提案された[2]。その設計方法は以下の8つに分類されている(図2)。

1. 輪のような形をした分子を分子間相互作用により積み重ねる。(Stack)
2. 輪の分子を結合する。(String)
3. 輪の分子を高分子鎖の側鎖に結合して並べる。(Rack)
4. 円筒状のパイプ形のものを結合してチャンネルをつくる。(Pipe)
5. らせん状のものを固定してチューブをつくる。(Spring)
6. 隙間を利用する。(Split)
7. 鉛筆の束のなかを抜いたような形のバンドル構造を利用する。(Bundle)
8. それを輪の分子で固定したような花束状の構造を利用する。(Bouquet)

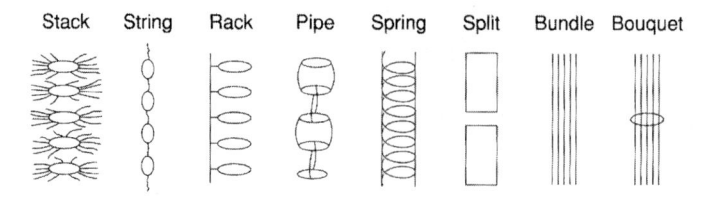

図2 チューブ状ポリマーの設計

3 シクロデキストリン分子チューブの設計と合成

筆者らはシクロデキストリン（CD）というグルコースの環状オリゴマーを用いてナノチューブの合成を検討した。CD はグルコースが 6 〜 8 個，環状に結合した分子で，グルコースが 6 個のものを α-CD，7 個のものが β-CD，8 個のものが γ-CD と呼ばれている。それぞれの分子には直径 0.45 nm（α-CD），0.7 nm（β-CD），0.85 nm（γ-CD）の空洞がある。CD の外径はちょうど 1 nm 程度であり，1 nm の基準となる。CD はグルコースの環がほぼ垂直に立っており，その空洞の深さが約 0.7 nm ある（図 3）。CD はほぼ対称的な円形をしており，その空洞は底まで通り抜けている。CD の一方には 2 級水酸基が12個並び，反対側には 1 級の水酸基が 6 個並んでいる。CD の分子の両端の水酸基を次々と結合することができれば，チューブ状の分子が形成される。しかし，CD を自ら再結晶すると，互いの空洞をふさぎあうようにパッキングし，チューブ状の構造にはならない（図 4）。

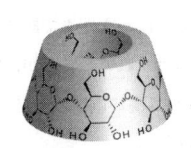

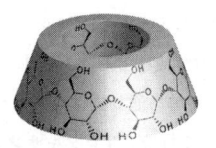

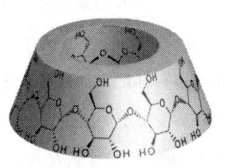

	α-CD	β-CD	γ-CD
分子量	972	1135	1297
グルコースの数	6	7	8
空洞の直径(nm)	0.45	0.70	0.85
空洞の深さ(nm)	0.67	0.7	0.7

図 3　シクロデキストリン（CD）の構造

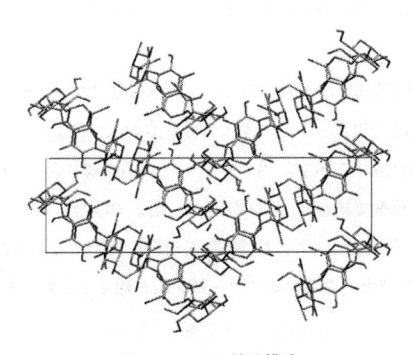

図 4　α-CDの結晶構造

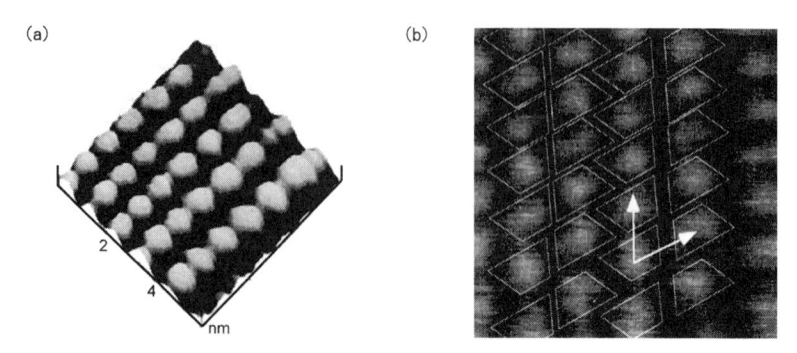

図5　α-CD-ポリエチレングリコール錯体のSTM像(a),
β-CD-ポリプロピレングリコール錯体のSTM像(b)

　そこで，筆者らはまず，CDの輪に長い分子（高分子）を通して1列に並べた。すなわち，ポリエチレングリコールの水溶液とα-CDの水溶液とを混合することにより，ポリエチレングリコール鎖はCDの輪を次々と通り抜け，ちょうどCDがポリマー鎖の端から端まで詰まったような包接錯体が得られた。このままでは水溶液中でCDとポリマーははずれてしまうが，錯体の両端にジニトロベンゼンのようなα-CDの輪を通り抜けないようなかさ高い置換基を結合すると，CDはポリマー鎖からはずれなくなる。これをポリロタキサンという[3]。

　図5(a)にα-CDとポリエチレングリコールとの包接錯体の走査トンネル顕微鏡（STM）像を示す。1nmサイズのCDが1次元状に1列に並んでいる。また，β-CDではポリプロピレングリコール図5(b)を用いるとCDと線状のカラム構造が見られる。

　α-CDとエチレングリコールの6量体（ヘキサエチレングリコール）との包接錯体の単結晶のX線構造解析の結果，CDは2級水酸基同士向き合うように対面して1列に並んでいることがわかった[4]。結晶中では端から端までつながったトンネルが形成され，その中にエチレングリコール鎖が取り込まれている。

　隣り合うCDの2級水酸基同士が水素結合し，1級水酸基は水分子を介して水素結合で結合し，チューブ構造はこの水素結合のネットワークで安定化されている。

　図6に分子チューブの合成法を示す。ポリロタキサン中の隣り合うCD環の水酸基をエピクロロヒドリンという短い架橋剤で結合し，CDが端から端まで結合したポリロタキサンを合成した。これを強い塩基で処理することにより，炭素-窒素結合を切断することができ，両端のかさ高い置換基を切り離すことができた。さらにポリマー鎖を取り除くこともでき，チューブ状のポリマーが得られた。

第10章　シクロデキストリンナノチューブ

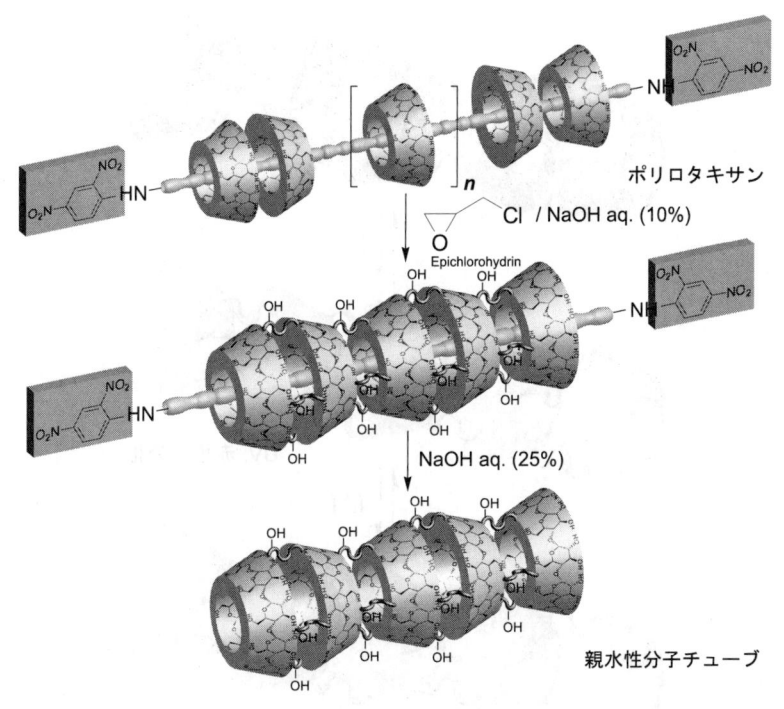

図6　分子チューブの合成方法

4　分子チューブの性質

このようにして得られた分子チューブは水に可溶で CD と異なった性質を示す。ヨウ素イオンの希薄水溶液はほぼ無色で，これに α-CD を加えても色はほとんど変化しない。ところが，分子チューブを加えると吸収スペクトルの極大波長は500 nm 以上までシフトし，即座に赤色に変化した。しかもこの変化は CD とヨウ素イオン濃度が1：1の時に最大の変化を示した。すなわち，1：1で錯体を形成した時にヨウ素イオンが連なった状態で包接されることがわかった（図7）。ポリマーの鋳型を用いずに CD をエピクロロヒドリンで架橋したランダムなポリマーではこのような変化は見られず，分子チューブの場合にはヨウ素-アミロース反応のような形でヨウ素が1次元状に並んだためと考えられる。

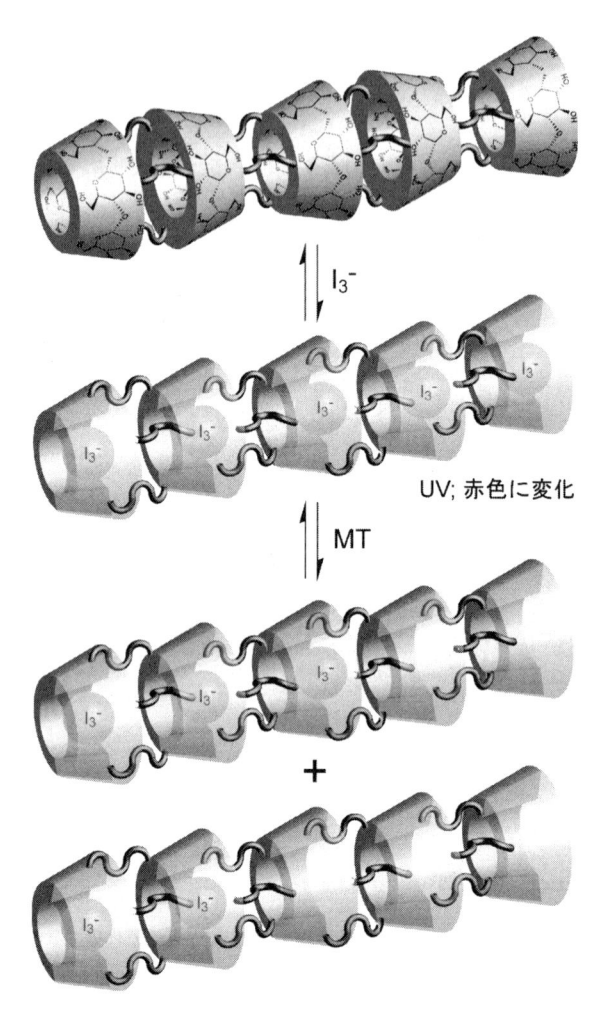

図7 分子チューブとヨウ素イオンとの包接錯体

また，アゾベンゼンのトランス型からシス型への異性化に対してシクロデキストリンは効果をあまり示さないが，分子チューブは著しい抑制効果を示した。アゾベンゼンの包接平衡を考慮すると，チューブに取り込まれたアゾベンゼンはほとんど異性化しないことが明らかになった。

さらに分子チューブはジフェニルヘキサトリエン（DPH）という細長い分子を強固に取り込むことがわかった。DPH を水に懸濁した中に CD を加えてもその蛍光スペクトルはほとんど変

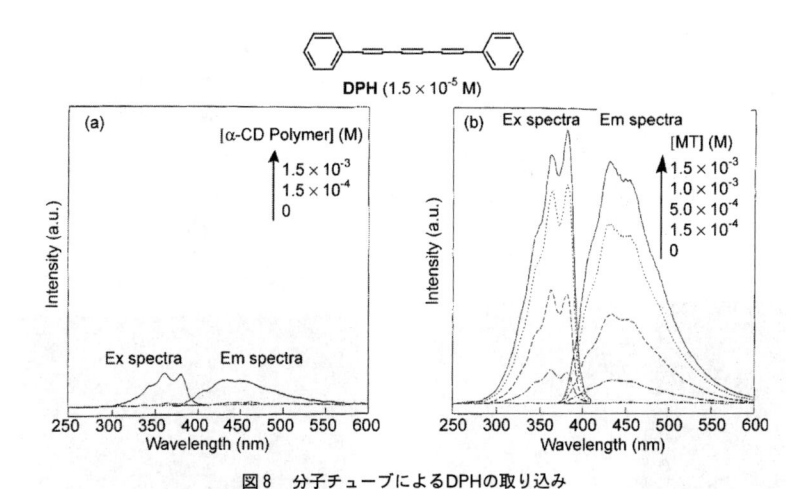

図8　分子チューブによるDPHの取り込み
(a)ランダムα-CDポリマーとの混合系；　(b)分子チューブとの混合系
Ex；励起, Em；発光, MT；分子チューブ

化しないが，分子チューブを加えるとその濃度に応じて強い蛍光発光がみられた（図8）。発光は数百倍に達する。これはチューブ状の分子が長い分子を特異的に強く包接することを示している。CDをランダムに架橋したポリマーではそのようなことは起こらない。

また，この分子チューブはポリテトラヒドロフランなどの細い線状ポリマーを効率よく取り込むが，ポリプロピレングリコールやポリメチルビニルエーテルなどの断面積の大きなポリマーは取り込まない。伊藤らはこのナノチューブとポリエチレングリコールとの包接化合物をグラファイト上に固定させ，STM（走査トンネル顕微鏡）で観察し，約25nmの直鎖状の包接錯体のSTM像を得た[5]（図9）。また，星形ポリマーを鋳型に用いることにより，樹状の枝分かれしたSTM像が得られたことを報告している[6]（図10）。さらにこのシクロデキストリンチューブをドデカンチオールとβ-シクロデキストリンとからなる自己組織化単分子膜（SAM）に固定化し，表面プラズモン共鳴（SPR）や走査プローブ顕微鏡により観察した。また，由井らはナノチューブと種々の長さのアルキル基を有するスルフォン酸塩との包接化合物形成の熱力学について等温滴定熱量計（ITC）を用いて測定し，アルキル基が長くなるほどより安定な包接化合物を形成することを見いだした[7]。また，チューブとPEG-Poly THF-PEGのブロック共重合体との相互作用についてITCにより検討し，シクロデキストリンチューブはpoly THF部分を強く取り込むことを明らかにした[8]。さらにこのチューブはポリマー側鎖を取り込み，分子間での架橋を伴い，粘度を上昇させることも見いだしている（図11）。

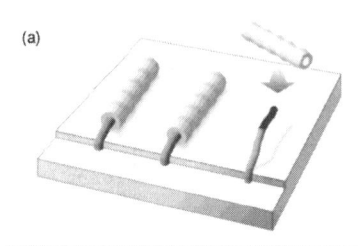

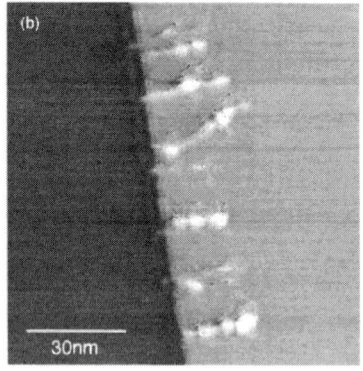

図9 HOPG基盤上に固定化されたポリエチレングリコール-モノセチルエーテルとシクロデキストリン分子チューブからなる包接錯体のSTM画像

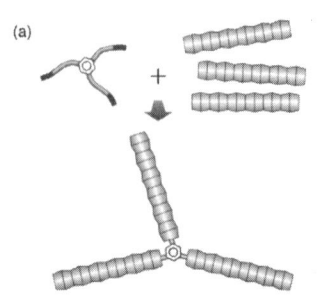

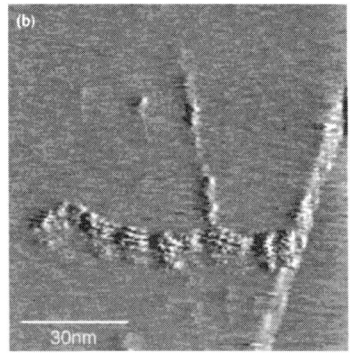

図10 スターポリマーとシクロデキストリン分子チューブからなるデンドリマー状超分子のSTM画像

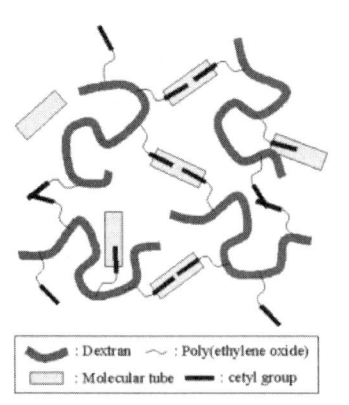

図11 ポリエチレンオキサイドモノセチル-グラフト-デキストリンとシクロデキストリン分子チューブからなる超分子ネットワーク

5 疎水性チューブの合成

前記の分子チューブの水酸基をアセチル化することにより，有機溶媒に可溶なチューブが得られた。このチューブはピクリン酸ソーダを取り込み，有機溶媒に溶かし込むことができる（図12）。チューブの中に金属塩が取り込まれていることがわかった。

6 超分子ポリマーの形成

シクロデキストリンのようなホスト分子にゲスト部分を共有結合で結合すると，分子内での包接が起こるか分子間での包接が起こる。もし，分子間での包接が続いて生じると，超分子ポリマーが得られる。ホストとゲストによりチューブ状構造が形成される。著者らはゲスト部分としてベンゼン環を選んだ。ところがベンゾイル CD は包接錯体を形成しない。そこでシクロデキストリンとベンゼン環の間にメチレン鎖2つをはさんだヒドロ桂皮酸エステルを用いたところ，β-CD の場合には分子内包接錯体が得られた。α-CD の場合には弱い分子間包接が起こったが，超分

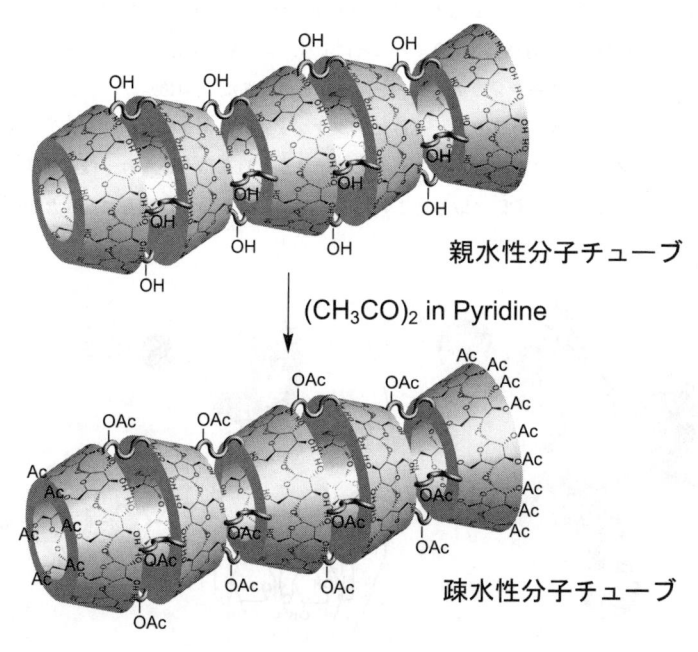

図12 疎水性分子チューブの合成

子ポリマーは得られなかった。そこでメチレン鎖の部分を二重結合で固くした桂皮酸を用いたところ，β-CDの場合には水に難溶の刺し違い型の2量体が得られた。α-CDの場合には水に可溶の3量体が得られた。この分子集合体の端の部分にかさ高い置換基を結合することにより，環状3量体を単離することができた[9]（Cyclic Daisy Chain）（図13）。このことから桂皮酸のベンゼン環がシクロデキストリンの小さな口から包接されていることがわかった。そこで，シクロデキストリンの大きな口（二級水酸基側）に桂皮酸を結合したところ，十数量体の超分子ポリマーが得られた。それぞれのユニットの端をかさ高い置換基で閉じることにより，ポリ［2］ロタキサン（Daisy Chain）を得ることができた（図14）。

桂皮酸のp-位にt-ブチル基を結合すると，希薄溶液中でも長い超分子ポリマーが得られた。この超分子ポリマーは円二色スペクトルなどで検討したところ，らせんを形成していることが明らかになった[10]（図15）。

β-CDに桂皮酸を結合した場合，水に難溶な環状二量体を形成したが，ここにアダマンタンカルボン酸を加えると，水に溶解した。これはシクロデキストリンの空洞内にアダマンタンカルボン酸が取り込まれ，分子内に取り込まれていた桂皮酸部分が水に露出したためである。ここにα-CDを加えると桂皮酸部分が取り込まれることがわかった。その後，桂皮酸の部分にトリニトロベンゼンのようなかさ高い置換基を結合することにより，ロタキサン分子ができ，そのストッパー同士が結合し，［2］ロタキサンのポリマーを得ることができた[11]（図16）。

β-CDに桂皮酸を結合した分子とα-CDにアダマンタンカルボン酸を結合した分子を1：1で混合したところ，α-CDに結合したアダマンタンがβ-CDに取り込まれ，桂皮酸部分が水中に露出する。その部分がα-CDに取り込まれてα-CD，とβ-CDとが交互に並んだ超分子ポリマーを得ることができた[12]（図17）。

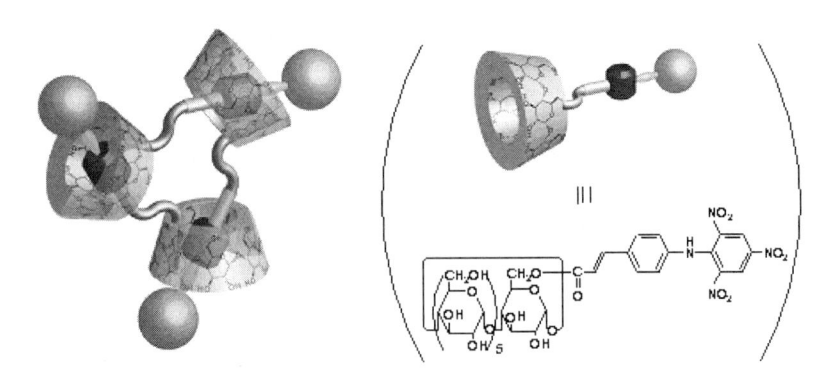

図13　6位桂皮酸修飾-α-CDからなる環状3量体（Cyclic Daisy Chain）

第10章　シクロデキストリンナノチューブ

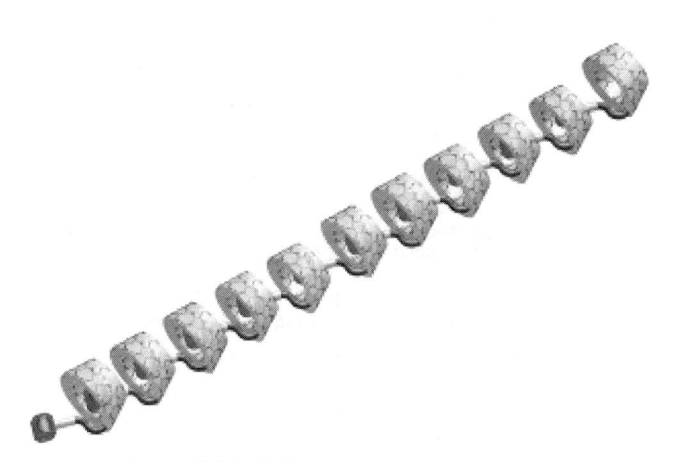

図14　3位桂皮酸修飾-α-CDからなる超分子ポリマー

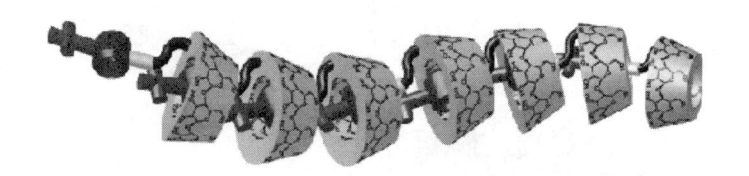

図15　3位Boc桂皮酸修飾-α-CDから形成されたらせん状超分子ポリマー

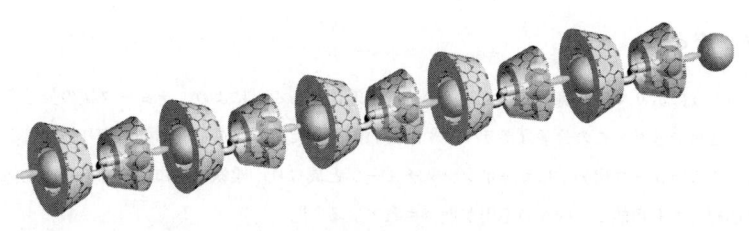

図16　α-CDとβ-CDから形成されたロタキサンポリマー

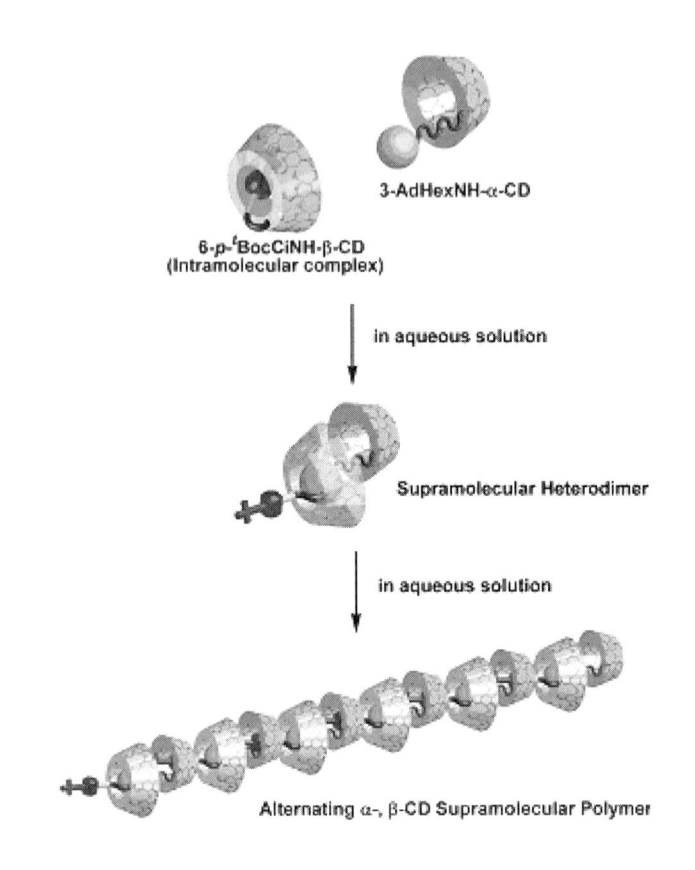

図17 桂皮酸修飾β-CDとアダマンタン修飾α-CDが交互に連なった超分子ポリマー

7 まとめ

このようにポリマーを鋳型として環状の分子を連結することにより，チューブ状の分子を合成することができた。この分子はポリマーや細長い形をした分子を選択的に強く取り込むことができる。このチューブ状分子はカーボンナノチューブと異なり，柔軟で水に可溶であり，生体内に組み込むことも可能で，種々の応用が期待されている[13,14]。

第10章 シクロデキストリンナノチューブ

文　献

1) A. Harada, J. Li, M. Kamachi, *Nature*, **356**, 516-518 (1993).
2) J.-M. Lehn, "Supramolecular Chemistry," VCH, 1995.
3) A. Harada, J. Li, M. Kamachi, *Nature*, **356**, 325-327 (1992).
4) A. Harada, J. Li, M. Kamachi, *Nature*, **370**, 126-128 (1994).
5) Y. Okumura, K. Ito, R. Hayakawa, T. Nishi, *Langmuir*, **16**, 10278-10280 (2000).
6) S. Samitsu, S. Shimomura, K. Itoh, *Appl. Phys. Lett.*, **85**, 3875-3877 (2004).
7) T. Ikeda, E. Hirota, T. Ooya, N. Yui, *Langmuir*, **17**, 234-238 (2001).
8) T. Ikeda, W. K. Lee, N. Yui, *J. Phys. Chem. B*, **107**, 14-19 (2003).
9) T. Hoshino, M. Miyauchi, Y. Kawaguchi, A. Harada, *J. Am. Chem. Soc.*, **122**, 9876-9877 (2000).
10) M. Miyauchi, Y. Takashima, H. Yamaguchi, and A. Harada, *J. Am. Chem. Soc.*, **127**, 2984-2989 (2005).
11) M. Miyauchi and A. Harada, *J. Am. Chem. Soc.*, **126** (37), 11418-11419 (2004).
12) M. Miyauchi, T. Hoshino, H. Yamaguchi, S. Kamitori, and A. Harada, *J. Am. Chem. Soc.*, **127**, 2034-2035 (2005).
13) A. Harada, *Acc.Chem. Res.*, **34**, 456-464 (2001).
14) Y. Takashima, M. Osaki and A. Harada, *J. Am. Chem. Soc.*, **126** (42), 13588-135989 (2004).

第11章 脂質ナノチューブのサイズ制御と内・外表面の非対称化

増田光俊*

1 はじめに-ナノチューブのサイズ・表面制御の重要性-

　基礎編に述べたように，脂質ナノチューブ（以降「ナノチューブ」と呼ぶ）は，カーボンナノチューブと同様に両端からアクセス可能な一次元の孤立したナノ空間を内部に持つ。このためナノ材料を作るためのナノ反応器として，またチューブ内・外の表面を利用したナノ鋳型としての利用が期待されている（図1a, b)[1, 2]。このようなナノ材料はクラスター領域でのサイズや空間配列がその特性，機能性に大きく影響するため[3]，鋳型となるナノチューブのサイズ制御が重要である。

　また近年このナノチューブをホストとして，ナノ微粒子，タンパク，ウイルスなどの捕捉やカプセル化，いわゆるナノメートルスケールのホスト-ゲスト科学が注目されている[4]。もしナノチューブの径（特に内径）や長さが制御できれば，これらのゲストの捕捉，カプセル化においてサイズ，形状選択性を持たせることができる（図1c）。これらゲストの多くは約10～数百nmの

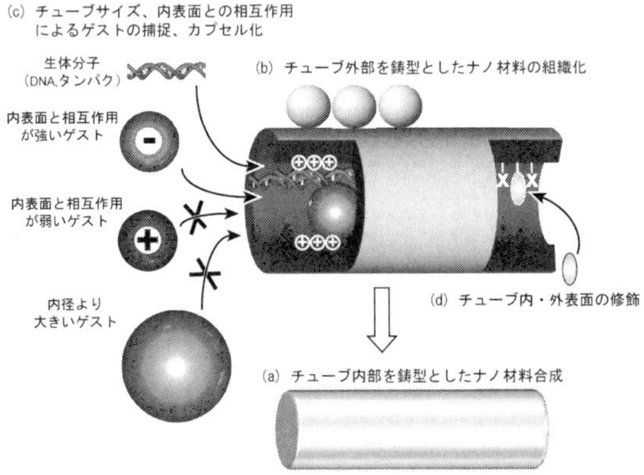

図1　脂質ナノチューブの応用展開に向けたサイズ制御と内・外表面の非対称化

---

* Mitsutoshi Masuda ㈱産業技術総合研究所　界面ナノアーキテクトニクス研究センター主任研究員；㈱科学技術振興機構　CREST

第11章 脂質ナノチューブのサイズ制御と内・外表面の非対称化

大きさを持つため,このサイズ領域での内径制御が重要な意味を持つ.同様にチューブ内・外表面に分布する官能基の制御(すなわち非対称化)によって,チューブとゲストの表面間の相互作用やサイズによる選択的なカプセル化ができる(図1c).さらにはチューブの内・外表面の選択的な修飾も可能であり,これらを利用した高度な組織化,パターン配列化への道も開ける(図1d).こうしてドラッグデリバリー,標的遺伝子キャリヤー,サブμ-TAS,ナノキャピラリー電気泳動,バイオチップ,センサー,触媒担持材料などの広い分野への用途開発が可能となる.以上の点から,チューブのサイズ制御や内・外表面の非対称化が必要不可欠である.次に,従来の研究で行われてきたこれらの試みについて紹介する.

2 従来の脂質ナノチューブのサイズ制御とその問題点

ジアセチレン系リン脂質誘導体1(m,n),特に1($8,9$)からなるナノチューブはサイズ制御に関する系統的研究が行われている.このサイズ制御には表1に示すように溶媒組成,pH,イオン強度,自己集合時の冷却速度,脂質濃度,分子構造,また2種類の脂質の混合自己集合などの様々な制御因子が検討されている.以下に各サイズについて各制御因子別に表1にまとめたものを解説する.

外径:脂質分子の構造変化,自己集合時の溶媒のpHやイオン強度等の変化,2つの脂質を混合した多成分系の自己集合による外径制御が報告されている.例えば,リン酸アニオン型脂質

表1 脂質が形成するナノチューブの各サイズ制御と内・外表面の非対称化における制御因子
    (代表例をまとめたもの)

サイズ	脂質	制御因子(サイズの場合,変化の方向)[a]	引用文献
外径	1(m,n)/2(n)	脂質の混合($-$)	5, 6)
	3(n)	溶液に添加した塩(pH,イオン強度)($\pm$)	7, 8)
	4	分子構造($\pm$)	9)
	5	鋳型($\pm$)	10)
内径	7(n)	非対称双頭型脂質のメチレン鎖長($+$)	11)
膜厚	1($8,9$)	アルコール添加量($-$)	12)
	1($8,9$)	冷却速度($+$)	13,14)
	1($8,9$)	脂質濃度($+$)	15)
長さ	1($8,9$)	アルコール添加量($+$)	12,16)
	1($8,9$)	冷却速度($-$)	13,14)
	6	攪拌速度と時間($-$)	17)
内・外表面の非対称化	7(n)/8[b]	非対称双頭型脂質の親水部	11,18)

(a)括弧内の記号は,制御因子の増大に伴ってどのようにサイズが変化するかを示している.
($+$):比例,($-$):反比例,($\pm$):比例,反比例いずれもある.
(b)非対称双頭型脂質7(n),8の化学式については,後述の図2,8を参照のこと.

化学式

$3(n)$ はこのようなパラメーターによって外径が80から960 nmまで変化する[7,8]。一方で、$1(8,9)$ ではこのような要因における変化は見られず、脂質の種類によって制御因子やその傾向が全く異なることがわかる。弾性体理論に基づくと、ナノチューブの外径は分子のキラリティと二分子膜に対する分子の傾きによって制御できることが示唆されている[19]。しかしこの理論は幾何的なベクトルによって記述されているだけで、実際の脂質分子の構造と直接結びついていない。この理論に基づく具体的な分子設計の指針の解明が待たれる。

内径：後述するくさび型の非対称双頭型脂質 $7(n)$（図2を参照のこと）を用いると、その疎水部メチレン鎖長を変えることで内径制御が可能である[11]。

膜厚：脂質 $1(8,9)$ では、自己集合溶媒（水溶液）中へのメタノールなどの添加によってナノチューブの膜厚は、多重から一重の二分子膜に変化する。また添加するアルコールをエタノールに変えると4～7重の二分子膜に変化する[12]。一方、脂質濃度が増加すると得られるナノチューブの膜厚は一重の二分子膜から2～4重のものに変化することが知られている[15]。

長さ：脂質 $1(8,9)$ の場合、自己集合溶媒にアルコールを添加することで生成するナノチューブの長さは増大し、数マイクロメーターから数百マイクロメーターという非常に軸比の高い（軸

第11章 脂質ナノチューブのサイズ制御と内・外表面の非対称化

比1000以上)ものへと変化する[12,16]。最終的にメタノールでは約85％，エタノールでは70％で長さの極大値を与える。また自己集合時の加熱溶液の冷却速度（正確には流動的なミセルやベシクルから固体的なナノチューブに変化する温度，すなわちゲル-液晶相転移温度を通過する時の冷却速度）の低下により，長く膜厚の薄いナノチューブができる[13,14]。例えば10^5℃／時から0.08℃／時に冷却速度を低下させると，ナノチューブ長は1マイクロメートルから100マイクロメートル程度へと変化する。一方，ナノチューブ生成後の切断による長さ制御として，ナノチューブの水溶液中での物理的な攪拌が挙げられる[17]。これは比較的長いナノチューブを形成後，その水分散液を攪拌子で攪拌し，短いナノチューブに切断するというものである。特に凍結乾燥したナノチューブの場合，脱水によりナノチューブの機械的強度が低下するため500 rpmの回転で10分処理することで，長さ600～800nm，軸比3～4程度の短いナノチューブが得られる。

　以上に述べた制御の試みは脂質の種類やわずかな分子構造の差異によって全く異なる結果を与えたり，ナノチューブからヘリカルリボンなどの別の構造に変化することが多く，メカニズムの詳細もよくわかっていない。このような制御方法に替わるアプローチとして「鋳型」の利用が挙げられる。この方法には，軸比の高いナノファイバー，ナノロッドなどの鋳型の外表面にチューブの原料を付着させてナノチューブ形成を行うもの（exo-型），逆に多孔質膜の内空孔表面などの鋳型の内表面に原料を吸着させてナノチューブを形成させるもの（endo-型）がある。いずれの場合も，最後に鋳型を溶解あるいは分解して除去する必要があるため，これらの条件に耐性のある無機材料や高分子の交互積層膜[20]を使ったナノ材料の構築とそのサイズ制御に広く使われ始めている[21,22]。特にendo-型のテンプレートである多孔質膜には，水酸化ナトリウム水溶液やジクロロメタンで除去できるアルミナやポリカーボネート製のものがあるため，脂質ナノチューブにも応用可能である。これらの鋳型は空孔サイズ（チューブの外径に相当する）で15～400 nm，空孔の深さ（チューブの長さに相当する）は0.1～100マイクロメートルのものが市販されており，原理的には鋳型からの転写によってナノチューブの外径，長さの制御が可能である。実際にペプチド性脂質**5**とこの鋳型を用いて外径を50 nmから1000 nmまで制御した例が報告されており，最後にテンプレートを除去するプロセス（溶解，分解）条件でナノチューブが安定ならば極めて有効な方法といえる[10]。

　内・外表面の非対称化：従来の一頭一鎖型の脂質から，生成したナノチューブの内・外表面は同一であった。しかし，後述する非対称双頭型脂質**7**(***n***)，**8**（図2, 8を参照）を用いると，非対称な内表面と外表面をもつナノチューブが構築できる。またこれら脂質の小さな親水部を変えることでチューブ内表面だけを変えることもできる[11,18]。

　次に，従来とは異なる全く新しい制御方法として，著者らが研究しているくさび型の非対称双頭型脂質によるナノチューブの形成とそれによる内径制御，内・外表面の非対称化の試みを述べる。

3 くさび型の非対称双頭型脂質が形成するマイクロ・ナノチューブ

　天然に見られるチューブ状構造の代表例であるタバコモザイクウイルスは外径18 nm，内径4 nm，長さ300 nmで内表面と外表面は異なる官能基で被覆されており，まさに精密に制御された「お手本」というべきチューブ構造である（図2a）。このナノチューブは6000残基の長さをもつRNAの周囲に，158残基のアミノ酸からなる「くさび状」のタンパクが，2130個らせん状にコートすることで出来上がっている[23]。著者らはこれに習い，図2bに示すように，タンパクの代わりに「くさび状」の脂質が同様に自己集合してナノチューブを形成すれば，その内径制御や内・外表面の非対称化が同時にできることを実証している。つまり疎水部の両端に異なる大きさの親水部を有する非対称な双頭型の脂質（以降，非対称双頭型脂質と呼ぶ）が平行に配列した単分子膜を形成すれば，両端の親水部の大きさの違いによって膜が自発的に湾曲し，最終的にチューブ構造を形成することが期待できる（図2b）[24~26]。この脂質が小さな親水部（カルボキシル基）を内側に，大きな親水部（糖残基）を外側に配してチューブ状に自己集合すれば，後述するように脂質のくさび角度を変えることで内径の制御もできるし，それぞれの親水部を変えることで内・外表面を非対称化できるという全く新しいナノチューブが構築できる。

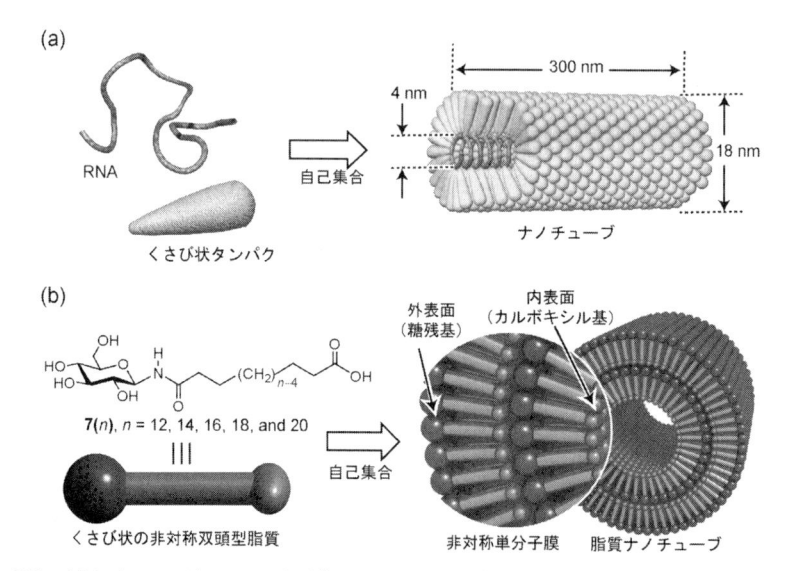

図2　(a)タバコモザイクウイルスが形成するナノチューブ（著作権：独立行政法人産業技術総合研究所ナノテクノロジー研究部門；使用許諾：2005年11月28日），(b)非対称双頭型脂質7(n)が形成する脂質ナノチューブとその分子配列

第11章 脂質ナノチューブのサイズ制御と内・外表面の非対称化

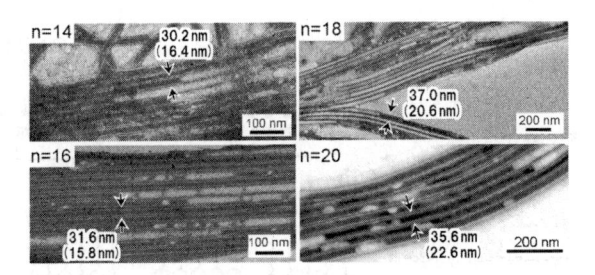

図3 非対称双頭型脂質7(n)が水中で形成するナノチューブの透過型電子顕微鏡像
左肩の数字は疎水部炭素数(n)を表す。ナノチューブの内空間に染色剤が内包化されて黒いコントラストを与えている。

実際に疎水部メチレン鎖の片端にかさ高い糖残基（1-グルコサミド基）を，またその反対側に糖よりも小さなカルボキシル基を結合した「くさび状」の非対称双頭型脂質7(n)($n=12$, 13, 14, 16, 18, 20：nは疎水部メチレン鎖の炭素数)の水中での自己集合を試みた結果，メチレン鎖炭素数nが偶数の場合に，チューブ状自己集合体を形成した[11]。自己集合直後は，ナノメーターサイズとマイクロメーターサイズのチューブ構造（以降，ナノチューブとマイクロチューブと呼ぶ）が確認できる（図3）。これらを遠心分離によってそれぞれの成分に分離した後，粉末X線回折（XRD）測定からそれぞれのチューブ中の分子配列が推定できた。その結果，いずれのチューブもXRDパターンの小角領域に単分子膜構造の膜周期に由来するピークを示し，この数からナノチューブは一種類の単分子膜構造を，マイクロチューブは少なくとも3種類の構造多形を含むことがわかった[11]。以下に詳細を説明する。

4 マイクロ・ナノチューブ中での分子配列

なぜ7(n)はマイクロチューブとナノチューブを形成するのであろうか？それは非対称双頭型脂質が形成する層状構造については図4のように，最大4種類の多形（層内，層間の多形をそれぞれポリモルフ，ポリタイプと言う）が存在するためである[27, 28]。膜中で分子が逆平行に配列した場合，膜表面の官能基分布は表と裏で同一となる。この単分子膜を対称単分子膜と定義する（図4a）。一方，分子が平行に配列した場合は膜の表面の官能基分布は表と裏で非対称となり，これを非対称単分子膜と定義する。またこれらの単分子膜が累積する際，その界面が同じ官能基であるか（α-α型），異なるか（α-β型）で更にそれぞれ二種類に分類できるので，原理的には4種類の分子配列が存在する（図4b）。このうち非対称単分子膜のα-β型の界面を持つものだけが分子の形状によって膜の湾曲を誘起してナノチューブを形成するものと考えられる。

143

単結晶が得られた 7(**12**) やガラクトース系の類縁体の結晶構造解析[29]を基にして，複雑なチューブ内での分子配列様式を上述の 4 つの分類に推定できることを明らかにした。すなわちチューブの XRD パターンから得た単分子膜の周期(d)と分子モデルから推定した分子長(L)の関係が，多形に依存して変化することを見いだし，これを利用してチューブ構造体中での分子配列様式を図 5 a〜d に示したように解明した。

ナノチューブ中では，脂質分子は非対称単分子膜を形成し，これが α-β 型の界面を持ちながら累積している（図 5 c）。このとき分子はほとんど傾きを持たないため，膜周期 d は分子長 L とほぼ同じか，すこし小さい値となる（$d \sim L$ または $d < L$）。一方，マイクロチューブの 3 つの d の値のうち，一つは対称型の単分子膜（図 5 b，$d > L$），残り二つ

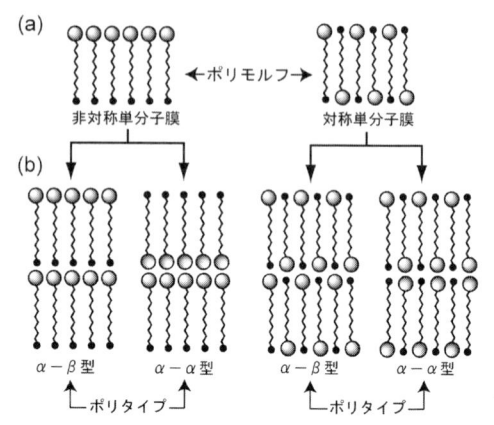

図 4 (a) 非対称双頭型脂質が形成する単分子膜構造と (b) その累積構造に由来する多形

図中の α-α 型，α-β 型は累積膜間（界面）でコンタクトしている二つの親水部が同じか，異なるかを表している。

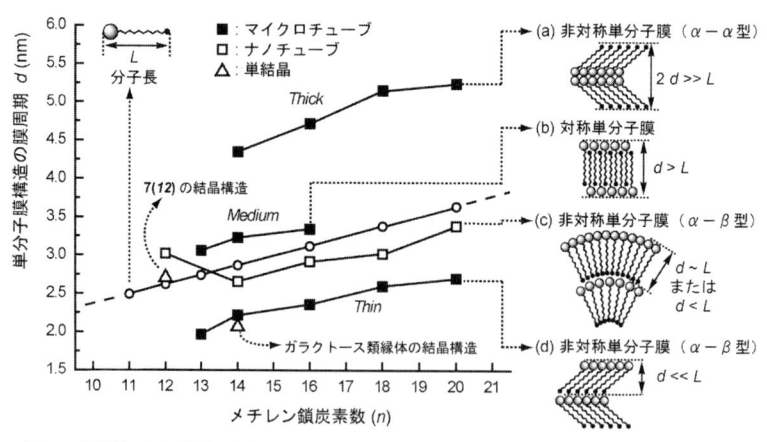

図 5 非対称双頭型脂質 7(n)の自己集合によって得られるナノチューブ，マイクロチューブ，およびその類縁体の単結晶から得た膜周期と (a〜d) その分子配列の分類

第11章 脂質ナノチューブのサイズ制御と内・外表面の非対称化

は大きく分子が傾いた非対称型の単分子膜（$d \ll L$ または $2d \gg L$）の混合物であることが示唆された（図5a, d）。以上のような詳細な解析により $7(n)$ から得たナノチューブは，図2に示したように1-グルコサミド基をチューブの外表面に，またカルボン酸を内表面に有し，従来の内・外表面が同じ親水部で被覆されたナノチューブとは異なることがわかった。

非対称双頭型脂質によるナノチューブ形成についてはこれまでに数例の報告があるが，いずれも分子配列に関する詳細な解析は見られない[26, 30]。この $7(n)$ のナノチューブのように類縁体や誘導体の結晶構造が得られた場合にのみ，詳細な比較検討からこのような解析が可能となる。

この脂質分子がナノチューブを形成するメカニズムについては，液晶の弾性体理論を基にした理論的な研究から次の2種類の形成機構が提唱される[19]。つまり(1)脂質分子のキラリティによって脂質膜中の分子配列にねじれが誘起され，これが膜を平面状からコイル状に変形させ最終的にナノチューブ構造に巻きあがる機構と(2)今回のように脂質分子の「くさび状」の形に由来する充填によって膜自身が自発的に湾曲してチューブを形成する機構である。脂質 $7(n)$ は糖親水部のキラリティと「くさび状」の分子形状の両方を有するが，ナノチューブは(2)の機構で，またマイクロチューブは(1)の機構で別々に形成されることが示唆されている。

5 ナノチューブの内径制御

くさび状の分子が非対称単分子膜を基本構造としてナノチューブを形成しているならば，その分子のくさび角を変えることでその内径制御ができる（図6）。このときの内径 D は両端の親水部それぞれの断面積 a_l と a_s とその分子長 L から

$$\text{内径 } D = 2 a_s L / (a_l - a_s) \tag{式1}$$

のように規定し予測可能である[29]。この親水部の断面積 a_l と a_s は，それぞれ同じ親水部をもつ類縁体の結晶中での分子配列[31]やラングミュアーブロジェット（LB）膜の分子占有面積から[32]，また分子長 L は分子モデルから見積ることができる。この式1は L（つまりメチレン鎖長）を変えるだけでも内径が制御できることを意味している。実際，$7(n)$ のそれぞれのメチレン鎖長についてナノチューブの内径分布を TEM 観察から見積もった結果，その実測値は鎖長が $n = 14, 16, 18, 20$ の範囲で式1からの計算値とよく一致しており，このモデル通りに集合体が形成されていることが実証された（図7）。鎖長が $n = 12$ の場合，内径値が計算値から大きく外れているが，これは図5に示したように，単分子膜が非対称型から対称型に変化しているためであろう。すなわち分子が逆平行に配列し始めるため，「くさび状」の形状効果が相殺され，内径が増加すると考えられる。以上のように「くさび状」の非対称双頭型脂質を用いれば，非常に簡単な

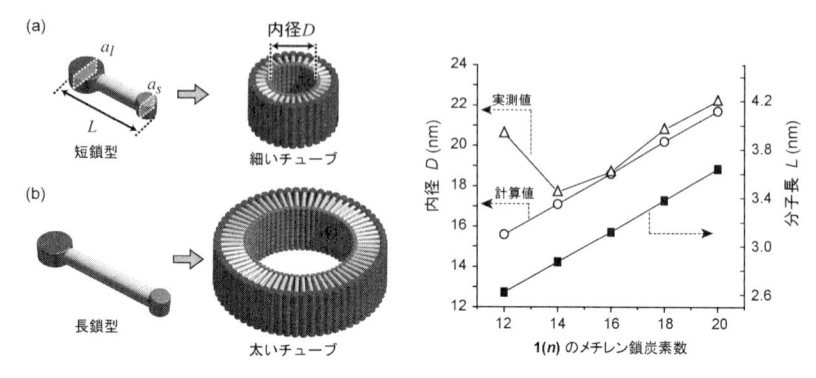

環状・筒状超分子新素材の応用技術

図6 (a)短鎖および(b)長鎖の非対称双頭型脂質を用いた内径制御のモデル

図7 7(n)の分子長と自己集合によって得られるナノチューブ内径の計算値，実測値（平均値）と分子長

モデルからナノチューブの内径の予測および精密な制御が可能であり，実際にアルキル鎖の炭素数を2個ずつ変えることで，平均約1.5 nmの間隔で内径が制御できることが初めて実証された。

6 選択的なカプセル化を目指した内表面制御とナノ微粒子，タンパクの包接

このナノチューブの内・外表面は，非対称双頭型脂質の両端の親水部を変えることでそれぞれ独立して制御可能である。このため，様々なナノマテリアルとの相互作用を生かした選択的なカプセル化が期待される。この実証例として7(**18**)の親水部のカルボキシル基にエチレンジアミンを縮合させてアミノ基を導入した誘導体8の自己集合でも同様に内表面と外表面の異なるナノチューブが構築可能である（図8a）[18]。この場合，チューブの内表面はアミノ基で被覆されており，カチオン性のアンモニウム基に変換できる。このためアニオン性のDNA，RNA，タンパクなどのナノバイオ材料を静電引力によって選択的かつ高効率でカプセル化することができる（図8b）。

実際にこのアミノ基の内表面をもつナノチューブの分散液に対して，表面がアニオン性のスルホニル基で被覆されたスチレンナノ微粒子（直径20 nm）や中性付近で負の表面電荷をもつ球状タンパク質であるフェリチン（直径12 nm）の溶液を混合するだけで，これらのナノ材料を捕捉，カプセル化できる（図8c）[18]。従来のナノチューブでもナノ材料の包接は可能であったが，あらかじめ凍結乾燥によってチューブ内部の水を完全に除去し，毛細管現象を利用することが必要不可欠であった[33, 34]。

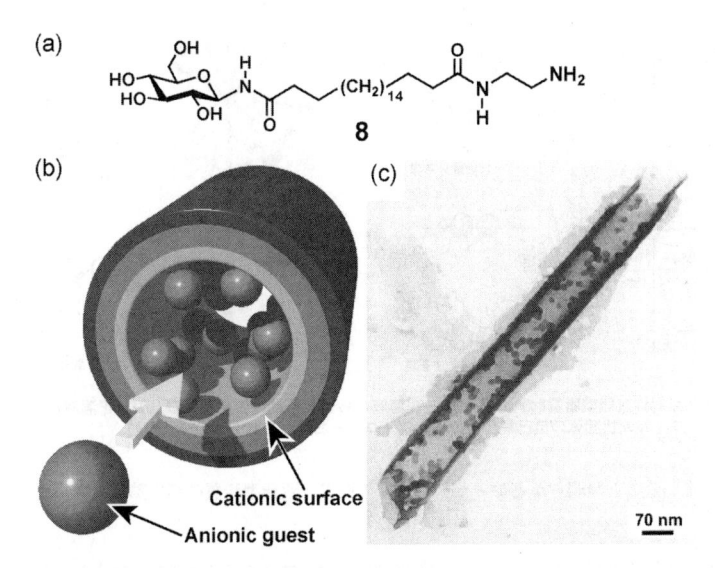

第11章　脂質ナノチューブのサイズ制御と内・外表面の非対称化

図8　(a)アミノ基をもつ非対称双頭型脂質8と(b)その自己集合からなるカチオン性脂質ナノチューブを用いたアニオン性ゲストの包接の模式図，(c)実際に電子顕微鏡観察で得たゲスト取り込みの様子

7　ナノチューブの選択的な合成

　前述したようにナノチューブを調製する際に，同時にマイクロチューブが混合物として得られる。前述したように，非対称双頭型脂質には単分子膜の多形が4種類もあり，これらの生成エンタルピーがほとんど同じであるからである。では多形を制御してナノチューブのみを選択的に合成することができるだろうか？答えは「イエス」である。自己集合前の脂質分子の配列をうまく制御することによって，ナノチューブのみを選択的に合成できることが最近わかってきた。

　メタノール溶液から再沈殿した8の結晶状固体は水中での自己集合によってテープ状の構造を与える（図9a）。一方，メタノールの代わりに8のDMF溶液の減圧濃縮で得たフィルム状固体を同様に水中で自己集合すると，ナノチューブのみが選択的に得られる（図9b）。

　結晶状固体とその自己集合で得られるナノファイバーは，いずれも分子が単分子膜中で逆平行に充填した対称単分子膜を形成している。一方，フィルム状固体およびそれから得られるナノチューブは非対称単分子膜からなることがわかった。つまり自己集合過程において脂質固体を水中，100℃で数分加熱乾留して膜を流動状態にしても，最初の固体の配列を保持しながら自己集合体

147

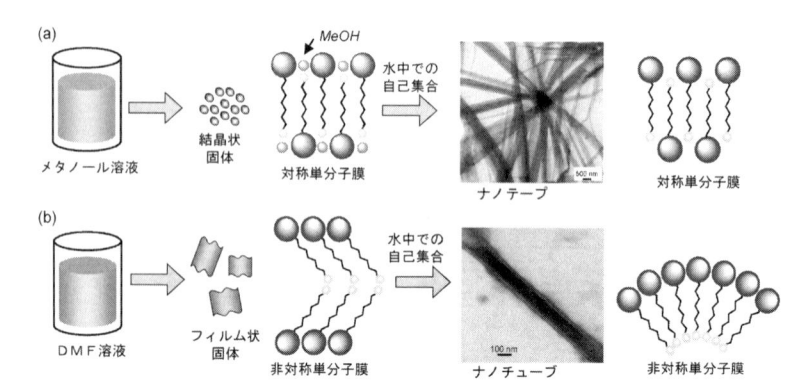

図9　非対称双頭型脂質8の(a)メタノール溶液から得た結晶性固体および(b)DMF溶液から得た フィルム状固体の自己集合後のモルフォロジーおよびそれぞれの分子配列

を形成していることが明らかとなった。これらの結果は双頭型脂質の高い熱安定性に裏付けられる[35]。

再沈殿に用いる溶媒によってパッキングが変わる理由は，メタノールが包接されて対称単分子膜が誘起されるためと推察される（図9a）。同様な現象が，類縁体の結晶構造中[29]や一鎖型脂質におけるアルコールの添加による指組型構造の変化[36]などでも確認されている。

8　おわりに

基礎編にも述べたように，これらの精密に制御されたナノチューブをナノ・メゾスケールの容器（ホスト）とした，メゾスケールでのホスト-ゲスト科学が展開されつつある[4]。標的とするゲストは従来よりも10倍～数百倍大きなタンパク，DNA，ウイルスなどに代表される生体高分子，さらに半導体や金属などからなる機能性ナノ微粒子などである。これらゲストのナノチューブへの捕捉・カプセル化，チューブ構造を鋳型としたナノ材料の合成組織化に向けた応用は始まったばかりである。実際に，ナノチューブで被覆した表面が抗菌性を示すことや[37]，ナノチューブ空間に内包された水の性質がバルクの状態とは異なるといった興味深い性質が明らかにされはじめている[38]。ナノテクノロジー分野へのさらなる応用のためには，本編で述べたようなナノメートルスケールで精密にサイズ制御され，しかも内・外表面が非対称であるナノチューブ構造体が必要不可欠である。今回紹介したナノチューブは，長さや多形の制御，またチューブの配列，接続，分岐などの組織化技術について，まだまだ課題が残されているが，このような応用に向けた利用が期待されている。

第11章 脂質ナノチューブのサイズ制御と内・外表面の非対称化

文　献

1) J. M. Schnur *et al.*, *Science*, **264**, 945 (1994).
2) T. Shimizu, M. Masuda, and H. Minamikawa, *Chem. Rev.*, **105**, 1401 (2005).
3) 平尾一之, 基礎から学ぶナノテクノロジー, 東京化学同人, 東京, 2003.
4) 清水敏美, 化学と工業, **58**, 674 (2005).
5) D. G. Rhodes and A. Singh, *Chem. Phys. Lipids*, **59**, 215 (1991).
6) A. Singh, E. M. Wong, and J. M. Schnur, *Langmuir*, **19**, 1888 (2003).
7) M. Markowitz and A. Singh, *Langmuir*, **7**, 16 (1991).
8) M. A. Markowitz, J. M. Schnur, and A. Singh, *Chem. Phys. Lipids.*, **62**, 193 (1992).
9) B. N. Thomas *et al.*, *J. Am. Chem. Soc.*, **120**, 12178 (1998).
10) P. Porrata, E. Goun, and H. Matsui, *Chem. Mater.*, **14**, 4378 (2002).
11) M. Masuda and T. Shimizu, *Langmuir*, **20**, 5969 (2004).
12) B. R. Ratna *et al.*, *Chem. Phys. Lipids.*, **63**, 47 (1992).
13) M. Caffrey, J. Hogan, and A. S. Rudolph, *Biochemistry*, **30**, 2134 (1991).
14) B. N. Thomas *et al.*, *Science*, **267**, 1635 (1995).
15) M. S. Spector *et al.*, *Langmuir*, **14**, 3493 (1998).
16) A. Singh *et al.*, *Chem. Phys. Lipids.*, **47**, 135 (1988).
17) B. Yang *et al.*, *Chem. Lett.*, **32**, 1146 (2003).
18) N. Kameta *et al.*, *Adv. Mater.*, **17**, 2732 (2005).
19) W. Helfrich and J. Prost, *Phys. Rev. A.*, **38**, 3065 (1988).
20) Z. Liang *et al.*, *Adv. Mater.*, **15**, 1849 (2003).
21) M. Steinhart *et al.*, *Angew. Chem. Int. Ed.*, **43**, 1334 (2004).
22) R. E. Martin and F. Diederich, *Angew. Chem. Int. Ed.*, **38**, 1350 (1999).
23) G. Stubbs, *Semin. Virol.*, **1**, 405 (1990).
24) J. H. Fuhrhop and D. Fritsch, *Acc. Chem. Res.*, **19**, 130 (1986).
25) J.-H. Fuhrhop and T. Wang, *Chem. Rev.*, **104**, 2901 (2004).
26) J. H. Fuhrhop, D. Spiroski, and C. Boettcher, *J. Am. Chem. Soc.*, **115**, 1600 (1993).
27) M. Masuda and T. Shimizu, *Chem. Comm.*, 2422-2443 (2001).
28) 佐藤清隆, 小林雅道, 脂質の構造とダイナミックス, 共立出版, 東京, 1992.
29) M. Masuda, K. Yoza, and T. Shimizu, *Carbohydr. Res.*, **340**, 2502 (2005).
30) R. C. Claussen, B. M. Rabatic, and S. I. Stupp, *J. Am. Chem. Soc.*, **125**, 12680 (2003).
31) M. Masuda and T. Shimizu, *Carbohydr. Res.*, **302**, 139 (1997).
32) M. Tomoaia-Cotisel *et al.*, *J. Colloid Interface Sci.*, **117**, 464 (1987).
33) B. Yang *et al.*, *Chem. Comm.*, 500 (2004).
34) H. Yui *et al.*, *Chem. Lett.*, **34**, 232 (2005).
35) M. Masuda, V. Vill, and T. Shimizu, *J. Am. Chem. Soc.*, **122**, 12327 (2000).
36) J. L. Slater and C.-H. Huang, *Prog. Lipid Res.*, **27**, 325 (1988).
37) S. B. Lee *et al.*, *J. Am. Chem. Soc.*, **126**, 13400 (2004).
38) H. Yui *et al.*, *Langmuir*, **21**, 721 (2005).

第12章 磁性金属ナノチューブ

中川　勝*

1 はじめに

　サブマイクロメートル以下の内口径，マイクロメートルの長さを持つ有機，無機，金属からなる中空マイクロ繊維は，その独特な物理的性質や化学的性質を示す可能性があるため，注目を集めている[1~3]。簡単で，量産でき，また生産コストに見合う，上記のような中空マイクロ繊維を作製するための方法として，鋳型合成法がこれまで採用されてきた。ポーラスアルミナ[4]，高分子[4]やガラス[5]の多孔質膜の内壁や，脂質由来の棒状分子集合体（シリンダー状チューブ，ロッド状ミセル）[6]，双頭型両親媒性化合物の分子集合体[7]，生物由来のタバコモザイクウイルス[8]，有機ゲル化剤の繊維[9]，カーボンナノチューブ[10]，エレクトロスプレーデポジション法による高分子繊維[11]の外壁が中空マイクロ繊維の鋳型として用いられている。ゾル－ゲル重合，電解めっき，無電解めっき，物理的または化学的な気相蒸着により，酸化物 [SiO_2[12], TiO_2[13], Fe_2O_3[12b], V_2O_5[14]]，硫化物 [CdS, PbS][12b]，金属 [Al[15], Ni[16], Cu[17], Au[13b,18], Ag[18], Pt[19], Pd[19c]]，導電性高分子 [ポリ（ピロール），ポリ（チオフェン）][4c,20]からなる中空マイクロ繊維が鋳型合成法で作製されている。

　炭素，水素，酸素を主成分とする有機物を鋳型として用いる場合，鋳型の最外層を，ゾル－ゲル重合により酸化物で覆う，または，無電解めっきにより金属で覆い，無機－有機ハイブリッドマイクロ繊維を作製する。有機物の鋳型を熱分解するか，有機溶剤で抽出するかして，酸化物や金属の中空マイクロ繊維を作製している。高温での鋳型の熱分解は，酸化物の中空マイクロ繊維の作製には適しているが，金属の酸化を伴いやすい点で，金属の中空マイクロ繊維には適していない。また，熱分解は，熱エネルギーを必要とし，二酸化炭素等を副生成する。有機物の鋳型は，一般に有機溶剤に可溶で，ゾル－ゲル重合や無電解めっきの際に用いる水系媒体に不溶である。それゆえ，可燃性で，人体への影響が危惧される有機溶剤を，後者の抽出では用いる。グリーンサステイナブルケミストリーの理念の達成を目指す工業的な観点からは，鋳型の熱分解が必要なく，有機溶剤による抽出の必要がない，より洗練された鋳型材料の創出が必要である。

　筆者らは，粉末状で量産が可能となった導電性のカーボンナノチューブを製造後に配向させる

---

*　Masaru Nakagawa　東京工業大学　資源化学研究所　助教授

第12章　磁性金属ナノチューブ

ことや所定位置に集積することが容易ではないことに着目した。そこで，汎用の磁石で簡便に配向や集積操作が可能な磁性金属元素からなる導電性の中空マイクロ繊維の開発に取り組んだ。水溶液中でのアゾピリジンカルボン酸の分子集合と解離に着目し，水素結合型高分子が束となった繊維状集合体を水媒体でリサイクルできる鋳型として用いて，無電解めっきによりニッケル－リン(Ni/P)中空マイクロ繊維（ニッケルナノチューブ）が得られることを見出した。ここでは，鋳型として機能する水素結合型高分子の繊維状集合体の形態制御と形成機構，Ni/P無電解めっき被膜の形成機構について述べる。また，新素材の磁性Ni/P中空マイクロ繊維（磁性金属ナノチューブ）の物性について紹介する。

2　繊維状分子集合体の形態制御

導電性フィラー材料，触媒（担持）材料等として期待されるニッケル中空マイクロ繊維は，これまで，数μmの外径の高分子紡糸繊維[21]やリン脂質由来のロッド状ミセル（繊維状分子集合体）[6]を芯材に用いて無電解めっきを行い，熱分解または有機溶剤抽出により，有機物製の芯材を除去して作られている。また，ステンレス製繊維を芯材にしてニッケル電解めっきを施した後に，熱収縮率の違いを利用して芯材を引き抜いて，内径18μmのNiチューブが製造されている[22]。上記に対し，筆者らは，水系でリサイクル可能，形状制御可能な全く新しいタイプの繊維状分子集合体をサブマイクロメートルサイズの鋳型芯材に用いている。

アゾピリジンカルボン酸（図1）は，電子ドナー－アクセプター型の芳香族アゾピリジン骨格，その骨格中のフェノキシ基に置換基R，炭素数nのメチレン鎖を有し，塩基性で水素受容基のピリジル基と酸性で水素供与基のカルボキシル基を分子の両端に持つ両性化合物である。アミノ酸に似た両性の性質を示す特徴がある。単純な化学構造をしているが，メチレン鎖間のvan der Waals相互作用，N---HO水素結合，双極子－双極子相互作用，π-π相互作用といった複数の分子間相互作用が，分子集合体中で発現することが予想される。

図1で置換基R＝C_3H_7，炭素数n＝10の分子（Pr10）を水酸化ナトリウム水溶液に溶解させて，pH13のアルカリ性水溶液を7日放置すると，大気中の二酸化炭素が水溶液に

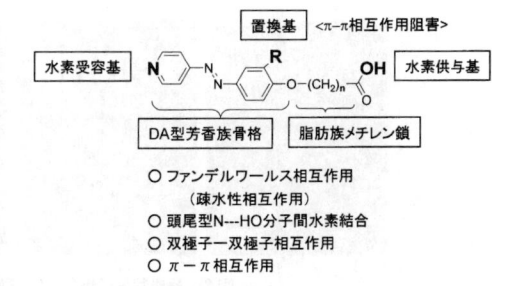

図1　水素結合型高分子の繊維状集合体を形成するアゾピリジンカルボン酸の化学構造式と特徴

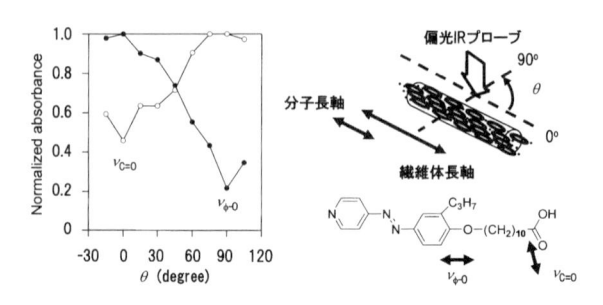

図2　Pr10の繊維状集合体の偏光顕微FTIR（左）と集合体中での分子の配列様式（右）

溶け込み，水溶液の水素イオン濃度が増加する。すると，水溶液の中にサブマイクロメートルの外径をもつ繊維状分子集合体が形成される。Pr10の分子集合体のFTIRスペクトルを測定した結果，ピリジル基とカルボキシル基との間でN---HO分子間水素結合が存在していた。また，集合体繊維一本の顕微偏光FTIR測定を行ったところ，カルボキシル基とフェノキシ基の特性吸収帯$\nu_{C=O}$と$\nu_{\phi-O}$の吸光度に角度依存性（図2左）があった。これらから，分子長軸と繊維長軸がほぼ平行であり，水素結合でできた擬似高分子が束となった繊維状集合体であることがわかった（図2右）[23]。

水素結合型高分子の繊維状集合体には，分子構造の一部を0.1 nmスケールで変えるだけで，分子集合体の形状を100 nmスケールで変えられる特徴があった。図1の構造式が$n=5$のペンタメチレン鎖で，置換基R＝HのH5の場合では，板状結晶が得られる。一方，置換基R＝CH$_3$とC$_3$H$_7$のMe5とPr5の場合では，外径100 nm（図3左）と500 nm（図3中央）の繊維状分子集合体が形成された。フェノキシ基に置換基Rが存在することで，芳香族アゾピリジン骨格間

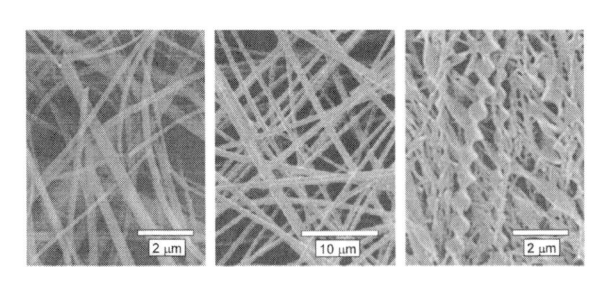

図3　繊維状分子集合体のSEM像
（左）Me5 [R＝－CH$_3$, $n=5$]，（中央）Pr5 [R＝－C$_3$H$_7$, $n=5$]，（右）EtO10 [R＝－OC$_2$H$_5$, $n=10$]

第12章 磁性金属ナノチューブ

のπ-π相互作用を妨げる。その結果，結晶成長が起こらず，繊維状構造が発現すると考えられた。また，置換基 R＝OC$_2$H$_5$ で，$n=5～9$ の EtO5～EtO9 の場合では，平板状の繊維状分子集合体が形成され，$n=10$ の EtO10 の場合では，特異的に，マイクロメートルの周期構造を持つらせん状分子集合体（図3右）

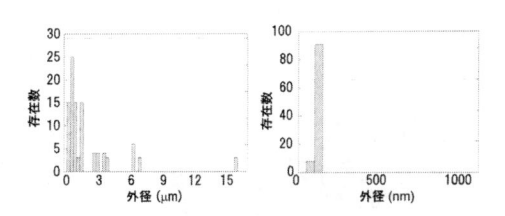

図4 Me5 の繊維状分子集合体の外径分布
（左）大気中の二酸化炭素の混入により作製，
（右）塩酸添加により作製

が形成されることがわかった[24]。このように，置換基 R とメチレン鎖長 n を変えることで，鋳型となる繊維状集合体の外径と全体的な形状を円柱状，平板状，らせん状と変化させられる。

また，上記のように，繊維状集合体を形成する構成分子の化学構造を変化させるだけでなく，同一分子からも作製条件を変えることで外径や外径分布の均一さを調節できる。前述のように，大気中に含まれる二酸化炭素を用いて 7 日間かけて Pr5 のアルカリ性水溶液を中和すると，平均外径約 500 nm の繊維体が形成される。二酸化炭素雰囲気下や塩化水素ガス雰囲気下で速やかに中和すると，繊維体の外径が 300 から 500 nm，100 から 300 nm に小さくなる[25]。図4に，大気下で中和した場合と塩酸添加により中和した場合の Me5 の繊維状分子集合体の外径分布を示す[26]。大気下で作製した場合では，外径 100 nm の繊維状分子集合体が多く形成されるが，繊維体同士が融合したマイクロメートルサイズの繊維体も共存する（図4左）。一方，塩酸添加により 15 秒で作製した場合では，外径 100 nm の均質な繊維状分子集合体のみが形成された（図4右）。大気下で穏やかに中和する場合，繊維体になるための核形成が遅く，そのため繊維体成長に差が生じて，外径分布が広くなると考えられた。塩酸により速やかに中和する場合では，核形成が同時に起こるため，外径分布が狭くなると考えられる。このように，核形成と繊維体成長を制御することで，繊維体の外径を均一にすることができる。

3　繊維状分子集合体の形成機構

繊維状分子集合体が形成される水溶液の pH の値は，メチレン鎖の炭素数 n に依存した[23b]。置換基 R＝C$_3$H$_7$ の場合，炭素数 $n=10$ の Pr10 では pH10 で，$n=5$ の Pr5 では pH9 で，$n=1$ の Pr1 では pH6 で，繊維状分子集合体の形成が起こる。比較となる CH$_3$COOH はおおよそ pH3 以上で酸解離した CH$_3$COO$^-$ と平衡を持つ。圧縮された Langmuir 膜（水面単分子膜）の状態にある長鎖脂肪酸は，下層の水溶液がアルカリ性の領域でも，隣接したカルボキシラート間の静電

153

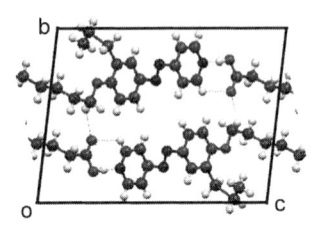

環状・筒状超分子新素材の応用技術

図5 Pr5の結晶構造

[triclinic, a = 0.490 nm, b = 1.247 nm, c = 1.617 nm, α = 82.4°, β = 83.2°, γ = 78.7°, R = 14.7]

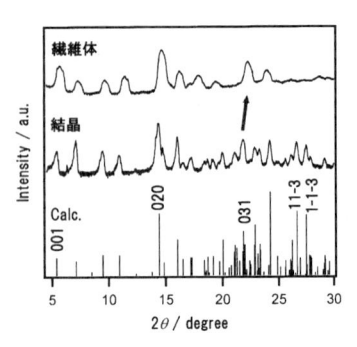

図6 Pr5の粉末X線回折パターン

(上)凍結乾燥した繊維状分子集合体,(中央)昇華により作製した結晶,(右)結晶構造解析結果に基づくシミュレーション

反発を低下させるために, プロトン化した状態を保つ。これらの事実を考えると, 炭素数 n が大きいアゾピリジンカルボン酸は, 水溶液中でベシクル構造に似た分子集合体の核を形成していることが示唆される。即ち, 大気中の二酸化炭素の混入により水素イオン濃度とイオン強度が増加して, 疎水性のメチレン鎖間での集合が起こる。分子集合体の核の中で隣接するカルボキシラートの静電反発を低下させるために, 水溶液がアルカリ性の領域でも, カルボキシラートがプロトン化され, その結果, N---HO 水素結合が形成すると推察している。

最近, 減圧下での加熱により昇華させて, アゾピリジンカルボン酸の単結晶が得られることがわかり, Pr5 の結晶構造解析に成功した[27]。図5は, Pr5 ($R=C_3H_7$, $n=5$) の結晶構造である。結晶中でも, ピリジル基とカルボキシル基間で N---HO 水素結合が存在していた。連続的な N---HO 水素結合で形成された擬似高分子主鎖が, 高分子の双極子モーメントを打ち消すように anti-parallel に配列していた。また, 隣接した高分子主鎖間で CH---O 水素結合が存在していた。この結晶の熱分析と温度可変 XRD 測定から, この CH---O 水素結合は 17℃以上で解離し, 17℃以下では再形成する可逆性があり, $\Delta H = 1.0$ kJ mol^{-1} であることがわかった[28]。CH---O 水素結合の存在とシミュレーションによる ΔH の推定はこれまで報告されている。CH---O 水素結合の解離により N---HO 水素結合の距離が小さくなる現象を含んでいるが, 示差走査型熱量分析で CH---O 水素結合の ΔH をほぼ測定できた例は, 筆者の知る限り, 本例が世界で初めてである。

幸運なことに, 粉末X線回折で観測される 2θ のピークが, Pr5 の結晶と凍結乾燥した Pr5 の繊維状分子集合体で類似していた (図6)[28]。そのため, 繊維状分子集合体の構造を分子レベルでより議論できるようになりつつある。特徴的な違いは次の2つである。(i) (031) 面の間隔が, 結晶より繊維体の方が短い。(ii) (11-3),(1-1-3) 面が結晶では観測され, 繊維体では観測されな

い。(i)の (031) 面は，炭素数 5 のペンタメチレン鎖間の間隔に帰属される。繊維体では間隔が小さいことから，メチレン鎖間の packing が密であり，メチレン鎖間の分子間相互作用で繊維状分子集合体が構成されていることを示唆する。(ii)の(11-3),(1-1-3)面は，アゾピリジン骨格間の π-π stacking の間隔に帰属される。このことから，繊維体は，π-π stacking が欠損した状態であることを意味する。以上の結果から，Pr5 の結晶では，π-π stackingが結晶構造を支配し，Pr5 の繊維状分子集合体では，ペンタメチレン鎖のpackingが構造を支配していることがわかった。水溶液中で Pr5 の分子が，疎水的なペンタメチレン鎖間のファンデルワールス力で集合して，ベシクルを形成している先に述べた形成機構を本結果は支持する。アゾピリジン骨格間の相互作用がないため，水素結合が連続的に形成される分子長軸方向に，繊維が一次元的に成長する。そのため，高アスペクト比な繊維状分子集合体が形成されるのであろう。

4 無電解めっきの鋳型機能

Pr5 のアゾピリジンカルボン酸から形成される繊維状分子集合体は，$2 \leq pH \leq 7$ の塩酸酸性水溶液，$7 \leq pH \leq 10$の水酸化ナトリウム含有アルカリ性水溶液に対し不溶で，その形状を維持していた。一方，界面活性剤等から形成される平衡状態のロッド状ミセルは，水溶液のイオン強度や共存イオン種に形状が影響されやすく，様々なイオン種を高濃度で含む無電解めっきには不向きである。アゾピリジンカルボン酸の繊維状分子集合体の形状が広領域の pH に対して安定であることに注目して，無電解めっきにより作製する金属中空繊維の鋳型材料に，水素結合型繊維状分子集合体を用いることにした[29]。

平均外径 500 nm の Pr5 の繊維（図 3 左）を，塩酸酸性の塩化パラジウム水溶液（pH2.5），ジ亜リン酸イオンを還元剤として含むニッケル－リンめっき浴の順に浸漬して無電解めっきを行った。めっき後の被覆繊維を水酸化ナトリウムのアルカリ性水溶液に浸すと，鋳型を形成していた

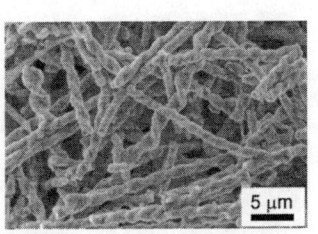

図7　Ni/P 中空マイクロ繊維の SEM 像
（左）Pr5 の繊維状分子集合体を鋳型に用いて作製，（右）EtO10 のらせん状集合体を鋳型に用いて作製

分子が溶け出し，図7左に示した内径約500 nmのニッケル–リン（Ni/P）の中空マイクロ繊維ができることがわかった。アルカリ性水溶液で溶出させた分子を塩酸添加により再析出させて，繰り返し利用できた。図8のように，有機資源の分子をリサイクルでき，有機溶剤を使用しない水系で作製できる環境に優しい作り方で金属中空マイクロ繊維が得られた[24, 30]。

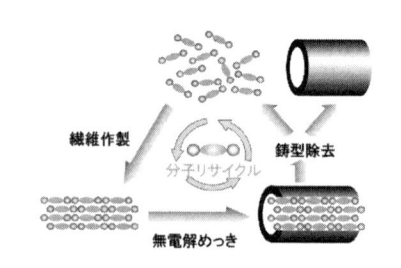

図8 分子リサイクル型の中空マイクロ繊維の新製法

形状の異なる繊維状分子集合体を鋳型に用いて無電解めっきを行うと，鋳型の形状が精密に転写された棒状やらせん状の中空マイクロ繊維を作製できる（図7右）[24]。分子の化学構造や鋳型の作製法を工夫することで，平均内径約80 nmの中空マイクロ繊維の作製にも成功している[31]。

ここで特筆すべきことは，無電解析出が分子集合体の表面で巨視的な塊状物質を形成することなく，なぜ均一に進行するかである。XPS測定とTEM観察から次のことがこれまでにわかった[32]。(1)塩酸酸性の塩化パラジウム水溶液に存在する[$PdCl_4$]$^{2-}$が繊維体表面のピリジル基に配位する。(2)配位した$PdCl_2$がpH2.5で徐々に加水分解し，その後縮合して，クロロ架橋・ヒドロオキソ架橋のPd^{2+}の縮合物のナノシートで繊維体が覆われる（図9左）。(3)ジ亜リン酸イオンでPd^{2+}の縮合物が還元され，平均粒子径5.6 nmの金属パラジウムのナノ粒子が形成される（図9右）。このPd^0のナノ粒子が$Ni^{2+} \rightarrow Ni^0$の還元反応の触媒となり，無電解析出が進行すると考えている。この水素結合型高分子の繊維状集合体の表面には，[$PdCl_4$]$^{2-}$を吸着できるピリジル基が分子周期の精密さで存在する。そのため，配位後の加水分解と縮合により，Pd^{2+}の縮合物が均質に形成される。このPd^{2+}の縮合物の形成が，鋳型形状の精密転写に重要な役割を果たしているのであろう。

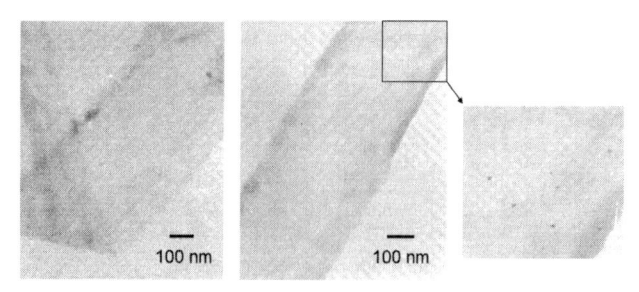

図9 塩化パラジウム水溶液への浸漬により形成された2価のパラジウム被膜（左）と次亜リン酸イオンで還元したとき観察されるパラジウムナノ粒子（右）のTEM像

第12章　磁性金属ナノチューブ

5　Ni-P中空マイクロ繊維の物性

　Pr5の繊維体から作製した外径700 nm，長さ数10μmのNi/P中空マイクロ繊維は，非晶質であり，常磁性体であった。アルゴン雰囲気下，500℃で加熱すると，fcc NiとNi_3Pからなる結晶質となり，汎用のネオジウム磁石につく強磁性体になった。磁気特性[33]や導電性[34]を，めっき被膜の化学組成で制御できた。飽和質量磁化14.6 emu/g，保磁力137Oeを示すNi/P中空マイクロ繊維を液状のポリ（ジメチルシロキサン）（PDMS)に分散させて，一様な磁場下で架橋し，高分子複合膜を作製した。複合膜の断面をSEMで観察すると，白色物質として観察されるNi/P中空マイクロ繊維の長軸が，磁力線と平行に配向していた（図10左）。複合膜の上面を観察すると，白色物質がドット状に存在していた（図10右）。一方，外部磁場を印加しない場合では，複合膜中でNi/P中空マイクロ繊維は，ランダムに分散した状態であった。Ni/P中空マイクロ繊維は磁化されて，小さな棒磁石として振る舞う。小さな棒磁石が連なり，連なった棒磁石間で磁力線反発が生じ，間隔をあけて配向すると考えられた[34]。このような高分子複合材料は，マイクロ配線対応の異方導電シート材料として期待できる。また，熱，電磁波，光などの伝わり方を制御する新部材として期待できる。

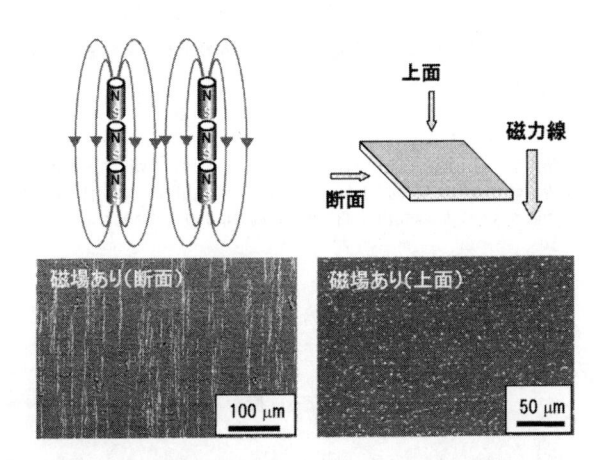

図10　高分子複合膜中の磁性Ni/P中空マイクロ繊維のSEM像
　　　（左）磁場印加時の複合膜の断面（左）と上面（右）

6 おわりに

アミノ酸に似た両性の性質を示すアゾピリジンカルボン酸は，アルカリ性水溶液に溶解する。この水溶液の水素イオン濃度が増加すると，塩基性のピリジル基と酸性のカルボキシル基との間で頭尾型分子間水素結合が起こり，水素結合でできた擬似高分子が束となったサブマイクロメートルの外径の有機繊維を形成することを見出した。塩化パラジウム水溶液への浸漬，めっき浴への浸漬，アルカリ性水溶液による鋳型繊維の除去により，磁性金属中空繊維を得ることができ，水素結合型高分子の繊維状集合体が無電解めっきの鋳型として機能した[35]。分子間相互作用による自発的な分子集合現象を扱う超分子化学や分子組織体化学の発展により，分子集合体が新たな素材として注目されている。工学的な意味で捉えると，分子集合体の形成は，系外からのエネルギーを必要としない製造過程に適する。集合体形成と対となる集合体の解離は，分子リサイクルの原理になりうる。21世紀の化学産業では，Green Sustainable Chemistry の概念を遵守した革新的な製造技術による新素材の開発が求められている。分子集合体の形成と解離を巧みに利用することは，この課題の一解決策になるであろう。微小な中空金属材料は，バルク材料にない物性を示すことが期待されるだけでなく，金属フィラーの軽量化や低コスト化に役立つであろう。本稿で紹介した磁性ニッケル中空マイクロ繊維は，研究室でも簡単に 10 g 単位のバッチ生産が可能である。現在，連続生産プロセスの開発を行い，世界最小サイズの磁性ニッケルナノチューブの商品化を目指している。

　本研究は，東京工業大学　石井大佑，宇田津満，島津智寛，小田博和，彌田智一教授，名古屋大学　関隆広教授，東邦大学　青木健一助手，市村國宏教授，首都大学東京　山田武，吉田博久助教授，大阪ガス㈱長嶋太一，川崎真一，大阪ガスケミカル㈱山田光昭，諸氏の協力により達成されたものである。これらの方々に感謝する。

文　献

1) E. J. M. Hamilton, S. E. Dolan, C. M. Mann, H. O. Coloijin, C. A. McDonald, S. G. Shore, *Science*, **260**, 659 (1993)
2) P. Gleize, M. C. Shouler, P. Gadelle, M. Gaillet, *J. Mater. Sci.*, **29**, 1575 (1994)
3) Y. Xia, P. Yang, *Adv. Mater.*, **15**, 351 (2003)
4) (a) C. R. Martin, *Adv. Mater.*, **3**, 457 (1991); (b) C. R. Martin, *Acc. Chem. Res.*, **28**, 61 (1995); (c) C. R. Martin, *Science*, **266**, 1961 (1994); (d) B. B. Lakshimi,

C. J. Patrissi, C. R. Martin, *Chem. Mater.*, **9**, 2544 (1997)
5) R. J. Tonucci, B. L. Justus, A. J. Campillo, C. E. Ford, *Science*, **258**, 783 (1992)
6) (a) J. M. Schnur, R. Price, P. Schoen, P. Yager, J. M. Calvert, J. Georger, A. Singh, *Thin Solid Films*, **152**, 181 (1987); (b) J. M. Schnur, *Science*, **262**, 1669 (1993)
7) J.-H. Fuhrhop, T. Wang, *Chem. Rev.*, **104**, 2901 (2004)
8) T. Douglas, M. Young, *Adv. Mater.*, **18**, 679 (1999)
9) (a) S. Mann, S. L. Burkett, S. A. Davis, C. E. Fowler, N. H. Mendelson, S. D. Sims, D. Walsh, N. T. Whilton, *Chem. Mater.*, **9**, 2300 (1997); (b) R. A. Caruso, M. Antonietti, *Chem. Mater.*, **13**, 3272 (2001)
10) (a) P. M. Ajayan, R. Vajtai, *Nato Science Series, Series E: Applied Sciences*, **372**, 315 (2001); (b) K. J. C. van Bommel, A. Friggeri, S. Shinkai, *Angew. Chem. Int. Ed.*, **42**, 9870 (2003)
11) M. Bognitzki, W. Czado, T. Frese, A. Schaper, M. Hellwig, M. Steinhart, A. Greiner, J. H. Wendroff, *Adv. Mater.*, **13**, 70 (2001)
12) (a) Y. Ono, K. Nakashima, M. Sano, Y. Kanekiyo, K. Inoue, J. Hojo, S. Shinkai, *Chem. Commun.*, 1477 (1998); (b) W. Shenton, T. Douglas, M. Young, G. Stubbs, S. Mann, *Adv. Mater.*, **11**, 253 (1999); (c) F. Miyaji, S. A. Davis, J. P. H. Charmant, S. Mann, *Chem. Mater.*, **11**, 3021 (1999); (d) M. Harada, M. Adachi, *Adv. Mater.*, **12**, 839 (2000); (e) M. Zhang, Y. Bando, K. Wada, *J. Mater. Res.*, **15**, 387 (2000); (f) J. H. Jung, S. Shinkai, T. Shimizu, *Nano Lett.*, **2**, 17 (2001)
13) (a) P. Hoyer, *Langmuir*, **12**, 1411 (1996); (b) P. Hoyer, *Adv. Mater.*, **8**, 857 (1996); (c) T. Kasuga, M. Hiramatsu, A. Hoson, T. Sekino, K. Niihara, *Langmuir*, **14**, 3160 (1998); (d) H. Imai, Y. Takei, K. Shimizu, M. Matsuda, H. Hirashima, *J. Mater. Chem.*, **9**, 2971 (1991); (e) S. Kobayashi, K. Hanabusa, N. Hamasaki, M. Kimura, H. Shirai, *Chem. Mater.*, **12**, 1523 (2000)
14) (a) H.-J. Muhr, F. Krumeich, U. P. Schonholzer, F. Bieri, M. Niederberger, L. J. Gauckler, R. Nesper, *Adv. Mater.*, **12**, 231 (2003); (b) S. Kobayashi, N. Hamasaki, M. Suzuki, M. Kimura, H. Shirai, K. Hanabusa, *J. Am. Chem. Soc.*, **124**, 6550 (2002)
15) M. Bognitzki, H. Hou, M. Ishaque, T. Frese, M. Hellwig, C. Schwarte, A. Schaper, J. H. Wendorff, A. Greiner, *Adv. Mater.*, **12**, 637 (2000)
16) (a) J. M. Schnur, P. E. Schoen, P. Yager, J. M. Calvert, J. H. Georger, R. Price, US 4911981 (1990); (b) F. Z. Kong, X. B. Zhang, W. Q. Xiong, F. Liu, W. Z. Huang, Y. L. Sun, J. P. Tu, X. W. Chen, *Surface and Coatings*, **155**, 33 (2002); (c) L.-M. Ang, T. S. A. Hor, G.-Q. Xu, C.-H. Tung, S. Zhao, J. L. S. Wang, *Chem. Mater.*, **11**, 2115 (1999)
17) S. L. Browning, J. Lodge, P. R. Price, J. Schelleng, P. E. Schoen, D. Zabetakis, *J. Appl. Phys.*, **84**, 6109 (1998)

18) (a) C. J. Brumlik, V. P. Menon, C. R. Martin, *J. Mater. Res.*, **9**, 1174 (1994);
    (b) B. C. Satishkumar, E. M. Vogl, A. Govindaraji, C. N. R. Rao, *J. Phys. D., Appl. Phys.*, **29**, 3173 (1996); (c) S. Demoustier-Champagne, M. Delvaux, *Mater. Sci. Eng. C: Biomimetic and Supramolecular Systems*, **C15**, 269 (2001)
19) (a) Z. Liu, X. Lin, J. Y. Lee, W. Zhang, M. Han, L. M. Gan, *Langmuir*, **18**, 4054 (2002); (b) B. Mayers, X. Jiang, D. Sunderland, B. Cattle, Y. Xia, *J. Am. Chem. Soc.*, **125**, 13364 (2003); (c) T. Kijima, T. Yoshimura, M. Uota, T. Ikeda, D. Fujikawa, S. Mouri, S. Uoyama, *Angew. Chem. Int. Ed.*, **43**, 228 (2004)
20) M. Goren, R. B. Lennox, *Nano Lett.*, **1**, 735 (2001)
21) W.-H. Zhu, D.-J. Zhang, J.-J. Ke, *J. Power Sources*, **56**, 157 (1995)
22) T. Oda, Y. Ichikawa, WO2005090645 (2005)
23) (a) K. Aoki, M. Nakagawa, K. Ichimura, *Chem. Lett.*, 1205 (1999); (b) K. Aoki, M. Nakagawa, K. Ichimura, *J. Am. Chem. Soc.*, **122**, 10997 (2000)
24) M. Nakagawa, D. Ishii, K. Aoki, T. Seki, T. Iyoda, *Adv. Mater.*, **17**, 200 (2005)
25) D. Ishii, M. Udatsu, M. Nakagawa, T. Iyoda, *Trans. Mater. Res. Soc. Jpn.*, **29**, 889 (2004)
26) 島津智寛, 中川勝, 彌田智一, 第54回高分子学会年次大会予稿集, 3M07 (2005)
27) 石井大佑, 山田武, 中川勝, 吉田博久, 彌田智一, 第54回高分子学会年次大会予稿集, 1C04 (2005)
28) D. Ishii, T. Yamada, T. Iyoda, H. Yoshida, M. Nakagawa, in preparation
29) D.Ishii, K. Aoki, M. Nakagawa, T. Seki, *Trans. Mater. Res. Soc. Jpn.*, **27**, 517 (2002)
30) 中川勝, 関隆広, 市村國宏, 特許第3533402号 (2004年3月19日登録)
31) M. Udatsu, D. Ishii, M. Nakagawa, T. Iyoda, T. Nagashima, M. Yamada, *Trans. Mater. Res. Soc. Jpn.*, in press.
32) D. Ishii, T. Nagashima, M. Udatsu, R.-D. Sun, Y. Ishikawa, S. Kawasaki, M. Yamada, T. Iyoda, M. Nakagawa, submitted
33) 中川勝, 長嶋太一, 斉藤道雄, 川崎真一, 村瀬裕明, 山田光昭, 特願2004-076954
34) 中川勝, 長嶋太一, 斉藤道雄, 川崎真一, 山田光昭, 村瀬裕明, 羽山秀和, 石川雄一, 孫仁徳, 特願2004-346569
35) 中川勝, 石井大佑, 長嶋太一, 化学と工業, **58**, 494 (2005)

第13章　イモゴライトナノチューブ

高原　淳[*1], 井上　望[*2]

1　はじめに

ナノテクの基盤材料として様々なナノカプセルやナノチューブが注目されている。図1にそれらの例を示している。イモゴライトは粘土鉱物の一種であり，ナノチューブ構造を形成する。イモゴライトはカーボンナノチューブ（CNT）と同様にナノメートルオーダーの径を有し，数μmの長さを有する。天然に存在する無機ナノチューブ「イモゴライト」は，CNTと異なり，透明性，表面の親水性などの特性を有している。またCNTとは異なり多層のイモゴライトは見いだされていない。さらにカーボンナノチューブのような末端の閉じた構造の詳細も明らかではない。一方，CNTとイモゴライトのそれぞれが球状に閉じたナノカプセル構造としてフラーレンC60とアロフェンがある。アロフェンも表面化学組成が異なるナノマテリアルとして興味深い。本章では，天然の筒状無機超分子であるイモゴライトの構造と物性，さらにそのナノコンポジットへの応用について解説する。

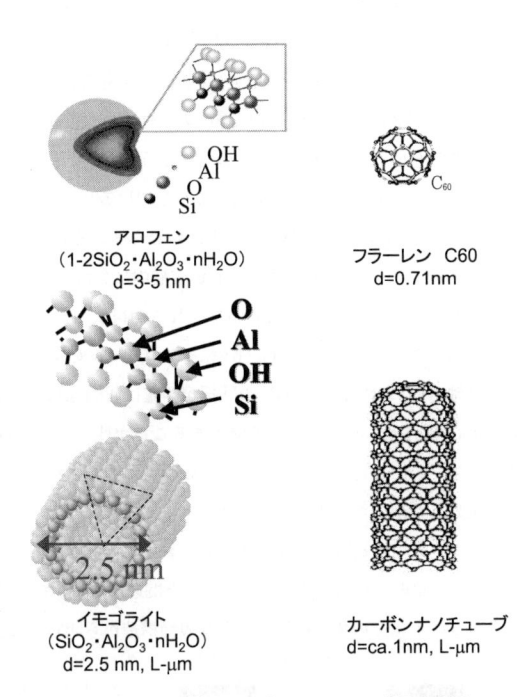

図1　イモゴライト，単層カーボンナノチューブ（SWCNT），アロフェン，フラーレンの構造

アロフェン（$1\text{-}2SiO_2 \cdot Al_2O_3 \cdot nH_2O$）　d=3-5 nm

フラーレン C60　d=0.71nm

イモゴライト（$SiO_2 \cdot Al_2O_3 \cdot nH_2O$）　d=2.5 nm, L-$\mu$m

カーボンナノチューブ　d=ca.1nm, L-μm

[*1]　Atsushi Takahara　九州大学　先導物質化学研究所・大学院工学府　教授
[*2]　Nozomi Inoue　九州大学　大学院工学府　修士2年

2　イモゴライトの構造と性質

イモゴライトは九州大学の青峰，吉永によって熊本県人吉盆地のガラス質火山灰土「イモゴ」から，粘土鉱物であるアロフェンの副次的産物として発見された粘土鉱物の一種であり，単位構造組成は $Al_2O_3\cdot SiO_2\cdot 2H_2O$，外径 2〜2.5 nm，内径 1 nm 以下，長さ数百 nm〜数 μm の特徴的な構造を有するナノチューブ状アルミノケイ酸塩である[1]。イモゴライトは，火山灰土由来の軽石等に付着したゲル状物質である。天然に存在する状態では金属酸化物など多数の不純物を含んでいるため，着色している。図2はイモゴライトの精製過程を示したものである。イモゴライトゲルは金属系，有機系不純物の除去により脱色することが可能であり，超音波によりゲルをほぐし，水溶液に懸濁させ凍結乾燥により綿状の白色固体を得ることができる。

イモゴライトは図1の構造モデルに示すようにギブサイトシートの構造にオルトケイ酸［$Si(OH)_4$］が湾曲してできた中空管を単位構造に有している[2, 3]。図3(a)はイモゴライトの透過電子顕微鏡像（TEM）である。希薄溶液にもかかわらず，その大きなアスペクト比のために，網目状の構造を形成している。イモゴライトが溶液中に分散した場合，連続相が0.2 vol％で形成されることが知られており[4]，TEMで観察される網目状のナノファイバー構造は二次元ではあるが，それとよく対応している。図3(b)はイモゴライトの電子線回折像と構造モデルである。チューブの長軸方向に（006），（004）の回折が明確に観測される。この一連の回折から，チューブの長軸方向に 0.84 nm の繰り返し単位があることが明らかである。一方，チューブの長軸に垂直な方向には，1.2 nm，0.8 nm，0.57 nm の回折が観測される。これらの回折は，ナノチューブが平行に配列した部分からの回折と考えられる[2]。

イモゴライトの研究は土壌学の分野において展開され，土壌内での養分や水分の移動，それらの植物への供給，有害物質の集積や残留と関連して重要な役割を担うことが明らかにされている。イモゴライトはその化学構造と大きな表面構造から明らかなように水に対する高い親和性，高い

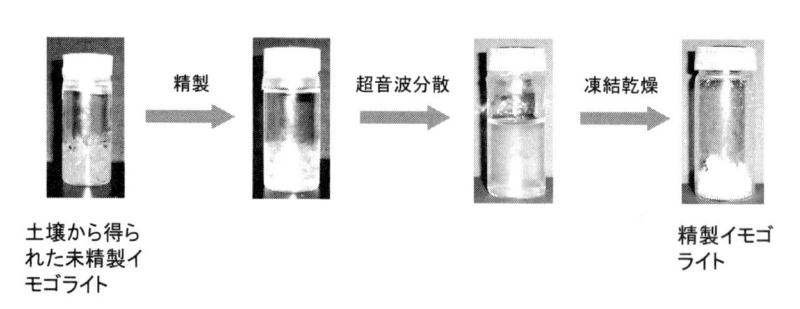

図2　天然イモゴライトの精製過程

第13章 イモゴライトナノチューブ

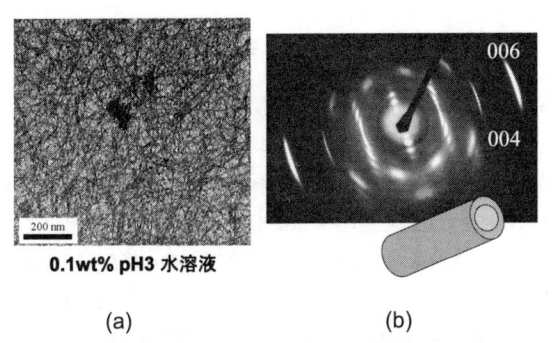

0.1wt% pH3 水溶液

(a)　　　　　　　　　(b)

図3　イモゴライトの(a)透過電子顕微鏡像と(b)電子線回折像

吸着能を有しているため，ガスの貯蔵媒体，調湿材料，速乾性乾燥剤，ヒートポンプ熱交換剤等の応用[5]，特異的な形状から比較的低濃度でリオトロピック液晶を形成する[6]などナノマテリアルとしての潜在性が期待されている。図4は鈴木らによって評価されたイモゴライトの水蒸気吸着等温線である[7]。比較のためにアロフェンのデータも示している。相対湿度50〜70％での吸着量は，アロフェン 8.4 mass％，イモゴライト 6.5 mass％であり，両者とも調湿材料として求められる範囲において相当量の水蒸気を吸着するので，自律的調湿材料としての応用が期待されている。このような除湿機能はエアコン等に比べると外部からのエネルギーを必要としないので，エネルギーや環境保全の面で有益である。イモゴライトでは相対湿度が90％ RH 以上の高湿度領域で急激な吸着等温線の立ち上がりを示す。相対湿度が90〜96％ RH での吸着量は 40 mass％ であり，イモゴライトが結露防止剤としても有効であることを示している[7]。

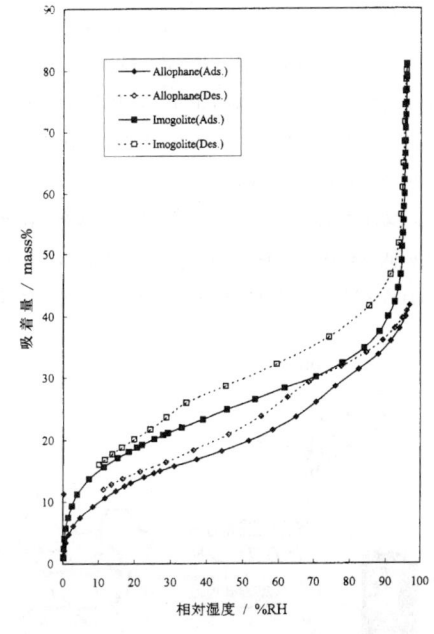

図4　イモゴライトとアロフェンの水蒸気吸着等温線
（鈴木正哉，粘土科学，**42**，144（2003））

3 イモゴライトを用いたポリマーハイブリッド

イモゴライトは，高アスペクト比，高い比表面積を有しているため，層状シリケートと同様に複合材料の強化材としての効果が十分に期待できる。また，イモゴライトは汎用高分子と同程度の屈折率を有し，光学的に透明であるため広範な材料への応用が可能となる。梶原らはPVAとの混合によって，より低い濃度でイモゴライトが液晶相を形成することを報告している[6]。この現象はPVA中にイモゴライトを分散するためには，分子複合材料の場合と同様に液晶相形成濃度以下での分散が必要であることを示している。イモゴライトは表面にAl-OH基を有しているので，溶液中における分散状態はpHに依存し，pH 5～6以下の弱酸性条件で分散しファイバー状構造を形成，中性～アルカリ性で凝集する。そこで筆者らはイモゴライト水溶液のpHを弱酸性に調整し，イモゴライトとPVAの溶液ブレンドによる複合化を行った。図5の右側にブレンドによる複合化の模式図を示す。中性条件で調製したナノコンポジットと比較して，酸性条件で作製したコンポジットの場合，ガラス転移温度の上昇等の有意な効果が確認され，ナノファイバー状に分散したイモゴライトがマトリクスPVAの分子鎖熱運動性を抑制し，力学特性を向上させていることが明らかにされている[8]。しかしながら，イモゴライトが容易に凝集するため完全な分子状分散は実現していない。

上記の条件では，イモゴライトと高分子の複合化は水系の溶媒，水溶性ポリマーに限定され，親水性の低い高分子との複合材料としての展開は困難である。そこで，イモゴライトナノファイバーの有機溶媒への分散化を試みた。イモゴライトに関してもシランカップリング剤を用いた界

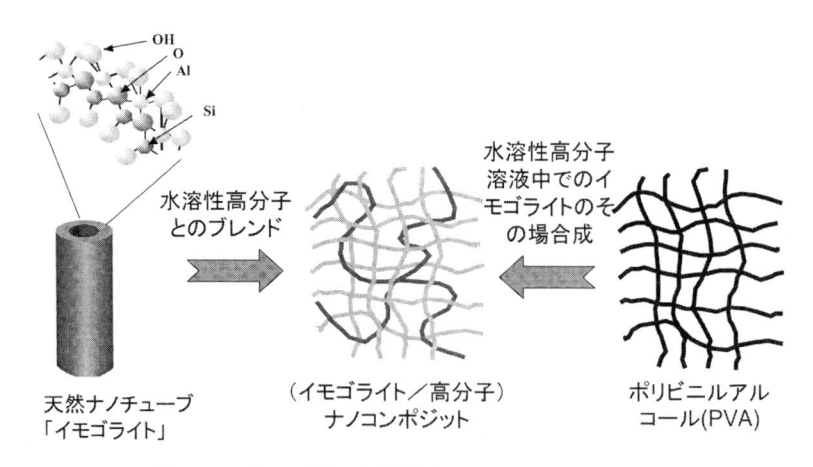

図5 イモゴライトを用いた水溶性高分子とのナノコンポジット化

第13章　イモゴライトナノチューブ

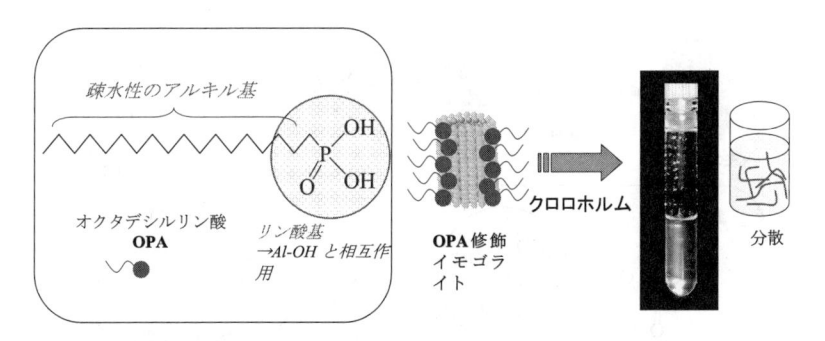

図6　イモゴライトへのOPAの吸着による有機溶媒への分散

面強化の手法が試みられたが，有効な効果は得られていない[9]。そこで，イモゴライト表面のAl-OH基がリン酸基と特異的な相互作用を形成する[10]ことに着目し，疎水性媒体中への分散性向上のための表面改質剤にオクタデシルホスホン酸（OPA）を選択し，吸着挙動を評価した。図6はOPA吸着イモゴライトのクロロホルムへの分散状態を示す。OPA吸着イモゴライトはクロロホルムのような有機溶媒中に分散可能であり，水中では沈殿した。OPAはアルキル鎖末端にリン酸基を有する両親媒性化合物である。OPA吸着イモゴライトの熱重量分析（TGA）測定および赤外吸収分光（IR）測定，および原子間力顕微鏡（AFM）を用いた凝着力特性評価により，OPAはイモゴライト表面に吸着し，単分子層を形成することを明らかにした。以上のように，リン酸基を有する有機化合物を用いることによりイモゴライトの表面改質が可能であることが確認されている[8, 11]。

以上の知見に基づき，リン酸基とイモゴライト表面の特異的な相互作用を利用したポリマーナノコンポジットの調製法が検討された。PVAは側鎖に多数のOH基を有し，リン酸基の導入が可能である。部分リン酸化PVAを用いてイモゴライトとのナノコンポジットを調製した。リン酸基とイモゴライト表面の特異的な相互作用により，PVAの分子運動が抑制され，ガラス転移温度が上昇することが確認された[8]。

一方，イモゴライト表面にリン酸基を有するメタクリレート系モノマーを吸着させ，メタクリル酸メチルのその場重合によるナノコンポジット調製が検討された[12,13]。図7はイモゴライト／PMMAハイブリッドの調製方法の模式図である。表面修飾剤として重合部位であるメタクリレート基を有したリン酸化合物である2-ヒドロキシエチルメタクリレートリン酸エステル（P-HEMA）を選択した。P-HEMAで表面修飾したイモゴライトをモノマーであるメタクリル酸メチルと混合し，ラジカル重合開始剤により重合を行い，イモゴライト／ポリマーハイブリッドを調製した。モノマー中で重合することでP-HEMAが存在するイモゴライト表面から，ポリ

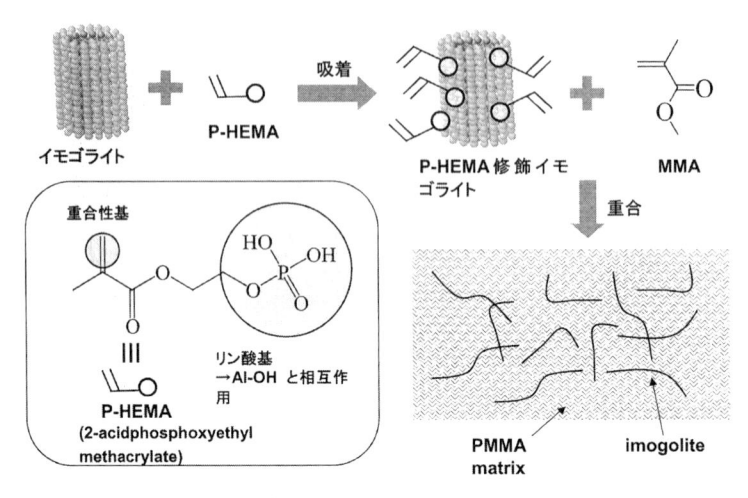

環状・筒状超分子新素材の応用技術

図7 イモゴライトとPMMAのナノコンポジット化

　マー鎖がグラフトされマトリクス中における分散性，親和性の改善が期待される。実際に本手法により調製したイモゴライト／PMMAナノコンポジットは，PMMAホモポリマーと比較して，室温で弾性率が1.8倍に上昇するなど力学的物性の向上，またホモポリマーと同等の透明性が確認され，イモゴライトファイバーの汎用性高分子材料に対する強化剤としての効果が明らかとなった[13]。

　イモゴライトをハイブリッド材料として展開する場合，ナノファイバーのマトリクス高分子中における分散性が物性を支配する。天然ゲルから精製したイモゴライトもしくは合成したイモゴライトは，凍結乾燥等により一度凝集させた後に加工するため，分子レベルでの再分散が非常に困難となる。そこで，イモゴライトがマトリクス中で分散した状態でハイブリッド材料が生成可能となる in-situ 合成法が提案された。この手法は少量であるが高純度のイモゴライトが得られる従来の合成法を適応でき，またワンポットかつ簡便である等の利点を有する。イモゴライトの合成は，これまで報告されている和田の方法に準じて行った[13]。塩化アルミニウムとモノケイ酸を出発原料としたイモゴライト合成反応の途中において，ポリマー水溶液（PVA水溶液）を混合することでナノコンポジットを調製した[12, 15, 16]（図5の左側）。 PVA中におけるイモゴライトの生成は広角X線回折やIRスペクトルに基づき明らかにした。図8は（イモゴライト／PVA）ナノコンポジットのタッピングモードAFM像である。明るい部分がイモゴライトナノファイバーに対応する。イモゴライトの分率が50 wt%程度の高濃度でも，ナノメートルサイズのファイバーが微細に分散していることが確認できる。イモゴライトを約5 wt%含むハイブリッドは

第13章　イモゴライトナノチューブ

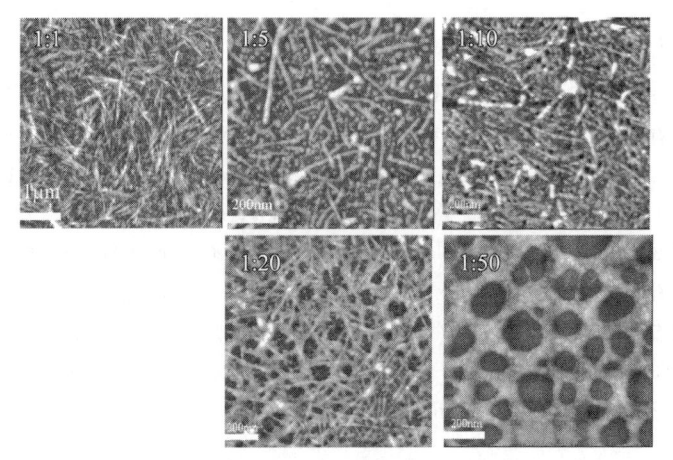

図8　種々の組成の（イモゴライト／PVA）ナノコンポジットの
タッピングモード原子間力顕微鏡（AFM）像

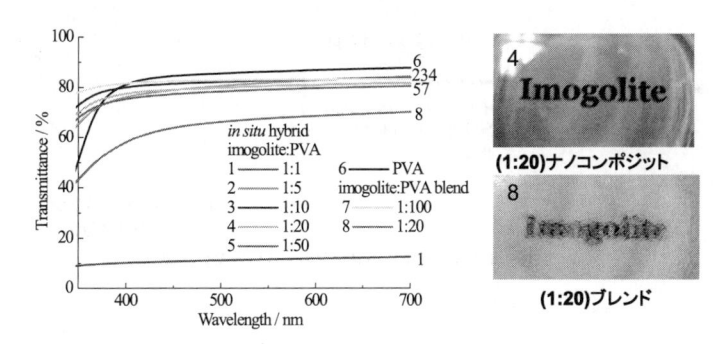

図9　（イモゴライト／PVA）ナノコンポジットの光透過特性および（イモゴライト／PVA）
ナノコンポジットとブレンド（イモゴライト/PVA＝1/1(w/w)）の透明性

PVAに比べて結晶化度が低下しているにもかかわらず，弾性率は1.4倍，熱変形温度は10 K上昇した[15]。これは，イモゴライトはナノ分散によりPVAの結晶化を抑制するが，マトリクスPVAを有効に補強していることを示している。図9は $in\text{-}situ$ 合成（イモゴライト/PVA）ナノコンポジットと（イモゴライト/PVA）ブレンドの透過率曲線と透明性を示したものである。$in\text{-}situ$ 合成（イモゴライト/PVA）ナノコンポジットは（イモゴライト/PVA）ブレンドと比較して高い透明性と低いHaze値を示したことから，$in\text{-}situ$ 合成法により調製したイモゴライトはポリマーマトリクス中における分散性が極めて高いことが明らかとなり，この手法がナノコンポジット化手法として有効であることが明らかにされた[12, 15, 16]。

4 イモゴライトを用いたハイブリッドゲル

イモゴライトはその外表面に Al-OH 基を有し，リン酸基と特異的に相互作用し結合を形成する性質を有している[10]。この性質を利用して，リン酸基を有する酵素とのハイブリッドゲルを形成することで，ゲル中での酵素活性を維持したままの固定化が可能になると考えられる。またイモゴライトは無機物であるため，そのハイブリッドゲルは従来の有機ゲルに比べて力学的，熱的にも安定な構造を形成すると考えられる。筆者らはイモゴライト表面の Al-OH 基を利用してリン酸基を有する酵素を固定化したハイブリッドゲルを調製し，その凝集構造及び固定化された酵素の活性を評価した。図10はイモゴライトとペプシンハイブリッドゲルの形成過程の模式図である。pH=3.1 に調整したイモゴライト水溶液に，pH=3.1 に調整したリン酸基を有する酵素であるペプシンの水溶液を滴下し，4時間撹拌，遠心分離，デカンテーションを行うことによりペプ

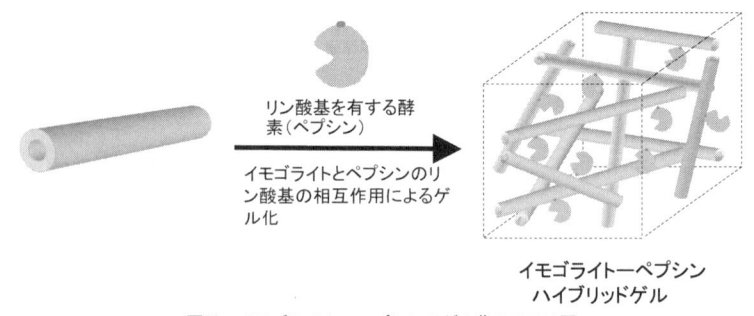

図10 イモゴライト－ペプシンのゲル化のモデル図

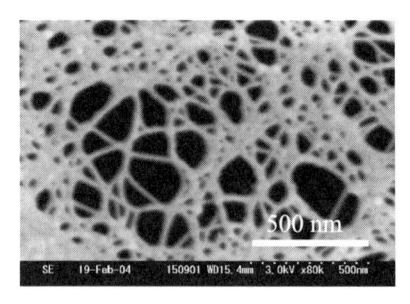

(a) 含水ハイブリッドゲル　(b) 凍結乾燥後のハイブリッドゲルのSEM像

図11 (a)含水状態のハイブリッドゲルと(b)（イモゴライト/ペプシン）ハイブリッドゲルの凍結乾燥後のFE-SEM像

第13章 イモゴライトナノチューブ

シンを固定化したイモゴライトゲルを調製した[17,18]。図11(a)に示すようにイモゴライト―ペプシンは高含水率のハイブリッドゲルを形成する。ペプシン添加時のイモゴライトのゲル化の原因としては，イモゴライト表面のAl-OH基とペプシンの68番目の残基，セリンに存在するリン酸基の相互作用があげられる。加えてpH=3.1の条件下では，ペプシンはその等電点が1であることから負に帯電し，さらにイモゴライトは正に帯電し液中で分散していることから，イモゴライトとペプシンの静電的相互作用によりイモゴライトの網目構造が形成されていると考えられる。イモゴライトへのペプシンの固定化はIRスペクトルにより確認した。ハイブリッドゲルの場合，995，940 cm^{-1}にイモゴライト由来のSi-O-Al伸縮振動の吸収及び1647，1537 cm^{-1}にペプシン由来のアミドⅠ，Ⅱ型の吸収が同時に観測されたことからイモゴライトへのペプシンの固定化が確認された。また，固定化前後においてペプシン由来のアミドⅠ，Ⅱ型のピーク位置が変化していないことから，固定化による変性は起こっていないと考えられる。ゲル中のペプシンの分散状態を共焦点レーザースキャン顕微鏡（CLSM）観察により，ゲルの微細構造を電界放射型走査電子顕微鏡（FE-SEM）観察により評価した。CLSM観察によりゲル中でペプシンが均一に分散している状態が確認された。図11(b)は得られた（イモゴライト/ペプシン）ハイブリッドゲルの凍結乾燥後のFE-SEM像である。FE-SEM観察により，数十nmの空隙の網目構造が明確に確認された。またイモゴライトに固定化されたペプシンの酵素活性を評価した。ペプシンを固定化したイモゴライトゲルとpH=3.1，2.5 wt％のヘモグロビン水溶液を混合し，37℃，10分間120 rpmで撹拌し酵素反応を行った。反応は5 wt％のトリクロロ酢酸水溶液を添加し未反応のヘモグロビンを変性，凝集させることで停止させた。イモゴライトに固定化したペプシンは固定化していないものに比べ26%の活性を示し，イモゴライトに固定化した場合においてもその酵素活性が保持されることが確認された。活性が低下した原因としては，ゲルを形成するイモゴライトの微細な網目構造のために，ゲル内部へのヘモグロビンの拡散が阻害され，その結果固定化ペプシンの反応速度が低下したことがあげられる。また，ペプシンをイモゴライトに固定化することにより，基質との反応後容易に回収することが可能となった。ペプシンを固定化したイモゴライトゲルをヘモグロビン水溶液中で反応させ，その後ヘモグロビン水溶液と分離し，再度反応を行った結果，ペプシンを固定化したイモゴライトゲルは複数回反応を行った際にも安定に活性を保持していることが明らかとなった[17,18]。

文　　献

1) a) N. Yoshinaga, S. Aomine, *Soil Sci. Plant Nutr.*, **8**, 22 (1962);b) S. Aomine, K. Wada, *Amer. Mineral.*, **47**, 1024 (1962).
2) P. D. G. Cradwick, V. C. Farmer, J. D. Russell, C. R. Masson, K. Wada, N. Yoshinaga, *Nature Phys. Sci.*, **240**, 187 (1972).
3) 和田信一郎, 人工粘土, No.20, 2 (1993).
4) A. P. Philipse, A. M. Wierenga, *Langmuir*, **14**, 49 (1998).
5) W. C. Ackerman, D. M. Smith, J. C. Huling, Y-W. Kim, J. K. Bailey, C. J. Brinker, *Langmuir*, **9**, 1051 (1993).
6) H. Hoshino, T. Ito, N. Donkai, H. Urakawa, K. Kajiwara, *Polym. Bull.*, **28**, 607 (1992).
7) 鈴木正哉, 粘土科学, **42**, 144 (2003).
8) K. Yamamoto, H. Otsuka, S.-I. Wada, A. Takahara, *J. Adhesion*, **78**, 591 (2002).
9) L. M. Johnson, T. J. Pinnavaia, *Langmuir*, **7**, 2636 (1991).
10) R. L. Parfitt, A. D. Thomas, R. J. Atkinson and R. St. C. Smart, *Clays Clay Miner.*, **22**, 455 (1974).
11) K. Yamamoto, H. Otsuka, S.-I. Wada, A. Takahara, *Chem. Lett.*, 1162 (2001).
12) 山本和弥, 大塚英幸, 和田信一郎, 高原　淳, 天然ナノファイバー「イモゴライト」とそのナノハイブリッド化, 工業材料, **51**, No.9, 50 (2003).
13) K. Yamamoto, H. Otsuka, S.-I. Wada, D.-W. Sohn, A. Takahara, *Polymer*, in press.
14) 和田信一郎, 粘土化学, **25**, 53 (1985).
15) K. Yamamoto, H. Otsuka, S.-I. Wada, A. Takahara, *Trans. Mater. Res. Soc. Jpn.*, **29**, 149 (2004).
16) K. Yamamoto, H. Otsuka, S.-I. Wada, D.-W. Sohn, A. Takahara, *Soft Matter*, **1**, 327 (2005).
17) N. Inoue, K. Yamamoto, H. Otsuka, S.-I. Wada, A. Takahara, *Trans. Mater. Res. Soc. Jpn.*, **30**, 727 (2005).
18) N. Inoue, H. Otsuka, S.-I. Wada, A. Takahara, *Chem. Lett.*, in press.

第14章　ゾル・ゲル重合法による金属酸化物ナノチューブ

英　謙二*

1　はじめに

　ミョウバンを熱水に溶かして飽和溶液を作り室温に放置すると，溶解度の差に相当するミョウバンが結晶化して析出する。これは再結晶というプロセスでありミョウバンの結晶化はかなり早い。一方，化合物によっては溶媒に易溶で結晶化しないものもある。このように低分子化合物を溶媒に加熱溶解させ冷やすと，結晶化するかあるいは溶液のままかのいずれかに落ち着くのが普通である。しかし，ごく稀に結晶化もしないし溶液にもならないで，系全体が固化（ゲル化）してしまう場合がある。このような現象が「ゲル化」であり，ゲルは溶質（ゲル化剤）に対して溶媒が多量に存在している固体様の軟体物であり，寒天ゼリー，プリン，ういろう，コンニャクなどがそれに該当する。

　ここ10年ほどの間に，添加するかあるいは加熱・放冷という単純な操作で有機溶媒や溶剤，水などの液体をゲル化できる化合物が「ゲル化剤」として注目を集めている[1]。ゲル化剤によって形成されるゲルは，水素結合・ファンデルワールス相互作用・π-π相互作用，静電的相互作用などの弱い二次的結合により架橋し網目状のゲル構造を形成するため，加熱により二次的結合が容易に切れ流動性のあるゾルにもどる。すなわち，ゾル・ゲル間の熱可逆的挙動を示す物理ゲルである。

　物理ゲルを形成するのは寒天に代表される高分子化合物だけではなく，その数は少ないが低分子化合物にも物理ゲルを形成するものがある。低分子系化合物のゲル化剤は比較的少量の添加で液体をゲル化できる，加熱時に速やかに溶け放冷時に容易にゲル化する，形成されたゲルは熱可逆的ゲルであり加熱と放冷により溶液とゲルの変化を繰り返すなどの特徴があり，ゲル化剤としては低分子化合物のほうがふさわしい。

　低分子化合物によるゲル化は，非共有結合をとおして分子が自己会合し繊維状会合体を形成し，最終的に三次元網目構造中に溶媒分子を取り込み進行する（図1）。つまり，ナノサイズの繊維状会合体「有機ナノファイバー」がゲル化に際し必ず形成される。筆者はゲル化剤の開発と平行して，ゲル化剤分子の自己会合によって形成される有機ナノファイバーであるナノ構造体を鋳型

---

*　Kenji Hanabusa　信州大学　大学院総合工学系研究科　教授

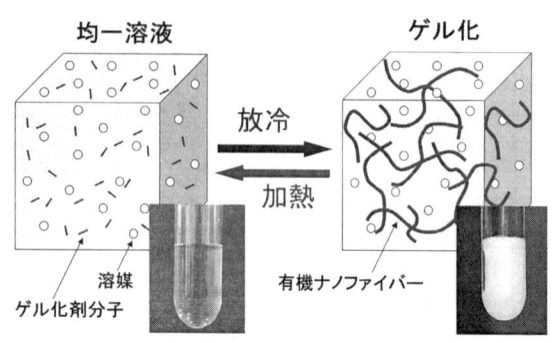

図1 低分子ゲル化剤によるゲル化の概念図

（テンプレート）として利用し，金属アルコキシドのゾル・ゲル重合法を用いて金属酸化物ナノ構造体の作製を行ってきた。ここでは，ゲル化剤分子によって形成される有機ナノファイバーをテンプレートとして利用する金属酸化物ナノチューブ，ナノファイバーの作製について紹介する。

2　ゲル化剤

低分子化合物のゲル化剤によるゲル化は迅速に起こる。例えば，$trans$-1,2-ジアミノシクロヘキサンから合成したジアミド誘導体のゲル化剤1の1.5 gを100 mLのトルエンに加え一旦加熱溶解させた後，室温に戻すと放冷過程で直ちにゲル化する[2]。物理ゲル化は有機ナノファイバーの三次元化による網目構造の形成によってひき起こされるので，ゲル化剤分子の自己集合による有機ナノファイバーの形成が極めて速いことを意味している。

ゲル化剤1やアミノ酸のL-イソロイシン誘導体2は，極性溶媒から非極性溶媒までのさまざまな溶媒や油を固化することが可能な優れたゲル化剤である[3]。1と2がゲル化できる代表的な

表1　25℃の各種溶媒・油をゲル化するために必要なゲル化剤1と2の最小ゲル化濃度（gL^{-1}）（ゲル化剤/溶媒）

溶媒	1	2	溶媒	1	2
ジメチルスルホキシド	10	12	クロロベンゼン	30	22
アセトニトリル	7	5	ベンゼン	10	20
ジメチルホルムアミド	20	10	トルエン	36	12
ニトロベンゼン	22	12	四塩化炭素	20	23
メタノール	19	20	シクロヘキサン	9	11
エタノール	13	33	シリコンオイル	5	2
1-プロパノール	20	44	軽油	10	8
アセトン	7	10	灯油	11	7
シクロヘキサノン	35	11	サラダ油	15	6
2-プロパノール	10	40	大豆油	23	7
酢酸エチル	18	8			

第14章 ゾル・ゲル重合法による金属酸化物ナノチューブ

　溶媒の種類とそれらのゲル化に必要なゲル化剤の最小添加量を表1に示す。例えば，1はその10gの添加により1Lのジメチルスルホキシドをゲル化することが可能である。なお，表1ではジメチルスルホキシドからシクロヘキサンまでは誘電率の高いものから低いものへと順に並べてある。1と2は高極性溶媒，低極性溶媒をとわずきわめて広範囲の溶媒をゲル化できる。

　低分子ゲル化剤によるゲル化では，有機ナノファイバーがゲル化の初期に必ず形成されるので電子顕微鏡を使いその像を観察することができる。図2は1のアセトニトリルゲルをオスミック酸で染色して撮影した透過型電子顕微鏡（TEM）像である。小さならせん状会合体が互いに集まってより大きな会合体を形成する階層構造になっている。らせんを巻く方向には規則性があり，$trans$-(1R, 2R)-ジアミノシクロヘキサンから合成した1

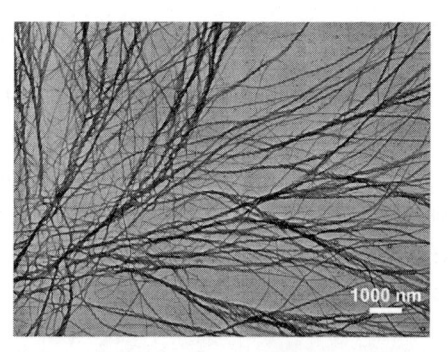

図2　1の形成するアセトニトリル希薄ゲルのTEM写真

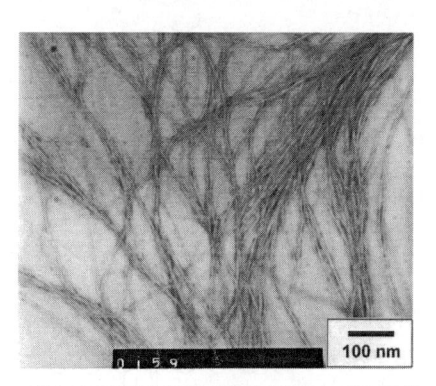

図3　2の形成する四塩化炭素希薄ゲルのTEM写真

では左巻きのらせん会合体が形成され，鏡像異性体の$trans$-(1S, 2S)-ジアミノシクロヘキサンから合成した1では右巻きのらせん会合体が観察される。X線構造解析から，1は非対称な分子間水素結合を作るためアルキル基のついている片側が立体的にこみあって会合体が曲がり，その結果らせん状会合体に成長することがわかっている。分子レベルでの不斉がサイズ的により大きい有機ナノファイバーの不斉を決定していることになる。

　また，図3はゲル化剤2の四塩化炭素ゲルをオスミック酸で染色して撮影したTEM像である。幅が数10 nmの有機ナノファイバーが見られる。これらの有機ナノファイバーは2の多数の分子が分子間水素結合やファンデルワールス相互作用によって自己会合し形成されると考えられる。ゲル化剤が形成する有機ナノファイバーは静的会合体であり，ミセルのようにモノマーとミセルの平衡状態にあるような動的な会合体ではない。そのため，ゲル化剤の形成する有機ナノファイバーはゾル・ゲル重合法におけるテンプレートとして有効に働くと考えられる。

3 ゾル・ゲル重合による金属酸化物の作製

　有機物が形成する超分子構造体を構造決定因子に用いて無機材料のナノサイズの構造を制御する研究は1992年にモービル社のグループにより初めて報告された[4]。界面活性剤のセチルトリメチルアンモニウムクロリドが特定の濃度および温度条件において棒状ミセルを形成し規則的に配列することから，その規則構造をそのまま転写することによりシリカ多孔質材料を合成できることを示した。この研究以降，様々な有機物テンプレートを用いたシリカのナノ構造制御について多くの研究が行われている。

5; $X^- = PF_6^-$, (1R, 2R)
6a; $X^- = ClO_4^-$, (1R, 2R)
6b; $X^- = ClO_4^-$, (1S, 2S)

スキーム1　ゲル化剤1〜8の構造

第14章 ゾル・ゲル重合法による金属酸化物ナノチューブ

　有機ゲル化剤が形成するナノファイバーをテンプレートとして利用し，有機ナノファイバーの特徴的な構造をシリカの構造に転写する研究は新海らのグループにより最初に報告された[5]。彼らの研究では，正電荷を持たせた有機ゲル化剤を合成し，有機ゲル化剤のナノファイバーをテンプレートとして用いることにより，特徴的な形態が転写されたシリカが得られている。これらの研究において，シリカの調製法としてゾル・ゲル法が用いられている。ゾル・ゲル法は，主にアルコキシドのような金属の有機または無機化合物を溶液とし，加水分解，重縮合というプロセスを経てゾルをゲルとして固化し，ゲルを加熱処理によって酸化物固体を得る方法である。ゾル・ゲル重合過程において，酸化物微粒子は電荷を帯びることが知られている。したがってゲル化剤分子にイオン性部位を導入することにより，シリカとゲル化剤会合体との静電的相互作用が生じ，この静電相互作用によりシリカとゲル化剤の無機－有機複合体が形成され，効果的にゲル化剤ナノファイバーの形態がシリカへと転写されている。

　筆者は強いゲル化能力を示す *trans* -1, 2-ジアミノシクロヘキサン誘導体 1 やアミノ酸誘導体 2 に注目し，独自にアルキル鎖末端にピリジニウム基を導入した化合物 3〜8 を開発した（スキーム 1）。これらの化合物をテンプレートすなわち構造決定因子に用いたシリカ，酸化チタン（チタニア），酸化タンタル，酸化バナジウムなどの金属酸化物のナノ構造制御を行っている。なお，1 や 2 はゾル・ゲル重合のテンプレートとして働かないことを付記しておく。

3.1　シリカナノチューブ

　L-イソロイシン誘導体 3 を水に懸濁させ少量のエタノールを添加すると粘稠溶液になる。粘性の著しい増加は 3 が高分子様の会合体を形成するためである。L-イソロイシン誘導体 3 をテンプレートに用いた TEOS（テトラエトキシシラン）のゾル・ゲル重合によるシリカナノチューブの典型的な合成例を下に示す[6]。

〈実験例 1〉

　10 mg（0.0177 mmol）の 3 をふた付試験管に入れ，1.0 mL の 1.0wt-%NH₃水溶液を加えて溶かした。これを 0 ℃に冷やし激しく撹拌しながら 20 mg（0.0960mmol）の TEOS を滴下した。TEOS が溶けたら撹拌をやめ室温で 1 日，続いて 80℃で 4 日間静置した。生成物をメタノールで洗い 3 を除去した。さらに 250℃で 2 時間，550℃で 5 時間，焼成して有機物を分解除去した。5 mg のシリカを得た。

　実験例 1 で作製したシリカの走査型電子顕微鏡（SEM）像と TEM 像を図 4 に示す。長さが 200〜300 nm，内径が約 15 nm のシリカナノチューブであることがわかる。

　水・エタノール混合溶媒中でゾル・ゲル重合を行うとヘリックス状のナノチューブが得られる。図 5 a，b は 10 mg の 3，0.6 mL の 1.0wt-%NH₃水溶液，0.4 mL の EtOH，20 mg の TEOS の

175

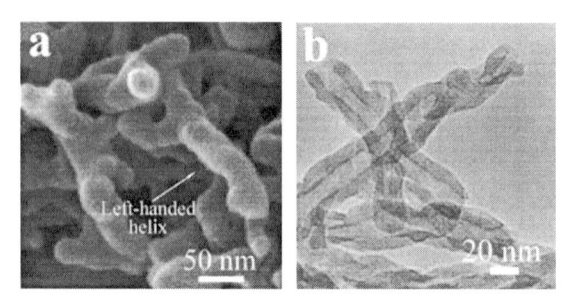

環状・筒状超分子新素材の応用技術

図4 実験例1で作製したシリカのSEM像(a)とTEM像(b)

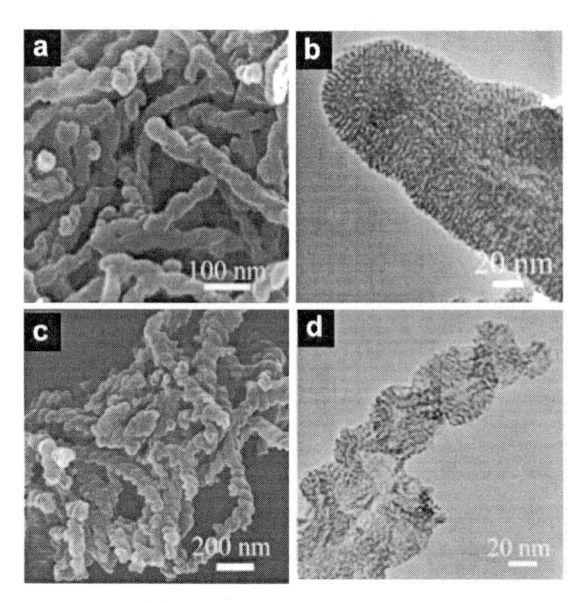

図5 L-イソロイシン誘導体3を鋳型にして得られたシリカのSEM像(a, c)とTEM像(b, d)

混合物を使い実験例1と同様の手法で得られたシリカのSEM, TEM像である。ダブルヘリカル構造のシリカであることがわかる。一方, 図5c, dは10 mgの3, 0.7 mLの11.3wt-%NH$_3$水溶液, 0.3mLのEtOH, 20 mgのTEOSの強塩基混合物から得られたsingle-strand twisted ribbonのシリカである。TEM像からいずれもメソポーラスシリカであることがわかる。

L-イソロイシン誘導体4をテンプレートにしたときはロッド状のシリカが得られる。図6は10 mgの4, 1.0 mLの5.0wt-%NH$_3$水溶液, 20 mgのTEOSから得られたシリカのSEM,

176

第14章 ゾル・ゲル重合法による金属酸化物ナノチューブ

表2 化合物5と6aのゲル化テストの結果（25℃）

溶媒	5	6a
エタノール	ゲル様	ゲル(17)
1-プロパノール	ゲル様	ゲル(11)
2-プロパノール	ゲル様	ゲル(12)
1-ブタノール	ゲル様	ゲル(11)
水	不溶	ゲル(3)
Ti[OCH(CH$_3$)$_2$]$_4$	不溶	不溶
Ta(OCH$_2$CH$_3$)$_5$	不溶	不溶
O=V[OCH(CH$_3$)$_2$]$_3$	不溶	不溶
Ge(OCH$_2$CH$_3$)$_5$	不溶	不溶
Si(OCH$_2$CH$_3$)$_4$	不溶	不溶

カッコ内の数値は最小ゲル化濃度（g/L）

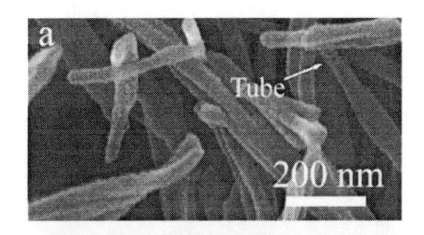

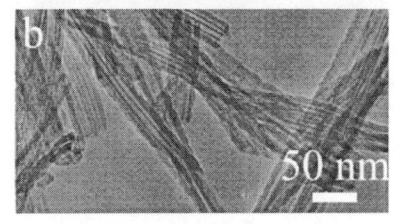

図6 L-イソロイシン誘導体4を鋳型にして得られたシリカ ナノチューブのSEM像（a）とTEM像（b）

TEM像である。内径が6 nmの中空状のロッド状のシリカナノチューブである。

このように用いるゲル化剤の構造やゾル・ゲル重合の溶媒組成、触媒のNH$_3$濃度により、さまざまな構造のメソポーラスシリカが得られる。

3.2 チタニア，酸化タンタル，酸化バナジウムのナノチューブ

化合物5，6a，6bの各種アルコール，水，金属アルコキシドに対するゲル化テストの結果を表2に示す。カウンターアニオンがPF$_6^-$である5はエタノールやプロパノールに溶かすとその粘性が著しく増加しゲル様の粘稠物を形成し，1-ブタノールはゲル化する。一方，ClO$_4^-$をカウンターアニオンに持つ6a，6bは2wt-%以下の添加でエタノール，1-プロパノール，2-プロパノール，1-ブタノール，水をゲル化する。また，エタノール中でそれぞれの化合物が形成する会合体の電子顕微鏡観察では，5はロッド状の会合体を形成し，6a，6bは枝分かれの多いらせん状会合体を形成する。図7に5がエタノール中で形成するロッド状の会合体のSEM，TEM像を示す。5はエタノール中で外径が100 nm〜300 nmのロッド状の会合体を形成していることがわかる。図8は6a，6bの水溶液のCDスペクトルである。θ値の正負が反対になっていること以外はスペクトルはよく似ており，6a，6bが水溶液中で異なったヘリックスセンスを有するらせん会合体を形成していることを意味している。なお，化合物5，6a，6bは表2に示すように各種の金属アルコキシドには不溶なので金属アルコキシドのエタノール溶液を使いゾル・ゲル重合を実施している。

環状・筒状超分子新素材の応用技術

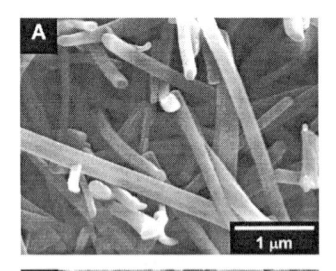

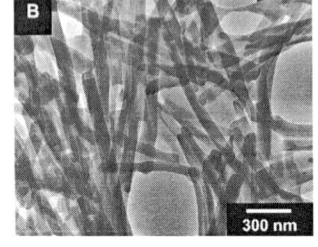

図7　5によってエタノール中で形成されたロッド状会合体のSEM像（A）およびTEM像（C）

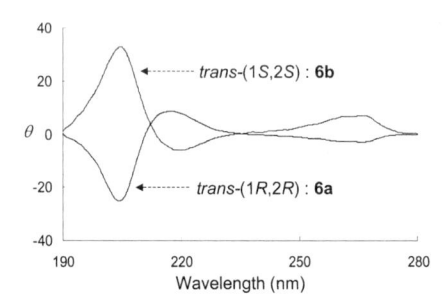

図8　6aと6bの水溶液（3 mM）のCDスペクトル

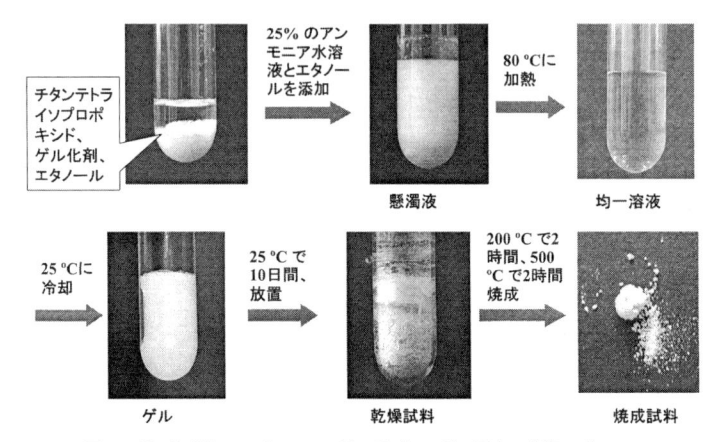

図9　ゲル化剤をテンプレートに用いるゾル・ゲル重合の実際のプロセス

　化合物5が形成するファイバー状会合体をテンプレートとして用いると，金属アルコキシドのゾル・ゲル重合により金属酸化物の調製が可能である[7]。図9は実際のゾル・ゲル重合の写真である。ゾル・ゲル重合には，溶媒としてエタノール，触媒として25％アンモニア水溶液，金属ア

第14章　ゾル・ゲル重合法による金属酸化物ナノチューブ

ルコキシドとしてTi[OCH(CH$_3$)$_2$]$_4$, Ta(OCH$_2$CH$_3$)$_5$, O=V[OCH(CH$_3$)$_2$]$_3$をそれぞれ用いている。ゾル・ゲル重合後，アセトニトリルを用いた洗浄と500 ℃の焼成によりゲル化剤の有機物成分を除去している。

〈実験例2〉

314 mg（0.340 mmol）の5をふた付試験管にいれ，14.0 mLのエタノールと1.00 mL（3.40 mmol）のTi[OCH(CH$_3$)$_2$]$_4$を加え続いて18 mLの25%アンモニア水を加え80 ℃に加温して溶かした。得られた透明溶液を25 ℃に放冷してゲルを形成させ25 ℃で10日間，静置した。続いて50 ℃で5時間，真空乾燥した。生成物をアセトニトリルに浸漬して5を除去した。最後に200 ℃で2時間，500 ℃で2時間焼成した。220 mgのチタニアが得られた。

実験例2ではゾル・ゲル重合触媒としてアンモニアを使っているが塩酸を使うと金属酸化物ナノチューブは得られない。図10は実験例2において得られた焼成する前のゲル化剤5を含むチタニアと焼成後のゲル化剤5を除去したチタニアのSEM像である。ゲル化剤を含むチタニア表面は粗いが，焼成後は滑ら

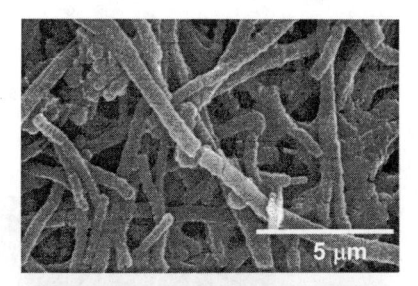

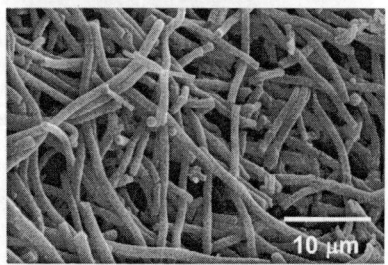

図10　5をテンプレートとして用いて作製した中空状チタニアナノチューブのSEM像
（上；焼成前，下；焼成後）

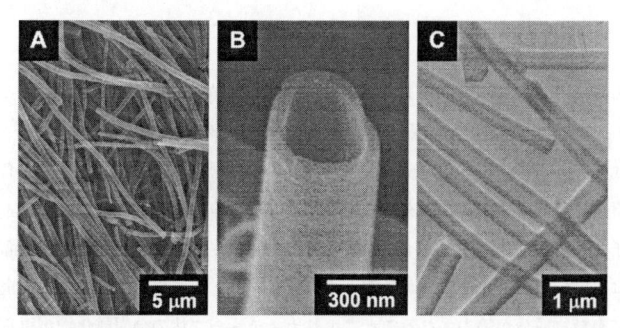

図11　5をテンプレートとして用いて作製した中空状チタニアナノチューブのSEM像（A，B）およびTEM像（C）

179

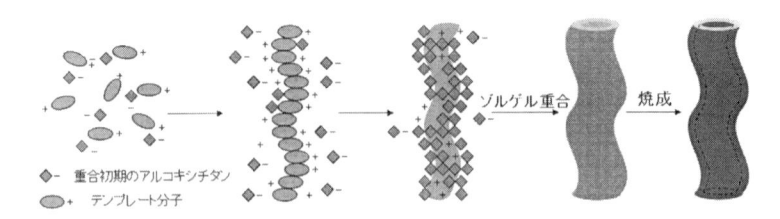

図12 テンプレート上でのチタニアナノチューブの生成過程

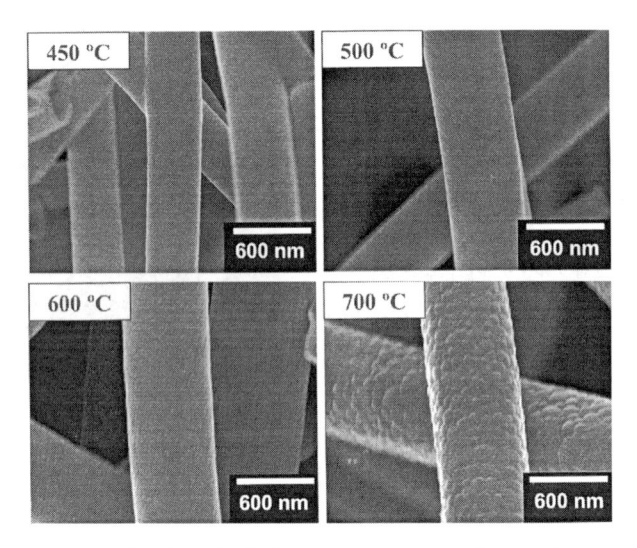

図13 記載の各温度で2時間焼成したチタニアナノチューブのSEM像

かな表面をもつチタニアになる。図11に5を用いて調製したチタニアのSEM写真とTEM写真を示す。得られたチタニアは中空状のチューブ状構造を有している。チューブの外径は300～600 nm，内径は90～350 nmであり，この内径は5が形成する有機ナノファイバー（図7）の会合体の直径にほぼ一致する。チタニアのナノチューブの生成過程を図12に示す。まず，テンプレート分子であるゲル化剤のファイバー状会合体が形成され，次にその会合体表面上に静電的な相互作用によって金属酸化物成分が効率よく吸着しゾル・ゲル重合が進行する。重合終了後，焼成によって有機物成分が除去されることによりナノチューブ状の金属酸化物が得られる。

上記のゾル・ゲル重合の実験例2では500℃で焼成しているが，焼成温度を700℃で行うとチ

第14章 ゾル・ゲル重合法による金属酸化物ナノチューブ

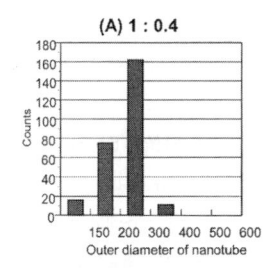

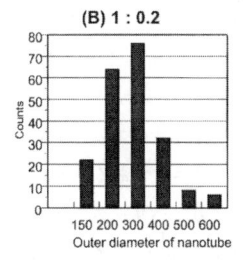

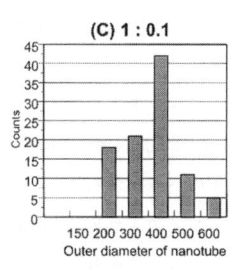

図14 作製されたチタニアナノチューブの外径分布
[Ti] = 0.23 mol/l, (A)[Ti]:[1] = 1 : 0.4, (B)[Ti]:[1] = 1 : 0.2, [Ti]:[1] = 1 : 0.1

タニアナノチューブの表面に凸凹が発生する。各焼成温度で得られるチタニアナノチューブのSEM像を図13に示す。粉末X線解析から焼成温度が600℃までならチタニアの結晶はアナターゼ型であるが、700℃ではルチル型の反射が極わずかであるが見られることがわかった。すなわち、700℃での高温焼成によるチタニアナノチューブ表面の凸凹の発生はアナターゼ型にルチル型が加わるためである。

Ti[OCH(CH$_3$)$_2$]$_4$の濃度を0.23 Mに固定し、5の濃度を変えて作製したチタニアナノチューブの外径分布を図14に示す。Ti[OCH(CH$_3$)$_2$]$_4$の濃度に対する5の濃度を4/10から2/10、1/10と減少させるにつれ、チタニアナノチューブの外径は増大し太いナノチューブが形成されるがその数は減少することがわかる。

同様な結果が酸化タンタル、酸化バナジウ

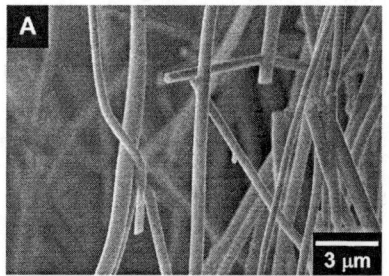

図15 5をテンプレートとして用いてゾル・ゲル重合で作製した中空状ナノチューブのSEM像
(A); 450℃で焼成して作製した酸化タンタル、
(B); 200℃で焼成して作製した酸化バナジウム

ムの系でも得られる。5をテンプレートとして得られた酸化タンタルと酸化バナジウムのナノチューブのSEM像を図15に示す。酸化タンタルでは、外径が300〜800 nmで長さは数10 μmにおよぶチューブ構造である。一方、酸化バナジウムでは外形が1〜5 μmである。なお、酸化バナジウムのナノチューブは熱に弱く、250℃で焼成するとその中空状の構造は崩壊してしまう。

3.3 チタニアヘリックスナノチューブ

鏡像異性体の関係にある過塩素酸塩の 6a および 6b をテンプレートに用いてゾル・ゲル重合を行うとヘリックスナノチューブが得られる[8]。作製したチタニアの SEM 写真を図16に示す。得られたチタニアは，外径 200～500 nm のらせん構造のヘリックスナノチューブである。さらに，(1R, 2R) 鏡像体 6a を用いて調製した系では左手型，(1S, 2S) 鏡像体 6b を用いた系では右手型のヘリックスセンスを持つチタニアである。また，6a の系より得られたチタニアのヘリックスナノチューブの TEM 写真より，ヘリックスナノチューブは内径 50～300 nm の中空構造を持ち，その空隙も左手型であることが分かった。すなわち，鏡像異性体 6a および 6b が形成するらせん会合体がチタニアの構造に転写され，中空状でかつヘリックスナノチューブ構造を持つチタニア材料が得られる。さらに有機ゲル化剤の自己会合体が持つキラリティの転写により，無機材料であるチタニアの構造にキラリティを付与することが可能である。

6a および 6b をテンプレートに使って Ta(OCH_2CH_3)$_5$ を重合すると図17に示すような酸化タンタルのヘリックスナノチューブが得られ，6a を用いて調製した系では左手型，6b を用いた系では右手型のヘリックスセンスを持つ。図17b の TEM 像からヘリックスナノチューブは中空状であることがわかる。作製した酸化タンタルの外径は 200～500 nm，内径は 40～170 nm であり，長さは 30 μm におよぶ。

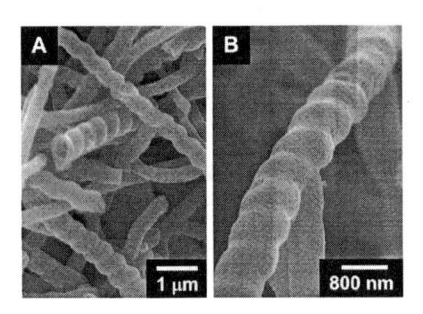

図16　6a (A) および 6b (B) をテンプレートに用いて調製したチタニアの SEM 写真

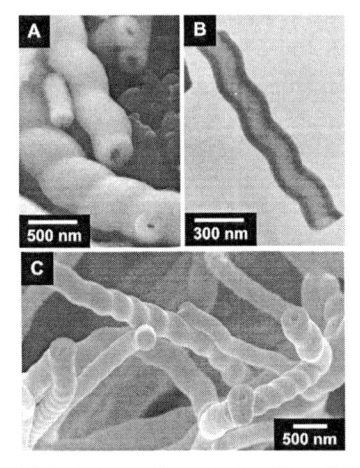

図17　6a をテンプレートとして用いて作製した酸化タンタルのヘリックスナノチューブの SEM 像 (a) と TEM 像 (b)，6b をテンプレートとして用いて作製した酸化タンタルのヘリックスナノチューブの SEM 像 (c)

3.4 L-バリン誘導体によるチタニア,酸化タンタルナノチューブ

各種有機溶媒に対して優れたゲル化能を示すL-イソロイシン誘導体2に着目し,テンプレート分子としてL-バリン誘導体に正電荷を導入した化合物7および8を合成した。各種のアルコールに対する7と8のゲル化テストの結果を表3に示す。ゲルを形成する7と8の会合体をテンプレートに用いるゾル・ゲル重合によっても,金属酸化物ナノチューブを作製できる。

〈実験例3〉

39 mg(0.051 mmol)の 8 をふた付試験管にいれ,2.85 mLのエタノールと0.15 mL(0.51mmol)のTi[OCH(CH$_3$)$_2$]$_4$を加え続いて5.4 mL の25%アンモニア水を加え80℃に加温して溶かした。得られた透明溶液を25℃に放冷してゲル化させ,25℃で10日間,静置した。続いて50℃で5時間,

表3 化合物7と8のゲル化テストの結果(25℃)

溶媒	7	8
エタノール	結晶化	ゲル(10)
1-プロパノール	ゲル(12)	ゲル(12)
2-プロパノール	結晶化	ゲル(8)
1-ブタノール	ゲル(7)	ゲル(8)

カッコ内の数値は最小ゲル化濃度(g/L)

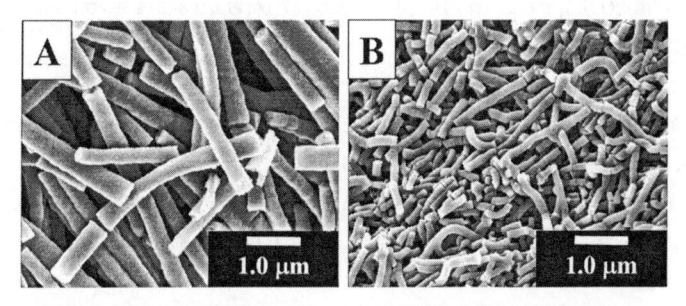

図18 7(A)および8(B)をテンプレートとして調製したチタニアのSEM像

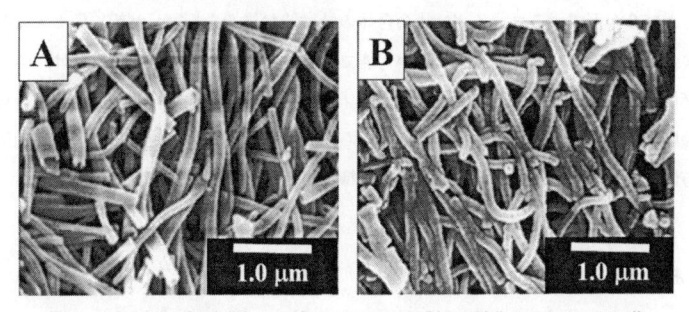

図19 7(A)および8(B)をテンプレートとして調製した酸化タンタルのSEM像
重合条件;7 および 8 のモル数は0.058 mmol,Ta(OEt)$_5$のモル数は 0.58 mmol,25%NH$_4$OHaqの添加量は6.2 mL,EtOHの添加量は2.85 mL

真空乾燥した。生成物をアセトニトリルに浸漬して8を除去した。最後に200℃で2時間,500℃で2時間焼成した。

L-バリン誘導体7および8がアルコール中で形成する会合体のSEM像には,直径が30〜90 nmの繊維状会合体が観察される。7および8を使い実験例3の条件下で作製したチタニアは図18に示すような短躯形の中空繊維状構造物であり,その平均外径は7では310 nmで,8では210 nmである。一方,7および8をテンプレートに用いて調製した酸化タンタルは,平均外径がそれぞれ365 nmと240 nmの中空繊維状構造である(図19)。図19の条件下で作製した酸化タンタルナノチューブの外径分布を図20に示す。同一

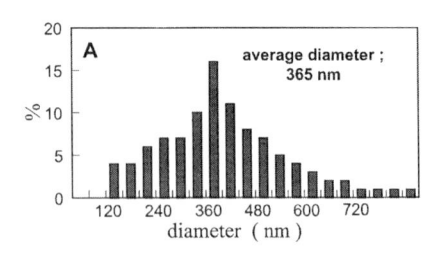

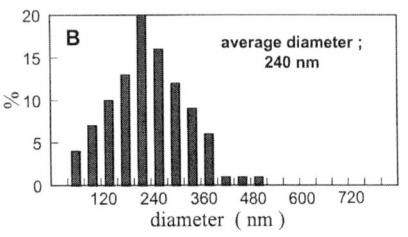

図20 7(A)および8(B)をテンプレートとして調製した酸化タンタルナノチューブの外径分布

(重合条件は図19のキャプションを参照)

の重合条件ではテンプレートとして7を使うと平均外径の大きい酸化タンタルが得られる傾向にあるが,反面その外径分布は広がりを持つようになる。7および8を添加して得られた酸化タンタルのBET比表面積は,それぞれ5.7,56.0 m^2/gであり,テンプレートを用いない場合(2.9 m^2/g)に比べて,形態が中空繊維状となることにより数倍から数10倍程度,比表面積は大きくなっている。

チタニア,酸化タンタルの作製と同様に酸化バナジウム,酸化ニオブの系においても有機ゲル化剤7および8が形成するファイバー状会合体の特徴的な構造を転写した新しいナノ構造を持つ各種遷移金属酸化物材料を作製することが可能である。得られた金属酸化物材料は,中空のナノチューブ構造,大きな比表面積およびキラリティといった構造的性質と,金属酸化物特有の光・電気,触媒等の性質を持ち合わせていることから,ナノスケールの物質の分離膜,高効率な光触媒や異方性のある電子デバイスなど従来にない機能を持った材料として期待できる。

4 おわりに

ゲル化剤分子の自己会合によって形成される有機ナノファイバーをテンプレートとして利用するゾル・ゲル法による金属酸化物ナノチューブ,ナノファイバーの作製について,特にシリカと

第14章 ゾル・ゲル重合法による金属酸化物ナノチューブ

チタニアを中心に紹介した。チタニアナノチューブの作製法にはすでに熱水法（Hydrothermal synthesis）[9]，ALD法（Atomic layer deposition synthesis）[10]，電気化学的アノード法（Electrochemical anodization synthesis）[11]などが知られているが，高価な装置が必要であったり作製条件が過酷であったりと一長一短がある。ゾル・ゲル法によるチタニアの作製は汎用のフラスコを使い室温での反応で実施することができる。

ゲル化剤の自己会合体は，数〜数100 nm程度の極めて細い有機ナノファイバーを基本構造としており，その形はロッド状やらせん状といった様々な形態を持っている。たとえば，化合物5と8のおおよその分子長はそれぞれ20Åと40Åであり，それらの最小の会合体の幅は数nmであることを考えると，ゾル・ゲル重合により内径が数nmのナノチューブが得られると期待できる。しかし，すでに述べてきたようにシリカを除けば実際に作製される金属ナノチューブの内径は数100 nmであり，はじめに形成されるもっと小さいと考えられるゲル化剤の会合体はテンプレートとしては作用しないことがわかる。これはゲル化剤分子によって形成された有機ナノファイバーが自己会合を起こし，より太い有機ナノファイバーへと成長を繰り返していくためと考えられる。図21はこの間の様子を示したチタニア生成の概念図である。ゲル化初期に形成される最

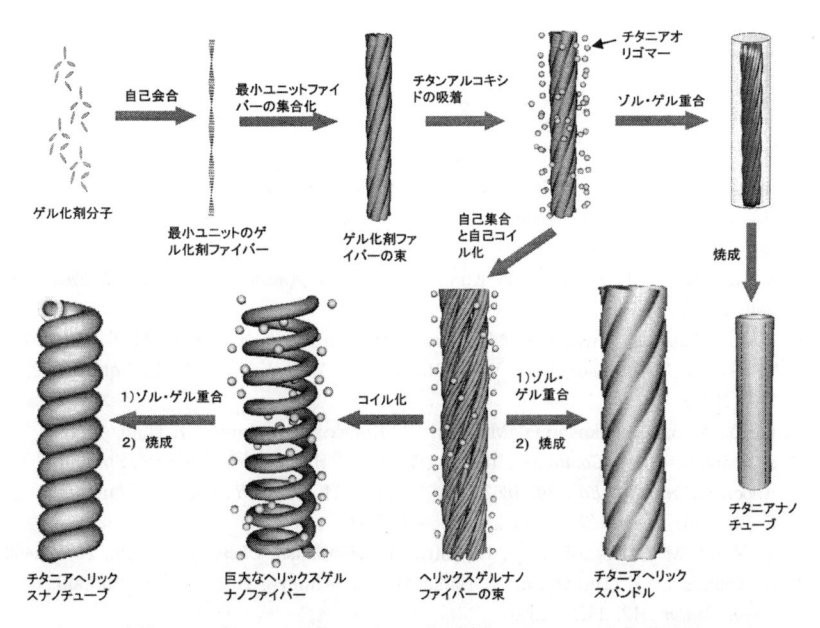

図21 テンプレートを利用したゾル・ゲル重合によるチタニア生成の概念図

小ユニットのゲル化剤ファイバーは直ちに集合を繰り返しファイバーの束となる。この束の回りに静電相互作用により Ti[OCH(CH$_3$)$_2$]$_4$ が吸着される。このままゾル・ゲル重合が進行し焼成すると右下のチタニアナノチューブが生成する。一方，Ti[OCH(CH$_3$)$_2$]$_4$ の吸着と平行してファイバーの束がさらに集合し巨大なヘリックスゲルナノファイバーの束に変化してゆく。この巨大なヘリックスゲルナノファイバーの束をテンプレートとしてゾル・ゲル重合を起こすと巨大なチタニアヘリックスバンドルが生成する。また，巨大なヘリックスゲルナノファイバーの束がコイル化すると最終的にチタニアヘリックスナノチューブが生成される。

　光・電子，触媒等の優れた特性を持つ遷移金属酸化物は，ナノメートルスケールの構造を制御することにより，従来以上の性能や全く新しい機能を持った次世代の材料となる可能性がある。たとえば，光触媒，色素増感太陽電池，触媒担体，ガスセンサーなどに応用が可能である。テンプレートを利用したゾル・ゲル重合では内径が数100 nmの中空状のナノチューブ，ナノヘリックスが作製されるので，その内部に異種の触媒を内包させたり，あるいは機能性色素の吸着が可能である。さらにヘリックスセンスをコントロールした金属酸化物の中空状ナノヘリックスはまったく新しいキラル分離カラムの充填剤として利用できる可能性も有る。

文　　献

1） (a) P. Terech, R. G. Weiss, *Chem. Rev.*, **97**, 3133 (1997);
 (b) J. H. Esch, B. L. Feringa, *Angew. Chem. Int. Ed.*, **39**, 2263 (2000);
 (c) L. A. Estroff, A. D.Hamilton, *Chem. Rev.*, **104**, 1201 (2004)
2） K. Hanabusa, M. Yamada, M. Kimura, H. Shirai, *Angew. Chem. Int. Ed. Engl.*, **35**, 1949 (1996)
3） K. Hanabusa, K. Hiratsuka, M. Kimura, H. Shirai, *Chem. Mater.*, **11**, 649 (1999)
4） T. Kresge, M. E. Leonowicz, W. J. Roth, J. C. Vartuli, J. S. Beck, *Nature*, **359**, 710 (1992)
5） (a) Y. Ono, K. Nakashima, M. Sano, Y. Kanekiyo, K. Inoue, J. Hojo, S. Shinkai, *Chem. Commum.*, **1998**, 1477; (b) J. H. Jung, Y. Ono, S. Shinkai, *Angew. Chem. Int. Ed.*, **39**, 1862 (2000); (c) J. H. Jung, Y. Ono, K. Hanabusa, S. Shinkai, *J. Am. Chem. Soc.*, **122**, 5008 (2000)
6） Y. Yang, M. Suzuki, S. Owa, H. Shirai, K. Hanabusa, *Chem. Commum.*, **2005**, 4462
7） S. Kobayashi, K. Hanabusa, N. Hamasaki, M. Kimura, H. Shirai, S. Shinkai, *Chem. Mater.*, **12**, 1523 (2000)
8） S. Kobayashi, N. Hamasaki, M. Suzuki, M. Kimura, H. Shirai, K. Hanabusa,

J. Am. Chem. Soc., **124**, 6550 (2002)
9) (a) Q. Chen, W. Zhou, G. Du, L-M. Peng, *Adv. Mater.*, **14**, 1208 (2002);
   (b) X. Sun, Y. Li, *Chem. Eur. J.*, **9**, 2229 (2003);
   (c) H. Tokudome, M. Miyauchi, *Angew. Chem. Int. Ed.*, **44**, 1974 (2005)
10) (a) H. Shin, D-K. Jeong, J. Lee, M. M. Sung, J. Kim, *Adv. Mater.*, **16**, 1197 (2004); (b) M. S. Sander, M. J. Côté, W. Gu, B. M. Kile, C. P. Tripp, *Adv. Mater.*, **16**, 2052 (2004)
11) J. M. Macák, H. Tsuchiya, P. Schmuki, *Angew. Chem. Int. Ed.*, **44**, 2100 (2005)

応用編

III　カーボンナノチューブ

第15章　可溶性カーボンナノチューブ

中嶋直敏*

1　カーボンナノチューブの可溶化の重要性

　カーボンナノチューブ（CNT，図1）は1991年に飯島澄男博士により偶然に発見された炭素のみからなる新物質であり[1]，ナノテクノロジー・ナノサイエンスの中心素材として大きな注目を集めている[2]。CNT はこれまでエレクトロニクス，物性・物理分野で先行してきた。化学・生化学・医学・薬学分野での研究が，立ち遅れていた理由として，CNT が水にも有機溶媒にも溶解しないことが挙げられる。"カーボンナノチューブをいかに溶媒に可溶化するか"は，化学・生化学・医学・薬学分野において極めて重要な課題である[3]。溶媒への可溶化が成功してはじめてこれらの分野への応用・展開が可能となる。最近，可溶化 CNT を用いて，金属性 CNT と半導体性 CNT を分離できることが報告され，エレクトロニクス分野においても CNT の可溶化が注目されている。本章では，可溶化された CNT はどのような方法で作成できるのか，どのような機能を持つか，どのように利用できるかについて，その現状を解説する。

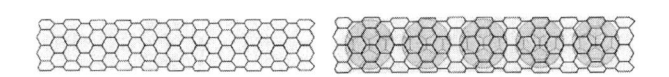

図1　単層カーボンナノチューブ（左），およびピーポッド（右）

2　カーボンナノチューブの構造・基本特性[2,3]

　CNT は，炭素のみを元素とする，直径が1～2 nm，長さがミクロンオーダーのグラフェンシートを丸めた円筒状の構造をした「ナノカーボン」で，円筒面が一層の単層 CNT（single-walled carbon nanotubes，以後 SWNT と記述，図1）と多層の多層 CNT（multi-walled carbon nanotubes，以後 MWNT と記述）が存在する。CNTの内部は真空であるが，両端を開環した CNT の内部にフラーレンを内包した構造を持つ CNT は，フラーレンピーポッド（ピーポッド

---

*　Naotoshi Nakashima　九州大学　大学院工学研究院　教授

とは,エンドウ豆のこと)あるいは,単にピーポッド(図1)と呼ばれる。また,CNTのファミリーとして円錐状のナノカーボンがダリア状に凝集したカーボンナノホーンが知られている。SWNTには,巻き方が異なった3種にキラリティ,すなわち,ジグザグ型,アームチェアー型,およびキラル型に分類され,これらの構造は,走査トンネル顕微鏡で観測できる。これら3種の作り分け,および物理的・化学的方法によるキラリティ分離が重要な研究課題となっている(これについては後述する)。CNTは,銅線に勝る導電性を示す「ナノ電線」としての機能をもつとともに,極めて優れた機械的特性,耐熱性を持ち,多くの未知の可能性を秘めたスーパーナノマテリアルである。

3 カーボンナノチューブの合成・精製法

CNTは,大別するとi)アーク放電法,ii)レーザー蒸発法,iii)化学気相蒸発法(CVD)の3種の方法で合成される[2]。1991年飯島は黒鉛のアーク放電による陰極堆積物の中にMWNTを発見した。さらに1993年,鉄触媒を使用し,黒鉛電極の蒸発によりSWNTを発見した。その後,世界各地で,SWNT,MWNTの大量合成法,高純度合成法が報告され,一部は市販されている。カーボンナノチューブの合成については成書[2]を参考にして頂きたい。著者らは,エタノールを炭素源としたCVD法により,高純度のSWNTの合成を行い,得られたSWNTをフッ酸を用いて精製している[4]。

4 カーボンナノチューブの可溶化と機能化

4.1 共有結合による可溶化

バス型超音波装置を使った水中での強酸処理($H_2SO_4/HNO_3=3/1$ v/v,40〜70℃)により切断CNTが得られる[5]。この操作でCNTの末端およびサイドウォールにカルボン酸が生成する。このカルボン酸を用いて化学修飾が可能となる。CNT化学修飾の最初の報告は1998年,Haddonらによってなされた[5]。彼らは,切断SWNTを塩化チオニルと反応させたのち,オクタデシルアミンやオクタデシルアルコールとの反応で,長鎖基を持つC_{18}-SWNTを合成し,これが二硫化炭素やジクロロベンゼンに溶解することを示した。その後,次に述べるように,様々な置換基がCNTに導入された[3]。すなわち,ポリエチレングリコール,タウリン,クラウンエーテル誘導体,グルコサミンなど,水酸基やアミノ基をもつ化合物をCNT-カルボン酸と反応させることにより水に可溶化(あるいは分散)するCNTが合成できる。酵素やDNA(またはオリゴヌクレオチド)を化学結合させることも可能である。ガラクトース誘導体で修飾したSWNTは

第15章 可溶性カーボンナノチューブ

水中で, SWNT の長軸にそって固定化されたガラクトース結合タンパク質によって捕捉されるなど, ナノチューブのバイオ領域への応用も期待できる。

CNT サイドウォールに対してフラーレンで用いられてきた多彩な化学修飾が適用できる[3]。例えば, i) ビラジカルやナイトレンの放射活性光ラベリング, ii) カルベン

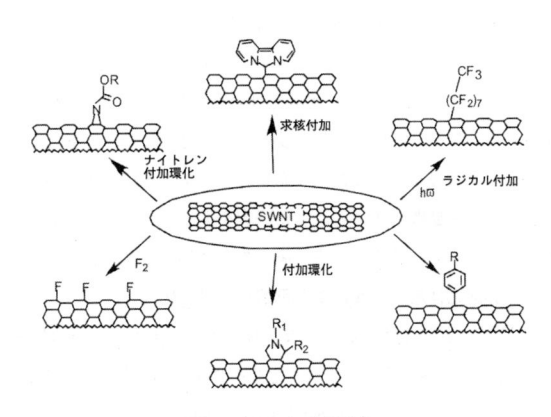

図2　SWNT の化学修飾

との反応, iii) Birch 還元反応, iv) [2+1] 双極子付加環化反応 (Prato 反応), v) ナイトレンの [2+1] 付加環化反応, vi) オキシカルボニルナイトレンとの反応, vii) アリールジアゾニウム塩との反応, viii) Bingel 反応, ix) 過酸化物との反応, x) $AlCl_3$ 存在下でのクロロホルムの親電子付加反応, xi) アニリンとの反応, xii) アルキル過酸化物との反応, xiii) Wilkinson 触媒との配位, xiv) フッ素との反応 (フッ素化) など多彩な化学修飾などが挙げられる。最近 Pénicaud らはリチウムやナトリウムなどの金属によって還元された SWNT が非プロトン性極性溶媒に溶解することを示した[6]。ピレンやペプチドなどの置換基をもつ分子も反応によって導入可能である (これらについては後述する)。Bianco らはフルオレセインイソチオシアニドでラベル化されたペプチドと SWNT の複合体を Prato 反応により合成し, この複合体が細胞膜を透過し, 細胞核に到達することを示した[7]。

一方, いわゆるポリイオンコンプレックス法による可溶化・分散の可能である。Haddon らは, SWNT-COOH とオクタデシルアミン ($C_{18}-NH_2$) がポリイオンコンプレックス (SWNTs-$COO^-H_3N^+C_{18}$) を形成すること, また, このポリイオンコンプレックスが, テトラヒドロフランやクロロベンゼンに溶解することを報告した[8]。得られたナノチューブは, 原子間力顕微鏡 (AFM) 観察より直径 $2 \sim 5$ nm のロープ状の構造を示す。

CNT の化学修飾に関してすでにいくつかの総説[3]が出されているので参照して頂きたい。代表的な合成法を図2にまとめた。

4.2　サイドウォールへの物理吸着 (非化学結合) による可溶化 (あるいはコロイド分散)

ある種の低分子及び高分子は, CNT のサイドウォールへの物理吸着 (非化学結合) がおきる。

193

これが駆動力でナノチューブが有機溶媒や水に溶解することができる[3]。この方法は，化学修飾法と異なり，i) CNT本来の基本特性を保持したまま可溶化・分散が可能，ii) 未切断の長いCNTにも利用できる，iii) 可溶化剤の官能基とCNTとの相互作用によるCNT物性可変の可能性がある，などの特長がある。最もよく利用されている可溶化剤は，界面活性剤である。これに対して，筆者らは特にCNTサイドウォールと多核芳香族可溶化剤とのπ-π相互作用を利用した可溶化および機能化に着目した研究を進めている。芳香族可溶化剤に親水基があればCNTは水やアルコールに溶解し，疎水基があれば有機溶媒に溶解する。以下，具体的に説明する。

4.2.1 界面活性剤ミセルによる可溶化・機能化

CNTは，界面活性剤から形成された水中のミセルに可溶化・分散する[9]。可溶化法は，CNT（固体）を含む界面活性剤ミセル水溶液に所定時間超音波を照射し，遠心分離で，CNT可溶化溶液を集めるというものである。界面活性剤はカチオン性（セチルトリメチルアンモニウムブロミドなど），アニオン性（ドデシル硫酸ナトリウムなど），非イオン性（トリトンXなど），双性イオン性，いずれも利用できる。図3に示したように可溶化・分散はヘミミセルあるいは界面活性剤分子のSWNTサイドウオールへの物理吸着によるものと推定できる。このとき溶液中には過剰の界面活性剤が存在し，物理吸着界面活性剤と水中のミセルとは動的な速い平衡にある。著者らはステロイド骨格を持つコール酸系のバイオ界面活性剤（図4）のSWNTの可溶化能を調べ，側鎖の骨格が可溶化に大きな影響を及ぼすことを見いだした[10]。すなわち，コール酸ナトリウムやデオキシコール酸ナトリウム，タウロデオキシコール酸ナトリウムは，これまでに利用されてきた界面活性剤より優れた可溶化能を持つが，CHAPSやスクロースモノコレートは，可溶化能が極めて低い。フェロセンなどの酸化還元活性基を含む界面活性剤でSWNTを可溶化すれば電気化学的手法で電極上でSWNTの薄膜が形成できる[11]。含フェロセン界面活性剤の場合，フェロセン部位が酸化されるとミセル形成能がなくなり，ミセルに可溶化されていたSWNTは基板上に析出し，薄膜が形成される。

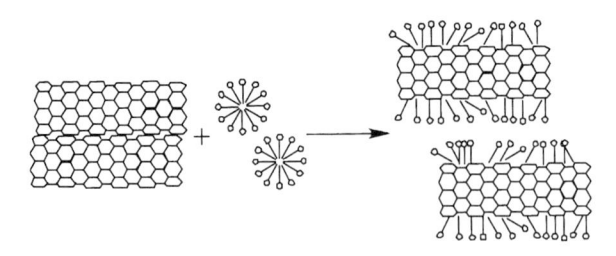

図3 界面活性剤ミセルによるCNT可溶化の模式図

第15章　可溶性カーボンナノチューブ

最近 Smalley らにより興味深い論文が報告された[12]。彼らは，臨界ミセル濃度以上のドデシル硫酸ナトリウム（1 wt%）で可溶化された SWNT（CVD 法で合成された未精製の HiPco とよばれるカーボンナノチューブを使用）を前処理後，カップホーン型の超音波照射装置で照射し，次に 120000 g で超遠心を行うことにより SWNT が水中で孤立溶解すること，また孤立溶解した SWNT は，近赤外

X = OH, Y = COONa : Sodium cholate
X = H, Y = COONa : Sodium deoxycholate
X = OH, Y = CO-NH-(CH_2)$_3$-N^+(CH_3)$_2$-(CH_2)$_3$-SO_3^- : CHAPS
X = OH, Y = CO-NH-CH_2-COONa : Sodium glycocholate
X = H, Y = CO-NH-(CH_2)$_2$-SO_3Na : Sodium taurodeoxycholate
X = OH, Y = sucrose : Sucrose monocholate

図4　コール酸系界面活性剤の化学構造

領域に特徴的な吸収スペクトルおよび蛍光スペクトル示すことを示した。また，Weisman は可溶化 SWNT のカイラル指数付け表を示した。可溶化 SWNT の近赤外蛍光スペクトルデータを測定し，カイラル指数付け表を用いて可溶化溶液中に存在する SWNT のカイラル指数が決定できる[13]。

4.2.2　多核芳香族化合物による可溶化と機能化

まず本手法による可溶化の概念を図5に示した[3]。考え方はシンプルである。「ピレンやポルフィリン基などの多核芳香基は，SWNT サイドウオールとの π-π 相互作用が働く。したがって，これらの官能基に溶媒親和性基を導入すれば，CNT の可溶化剤になるのでは」，という発想である。これによりナノチューブの新しい機能設計も可能となるものと期待できる。このコンセプトを実験で明らかにするために，著者らはまずピレンにアンモニウム基を導入した化合物1を合成し，この水溶液に SWNT を加え超音波照射（バス型超音波照射装置を使用）を行った。その結果，SWNT が水中で容易に可溶化・分散することを見いだした[14]。多核芳香基であるピレン基と SWNT サイドウオールとの π-π 相互作用が主な可溶化・分散の駆動力であると考えられる。化合物1はミセル形成能はないので，いわゆるミセル可溶化とは可溶化のメカニズムが異なる。Paloniemi らは，アミノ基を含むナフタレンスルホン酸が SWNT 可溶化能があることを

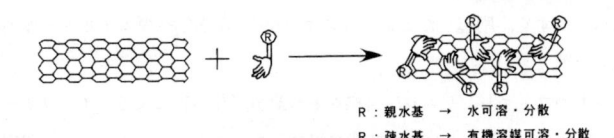

R : 親水基　→　水可溶・分散
R : 疎水基　→　有機溶媒可溶・分散

図5　SWNT 表面への芳香族化合物の物理吸着の模式図

示した[15]。

　筆者らは、機能性多核芳香族分子であるポルフィリン化合物（例えば亜鉛ポルフィリン ZnPP など）も同様の π-π 相互作用により SWNT を可溶化できることを見いだした[16]。可溶化法は上記と同様である。メタルフリーポルフィリンも、金属配位のポルフィリンも SWNT 可溶化能がある。可溶化溶液ではポルフィリンからナノチューブへのエネルギー移動が観測される。Guldi らは、化合物 SWNT・1・アニオン性ポルフィリンの 3 元系ナノコンポジットを合成し、過渡吸収光物理プロセスを詳細に調べた[17]。

5　ポリマー・SWNTナノコンポジット

　合成ポリマーとナノチューブとの複合体、ポリマー・SWNT ナノコンポジットは、新しい超分子ポリマーとして興味深い。前述したように、1 は水中へ SWNT を可溶化分散する。ピレン基を含む水溶性のビニルモノマー 2 およびコポリマー 3 も 1 と同様 SWNT を水中に可溶化できる[18]。Martin らはピレン基をペンダントとするポリマー 4 を合成した[18]。4 は、クロロフォルム、THF、トルエンに SWNT を溶解させる。トルエン溶液での 390 nm 近傍の蛍光スペクトルは、4 単独に比べ SWNT-4 では著しく消光した。この消光の原因として、励起したピレンモノマーから SWNT へエネルギー移動が考えられる。彼らは、さらに分子内でエキシマー形成できるように 5, 6 を分子設計・合成し、スペーサーを長い 6 では、分子内または分子間でピレンエキシマーを形成しやすく、励起したピレンモノマーから SWNT へのエネルギー移動効率が悪くなることを示した[19]。

　アルキル鎖をもつフェニレンビニレン骨格をもつ高分子化合物によるサイドウォールラッピングにより SWNT をクロロホルムなどの有機溶媒に可溶化できる[20]。ポリマーと SWNT の π-π 相互作用が溶解の駆動力であることが ^{1}H-NMR スペクトルにより示されている。フェニレンビニレン単独では強い蛍光強度を示すのに対し、SWNT-フェニレンビニレンクロロホルム溶液で

第15章 可溶性カーボンナノチューブ

は，フェニレンビニレンからSWNTへのエネルギー移動により著しく消光される。

SWNTとバイオポリマーのコンポジットが形成できる。Stoddartらは，水中でアミロース・ヨウ素錯体とSWNTを超音波照射するとアミロース・SWNTsコンプレックスが生成すると報告している[21]。新海らは，らせん型多糖であるシゾフィランがSWNTを可溶化し，ナノコンポジットを形成することを見いだした[22]。

6 DNAおよびRNAとCNTのナノコンポジット

DNAはもっとも高度に組織化された生体高分子であり，高分子化学・物理，超分子科学，ナノ材料科学など，様々な分野から多角的な研究が展開されている「古くて新しい」物質である。近年，DNAを素材とするナノ構造体の設計・構築に対してナノスケールからマイクロスケールへのボトムアップ型のテクノロジーと絡み，大きな関心が集まっている。Seemanらの DNAナノ構造体[23]の提案・構築はよく知られている。

ここではDNA/CNTナノコンポジットに関する最近の研究について説明する。著者らは，二重らせんDNAがカーボンナノチューブを水中に可溶化することを見いだした[24]。まずDNAを水に溶解させ，これに精製SWNTを加え，バス型ソニケーターを用いて超音波処理を行う。その後，所定の回転数で遠心分離を行いDNA-SWNT分散水溶液を単離する。DNA-SWNT水溶液は黒色透明で，10℃以下では長期間安定である。図6にDNA-SWNT水溶液の写真を，図7

197

環状・筒状超分子新素材の応用技術

図6　DNA-SWNT水溶液（左）およびDNAのみ（右）の水溶液

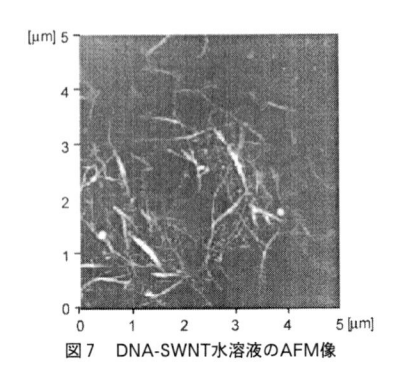

図7　DNA-SWNT水溶液のAFM像

にDNA-SWNT水溶液の原子間力顕微鏡（AFM）写真を示した。ここで用いたSWNTの太さは0.8～1.2nmであり，溶液中にDNAによって1本1本に解けた孤立溶解SWNTが多く存在していることがわかる。しかしバンドル構造のナノチューブも一部認められる。DNA-SWNT水溶液は，可溶化ナノチューブと同様に可視-近赤外領域に特徴的な吸収バンドを示す。超音波処理によって一時的に生じた核酸塩基とSWNTサイドウォールとのπ-π相互作用や，DNAのMajor GrooveまたはMinor Grooveとナノチューブとの相互作用が可溶化に関与しているものと推定できる。DNA可溶化SWNTをテンプレートとすることによりチオフェンの酸化重合が可能である[25]。

著者らと全く同時に，Zhengらは，一本鎖DNAがSWNTを可溶化することを報告した[26,27]。さらに，可溶化溶液の分画成分により，メタリックナノチューブと半導体ナノチューブの分離の可能性を示した。

DNA/CNT複合体を用いナノファイバーが作成できる[28]。作成したナノファイバーを延伸することで，従来の界面活性剤可溶化CNTからのナノファイバーより機械的強度が強い導電性ナノファイバーが形成できる。

DNAとカーボンナノチューブの融合は，バイオナノサイエンスの基礎として化学・生物・医学[29]・薬学などの分野に影響を及ぼす可能性を秘めており，今後の研究の発展が期待される。

7　SWNTのキラリティ分離

前述したようにSWNTには，巻き方が異なった3種にキラリティ，すなわち，ジグザグ型，アームチェアー型，およびキラル型が存在する。SWNTの直径は，合成に用いる金属触媒の粒

第15章 可溶性カーボンナノチューブ

子径に依存する。粒子径が厳密に揃った触媒を用いればある単一直径のSWNTだけが合成可能で，これができればキラリティを制御したSWNTが合成できる可能性があるが，現在は，作り分けは困難である。最近，これら3種類のキラリティを物理的，あるいは化学的な方法で分離する研究が報告されている。例えば，(i) 切断SWNTのトリトンX-100 (3 wt%)分散水溶液への選択的臭素ドーピングによる分離，(ii) グアニンやチミジンを含む一本鎖DNAが電子リッチな金属SWNTに結合する能力が高い性質を利用したアニオン交換クロマトグラフィーによる分離，(iii) 長鎖ポルフィリンが半導体SWNTに選択的に物理吸着する性質を利用した分離，(iv) SWNTのSDS分散溶液の比誘電率の違いを利用した交流電流誘電泳動による分離，(v) 金属性SWNTとジクロロカルベンとの高い反応性を利用した分離，(v) オクタデシルアミン修飾の金属性SWNTと半導体性SWNTのTHFへの分散度の違いを利用した分離，(vi) ジアゾニウム塩が電子リッチな金属SWNTとの反応速度が速いことを利用した分離，(vii) 酸素雰囲気の溶液に254 nmのUVを照射した際の金属性SWNTへの選択的なオスミウム化反応による分離をそれぞれ報告している。アルキルアミンの選択的な反応性を利用した金属性ナノチューブの高選択な可溶化が挙げられる。

これらの詳細についてはWongらの総説[30]を参考にしてほしい。

8 ナノチューブ複合による液晶，ゲル形成

配向構造を持つ液晶，ソフトマテリアルとしてのゲル，これらにナノチューブの機能を付加したらどのような新材料が生まれるか？この分野の研究を紹介する。Patrick[31]らはSWNTとMWNTをネマチック液晶マトリックス中に配向させた。Da Curz[32]らはネマチック液晶中に分散したSWNTを作成し，磁場中でネマチック液晶のダイレクタが磁場に垂直に（液晶面と平行に）配列することを発見した。Dierkingら[33]は液晶中に分散したSWNTとMWNTが再配向した液晶ダイレクタ場によって再配向することを報告した。またWindleら[34]は水溶液分散液中で，MWNTがリオトピック液晶を形成することを見いだした。

ナノチューブゲルは新しいタイプのナノゲルとして興味がもたれてる。Kovtyukhova[35]らは切断SWNTが極端に低い濃度（≥ 0.3 %）で徐々に粘性のあるハイドロゲルを形成することを発見した。この挙動はナノチューブネットワーク間の水素結合による。Liら[36]はゼラチン-CNT複合ハイドロゲルを調製し，CNT-ゲルの安定性が37℃，架橋なしの条件で保たれることを発見した。新海ら[37]は，小分子のハイドロゲル（β-ブルコピラノシド-アゾナフトール共重合体）内での安定な分散を報告した。このゲル化剤はSWNTの表面に配向し，蛍光消光を示す。相田ら[38]はSWNTとイオン性液体を室温にてすりつぶすことによりCNT-ゲルが形成することを発

環状・筒状超分子新素材の応用技術

見した。このゲルは物理的なナノチューブバンドルの架橋とイオン性液体の局所的な分子配列によって形成されるものと予想されている。最近筆者らは，ポリイミドに可溶化されたナノチューブがゲルを形成することを見いだした[39]。

9 ナノチューブラセン状超構造体

自己集合による CNT の超構造体形成は，興味ある研究課題である。超音波照射によるキャビテーションにより，CNT がリング状の超構造体を形成することは，以前から知られている[40]。同様の構造体は佐野らによっても報告されている[41]。著者らは，化合物1により水中で可溶化された平均直径1.4 nm の CNT および C 70 内包 CNT がらせん状の様々な超構造体（リング，投げ縄，テニスラケット状，8の字状など）を形成することを見いだした（図8）[42]。Monte Carlo シミュレーションによりこれらの構造体形成のシナリオを明らかにすることができた。

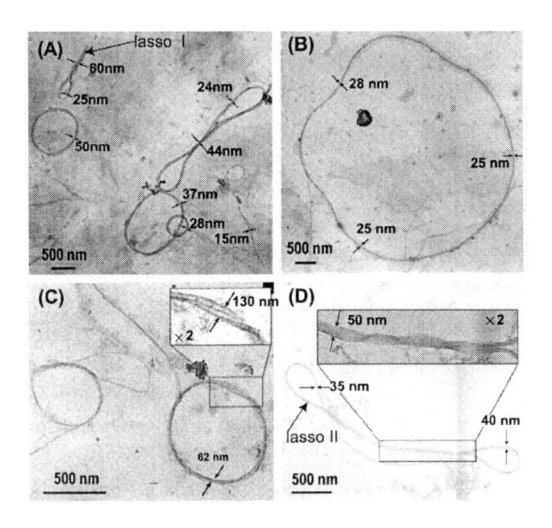

図8 化合物1により可溶化されたピーポッドの電顕写真

10 まとめと将来展望

化学結合およびサイドウオールへの物理吸着により，カーボンナノチューブが水溶液中あるいは有機溶媒に可溶化・分散できること，さらにこれらを利用したナノチューブのナノコンポジットの作成，さらに半導体 CNT と金属性 CNT の分離が可能になることを解説した。現在，可溶化ナノチューブを利用していかにナノチューブ（あるいはそのコンポジット）を機能化するかに研究の重点は移行しているが，可溶化ナノチューブの利用に際しては，ナノチューブのバンドルがどの程度ほどけているかは，充分注意して解析する必要がある。なぜなら可溶化ナノチューブ

第15章 可溶性カーボンナノチューブ

は，バンドルナノチューブとは異なった特性を示すからである．可溶化ナノチューブには様々な化学的アプローチ，バイオ的アプローチが可能であることから，今後これまでに発見されていないナノチューブの新しい機能開発や物性・機能のスイッチングなど興味深い研究の展開が期待される．

文　　献

1) S. Iijima, *Nature*, **354**, 56 (1991).
2) (a)田中一義編，カーボンナノチューブ，化学同人 (2001); (b)カーボンナノチューブ・基礎と工業化の最前線・, NTS社 (2002); (c)特集「フラーレン科学の新展開」，化学工業, **53**, 569-627; (d) 特集「カーボンナノチューブが拓く新世界」，工業材料, **51**, 17-65 (2003); (e) 篠原久典監修，ナノカーボン材料開発の新局面，シーエムシー出版 (2003); (f) 篠原久典，斉藤理一郎編，カーボンナノチューブの基礎と応用，培風館 (2003); (g) Carbon Nanotubes-Science and Applications, M. Meyyappan編, CRC Press, 2005; (h) Applied Physics of Carbon Nanotubes, S. V. Rotkin, S. Subramoney 編, Springer, 2005.
3) (a) Y-P. Sun *et al.*, *Acc. Chem. Res.*, **35**, 1096 (2002); (b) S. Niyogi, *et al.*, *Acc. Chem. Res.*, **35**, 1105 (2002); (c) A. Hirsch: *Angew. Chem. Int. Ed.*, **41**, 1853 (2002); (d) 中嶋直敏，カーボンナノチューブの溶媒への可溶化「超分子科学」中嶋直敏編, 化学同人, 431-440 (2003); e) N. Nakashima, "Soluble Carbon Nanotubes", *Int. J. Nanoscience*, **4**, 119 (2005).
4) N. Nakasima *et al.*, *Chem. Phys. Lett.*, **392**, 529 (2004).
5) R. C. Haddon *et al.*, *Science*, **282**, 95 (1998).
6) A. Pénicaud *et al.*, *J. Am. Chem. Soc.*, **127**, 8 (2005).
7) A. Bianco *et al.*, *J. Am. Chem. Soc.*, **127**, 58 (2004).
8) (a) M. A. Hamon *et al.*, *Adv. Mater.*, **11**, 834 (1999); (b) J. Chen *et al.*, *J. Phys. Chem. B*, **105**, 2525 (2001).
9) (a) V. Krstic *et al.*, *Chem. Mater.*, **10**, 2338 (1998); (b) W. F. Islam *et al.*, *Nano Lett.*, **3**, 269 (2003).
10) A. Ishibashi, N. Nakashima, *Bull. Chem. Soc. Jpn.*, 印刷中.
11) N. Nakashima *et al.*, *Chem. Phys. Chem.*, **3**, 456 (2002).
12) M. J. O'Connel *et al.*, *Science*, **297**, 593 (2002).
13) R. B. Weisman *et al.*, *Science*, **298**, 2361 (2002).
14) N. Nakashima *et al.*, *Chem. Lett.*, 638 (2002).
15) H. Paloniemi, T. Ääriralo, T. Laiho, H. Like, N. Kocharova, K. Haapakka, F. Terzi, R. Seeber, J. Lukkari, *J. Phys. Chem. B*, **109**, 8634 (2005).
16) H. Murakami *et al.*, *Chem. Phys. Lett.*, **378**, 481 (2003).

17) a) D. M. Guldi, G. M. A. Rahman, N. Jux, N. Tagmatarchis, M. Prao, *Angew. Chem. Int. Ed.*, **43**, 5526 (2004); b) D. M. Guldi, G. M.A. Rahman, N. Jux, D. Balbinot, N. Tagmatarchis, M. Prato, *Chem. Commun.*, **2005**, 2038.
18) N. Nakashima *et al.*, *Trans. Mater. Res. Soc. Jpn.*, **29**, 525 (2004).
19) R. B. Martin *et al.*, *J. Phys. Chem. B*, **108**, 11447 (2004).
20) (a) J. Chen *et al.*, *J. Am. Chem. Soc.*, **124**, 9034 (2002); (b) D. W. Steuerman *et al.*, *J. Phys. Chem. B*, **106**, 3124 (2002).
21) A. Star *et al.*, *Angew. Chem. Int. Ed.*, **41**, 2508 (2002).
22) a) M. Numata *et al.*, *Chem. Lett.*, **33**, 232 (2004); b) M. Numata *et al.*, *J. Am. Chem. Soc.*, **127**, 5875 (2005).
23) N. C. Seeman *et al.*, *Nature*, **394**, 539 (1998).
24) N. Nakashima *et al.*, *Chem. Lett.*, **32**, 456 (2003).
25) A-H. Bae *et al.*, *Org. Biomol. Chem.*, **2**, 1139 (2004).
26) M. Zheng *et al.*, *Nature Materials*, **2**, 338 (2003).
27) a) M. Zheng, A. Jagota *et al.*, *Science*, **302**, 1545 (2003); b) S. G. Chou, H. B. Ribeiro *et al.*, *Chem. Phys. Lett.*, **397**, 296 (2004); c) M. S. Strano, M. Zheng *et al.*, *Nano Lett.*, **4**, 543 (2004).
28) J. N. Barisci *et al.*, *Adv. Functional Mater.*, **14**, 133 (2004).
29) R. Singh, *et al.*, *J. Am. Chem. Soc.*, **127**, 4388 (2005).
30) S. S. Wong *et al.*, *J. Nanosci. Nanotech.*, **5**, 841 (2005).
31) M. D. Lynch *et al.*, *Nano Lett.*, **2**, 1197 (2002).
32) C. Da Cruz *et al.*, *J. Nanosci. Nanotech.*, **4**, 86 (2004).
33) I. Dierking *et al.*, *Adv. Mater.*, **16**, 865 (2004).
34) W. Song *et al.*, *Science*, **302**, 136 (2003).
35) N. I. Kovtyukhova *et al.*, *J. Am. Chem. Soc.*, **125**, 9761 (2003).
36) a) H. Li *et al.*, *Macromol. Biosci.*, **3**, 720 (2003); b) H. Li *et al.*, *Colloids Surf., B*, **32**, 85 (2004).
37) M. Asai *et al.*, *Chem. Lett.*, **33**, 120 (2004)
38) T. Fukushima *et al.*, *Science*, **300**, 2072 (2003).
39) M. Shigeta *et al.*, *Chem. Phys. Lett.*, 印刷中.
40) P. Avouris *et al. Nature*, **398**, 299 (1999).
41) M. Sano *et al.*, *Science*, **293**, 1299 (2001).
42) N. Nakashima *et al.*, *J. Phys. Chem. B*, **109**, 13076 (2005).

第16章　カーボンナノチューブのバイオ応用

佐野正人*

1　はじめに

　カーボンナノチューブ（CNT）は，炭素の六員環が蜂の巣状に結合した平面シートをつなぎ目がないように巻いた円筒状の構造をしている。1枚のシートが巻いたものを単層CNT，複数のシートが同心円状に巻いたものを多層CNTと呼ぶ。代表的な単層CNTの直径は0.4～2 nmであり，多層CNTでは5～30 nm程度である。両方とも長さは数百ナノメータから数ミクロン以上に達するので，非常に細長い形状をしている。特に，単層CNTは，伸びきったDNAやタンパク質と同程度の大きさである。

　CNTが発見されたのは1991年であり[1]，その直後から，CNTが金属にも半導体にもなり，特異的な光吸収を示すなどの物性研究は急速に進歩した。ところが，CNTの化学やバイオへの応用が本格的に行われるようになったのは，10年以上経ってからである。これは，量産化と溶媒への分散化という障壁を乗り越える必要があったからと思われる。現在では，バイオ分子によるCNTの表面修飾，CNTの電気特性を利用したバイオセンサー，細胞内への分子輸送システム，マウスなどを用いた生体反応検査など，CNTの最も活発な応用分野の一つになりつつある。あまりにも急速に発展しているため，バイオ全般へのレビューは膨大な数になり，非常に短期間で新しい結果が次々と現れるような状況である。ここでは，そのなかでも主に有機化学的なバイオ応用に焦点をあてて解説する。

2　CNTの化学構造と特性

　CNTの炭素同士はsp^2混成軌道により結合することで六員環シートを構成し，それに垂直方向のパイ電子がシート面上に共役している[2,3]。円周方向では繋ぎ目がないように結合するという条件から，この方向にはパイ電子の波長は量子化されている。その条件（すなわち，シートの巻き方）に起因して，単層CNTは金属，もしくは，半導体になる。ところが，長軸方向には，パイ電子は制限なく連続した波長を持てるので，CNTは電子構造上の1次元物質となる。その特

＊　Masahito Sano　山形大学　工学部　助教授

徴として，極めて多くのパイ電子を許容できる特異的なエネルギーが存在することになり，CNTは物理学的には連続固体であるにもかかわらず，あたかもエネルギー順位を持った有機分子のように振舞う。たとえば，一本の単層CNTは，紫外から近赤外領域にエネルギー差に対応した鋭い吸収ピークを示す。実際のサンプルでは，巻き方の異なるCNTが混在し，複数の単層CNTが束になった構造を取りやすい。このため，様々なエネルギー差の混同と相互作用のためにピークは重なり，幅広になる。金属と半導体の自然比は1：2と予測されるので，多層CNT中の少なくとも一層は金属である確立が高い。また，半導体CNTのバンドギャップはCNTの直径に反比例するので，太い半導体CNTほど金属に近づく。よって，ほとんどの多層CNTは金属として振舞うと考えてよい。現時点では，金属と半導体の分離や，特定のバンドギャップを持つ半導体CNTだけを合成することはできない。また，長さの制御や，束の太さ制御もなされていないので，実際のCNTサンプルは，さまざまな電子特性や形状のCNTが混在したものである。バイオセンサーへの応用では，多くの単層CNTを電子回路に組み込んでおき，その中から適した半導体特性のCNTを選んで使用している。

長さが数ミクロンにも達するのであるから，CNT表面を覆うパイ電子は非常に長距離にわたり非局在化していて，平坦な六員環が繰り返し現れる大変滑らかな表面となっている。結果的に，化学的に安定で，他の物質に濡れない特性を持つ。また，直径は分子サイズなので，2本のCNTはファンデルワールス力が十分強くなる位置まで接近でき，長さ分の積算効果によりそのエネルギーは膨大なものとなる。これは，CNT同士の強い凝集力を意味する。これらの特性から，CNTは溶媒に分散せず，無理やり分散させても直ぐに凝集してしまう結果を生じる。バイオ応用には，濡れにくいCNTを水に分散させる技術を確立することが必要不可欠である。興味深いことに，多くのバイオ分子が，CNTを水中に分散させる安定剤の役目を果たすことがわかってきた。ところで，分散や濡れ，凝集性などの表面特性はCNTの欠陥に非常に敏感である。その反面，電子顕微鏡で観察できるくらいの欠陥があってもCNTは安定であり，室温での物性に顕著な変化は現れない。したがって，欠陥を制御することで分散化させる手法も重要である。

現在のCNT生成法は，大きく分けて，金属触媒の存在下，炭素原料を燃焼させる化学気相法，電極に高電圧をかけて炭素電極を気化させるアーク放電法，強いレーザーにより炭素ターゲットを加熱するレーザー蒸発法に分けられる。化学気相法は大量生産に適しているが，欠陥の多いCNTとなる。アーク放電法やレーザー蒸発法は，欠陥の少ないCNTを生成するが，束になりやすく，スス成分も多くできるので大量生産しづらい。下記に示す分散化や表面修飾の程度は，これらの生成法の違いが大きく影響する。また，同じ手法で生成されたCNTでも，メーカーやロットが変われば，収率が違う。これらの再現性や定量化の問題は欠陥密度と純度の違いによると考えられるが，注意すべき点の一つである。

3 CNTの水への分散化と安定性

ほとんどのバイオ応用に関して，CNTを水中に分散させる必要がある。ところが，生成された直後の（純度の高い）CNTは，ほとんどの溶媒に分散せず，特に強い疎水性を示す。そこで，まず塊をほぐして水中に浮遊させる分散化と，再凝集させないようにする安定化が必要となる。前者は超音波照射がほぼ唯一の方法であるが，後者にはさまざまな手法が存在する。CNT分散液の調製法としては

（1） CNTの酸化：強酸中で超音波照射した後，酸を除去し，水に分散させる。
（2） 分散剤の添加：分散剤を溶かした水中で超音波照射。分散剤は残留する。
（3） CNT欠陥への反応：水溶性官能基をCNT欠陥に反応させた後，水に分散，

がある。その代表的な例と分散量を表1にまとめた。ただし，分散量は，CNTの合成法，超音波のパワーや照射時間，遠心分離の条件などに大きく依存するので，単純に比較はできない。
（2）において，分散量は明記されていないが分散剤として有効であると報告されたバイオ関連化合物は，コール酸，DNA，セルロースなど，表に示した以外にも多く存在する。（3）は，（1）の処理でCNT欠陥に発生した多様な含酸素官能基の中のカルボン酸に数々のアミン誘導体

表1　化学修飾によるCNTの水への分散化

分散法 試薬，分散剤，官能基など	分散量 （mg/mL）	CNTの生成法	文献
（1）酸化			
98% H_2SO_4/70% HNO_3 (3:1)	0.3	レーザー蒸発	4）
（2）分散剤			
Sodium dodecylbenzenesulfonate (SDBS)	20	化学気相	5）
Sodium docecylsulfate (SDS)	0.1	化学気相	5）
Triton X-100	0.5	化学気相	5）
Dextrin	0.05	化学気相	5）
Starch	0.5	化学気相	6）
Gum Arabic	15wt%	アーク放電	7）
Gelatin	5	化学気相	8）
（3）欠陥への反応			
$H_2N(CH_2)_2SO_3H$	1.3	アーク放電	9）
Glucosamine	0.1	アーク放電	10）
Poly(ethylene glycol)	87	アーク放電	11）
Poly(propionylethylenimine-co-ethylenimine)	23	アーク放電	11）
Poly(vinyl alcohol)	8	アーク放電	11）

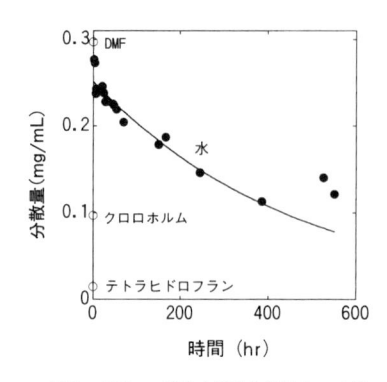

図1　3500 gの遠心分離後も溶液中に分散している量とその経時変化

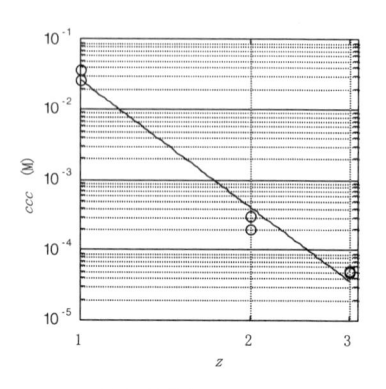

図2　臨界凝集濃度（ccc）とイオン価（z）の関係
両対数プロットの直線の傾きは−6

を反応させる手法が主流である。いずれの分散法でも，CNTを1本1本孤立分散させることは難しく，ほとんどのCNTは束の状態で分散している。超遠心により孤立に近いCNTだけを回収することができるが，その収率は極めて低い。

酸化により分散した単層CNTの中性付近でのゼータ電位は−15 mV程度である。よって，安定剤なしでは徐々に凝集する分散状態にあるが，その時定数は数百時間なので半日程度ならほとんど凝集は確認できない（図1）[4]。ところが，そのような状態の分散液にカチオン塩を添加すると，ある濃度でCNTの急激な凝集が起こる。これは，CNT同士がファンデルワールス引力に対抗して静電的斥力で分散しているところに，カチオン塩により静電的相互作用が遮蔽されたため斥力が減衰し，生じた結果である。図2にあるように，臨界凝集濃度はイオン価の六乗に反比例するので，イオン価の大きい塩ほど低濃度で凝集させる[12]。バイオ関係では緩衝液を用いる場合が多いので，安定剤を添加しない場合はイオン強度の調整を注意深く行わなければならない。

4　バイオ分子によるCNTの表面修飾

表面修飾法には，化合物を溶液中でCNTに吸着させる方法と，CNTに共有結合させる方法がある[3]。通常の物理吸着では，吸着量は溶液中の化合物濃度と熱力学的平衡にある。しかし，CNTの場合，いったん吸着すると脱離しない非可逆的吸着が多く報告されていて，洗浄を繰り返しても吸着成分が残留する場合が多い。共有結合は六員環のsp^2結合か，もしくは，欠陥に反応させて得られる。バイオの応用では，酸化で生じたCNT欠陥上のカルボン酸とアミン誘導体

第16章 カーボンナノチューブのバイオ応用

の反応が主流である。図3に，酸化反応とよく使われるアミンとの反応スキームを示した。

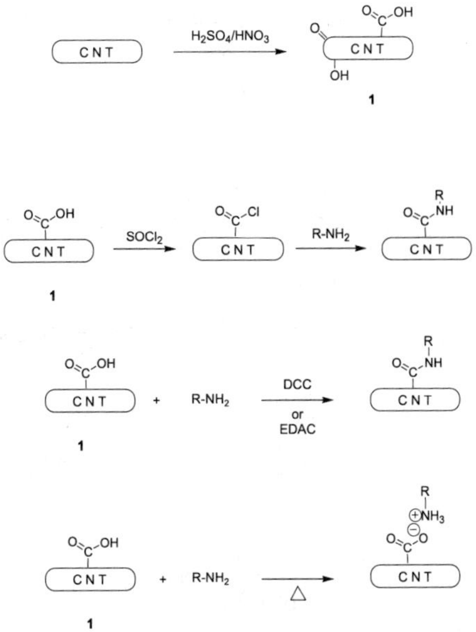

4.1 糖質

グルコサミンやキチンなどのアミノ基を含む化合物は，吸着法でも共有結合法でも CNT を修飾でき，病原体認識などの研究がなされている[10,13]。合成的にアミノ基を導入したガラクトシドも共有結合されるが，水への分散性は減少する[14]。アミロースや市販のデンプンも吸着するが，ヘリックス構造が必要かどうかは議論上にある[6]。また，β-1,3-グルカンもよく吸着するが，これらは有機溶媒との混合溶媒中で研究されている[15]。

単層 CNT を γ-シクロデキストリンと混ぜ，すり鉢で混錬すると CNT の切断が起こり，分散性が向上したという報告があるが，機構は不明である[16]。環サイズの大きい η-シクロデキストリンは，水中で吸着する[17]。

図3 CNT 欠陥への反応
酸化CNT 1 のカルボン酸とアミン誘導体との反応には，酸塩化物として反応（上），縮合剤の添加（中），もしくは，両極性イオン対の発生（下）が多く適応される。

4.2 核酸

DNA は，1本鎖，2本鎖とも CNT に吸着して水分散させる[18]。DNA の電荷を利用して，イオン交換クロマトグラフィーで金属と半導体単層 CNT の分離がなされている[19]。Poly(T) が poly(A) や poly(C) より CNT をよく分散させるが，これは自己会合の差が原因と推察される。

アミノ基で終端されたオリゴヌクレオチドは CNT のカルボン酸と直接共有結合可能で，CNT の分散性を改善する[20]。また，CNT のカルボン酸にジアミンを反応させ，さらにスクシンイミド基を持つ SMCC リンカーを付加し，チオール基で終端されたオリゴヌクレオチドを結合させた例もある（図5）[21]。これら DNA 誘導体は相補的相互作用を示す。CNT の sp^2 結合を対象とした例としては，基板に固定した CNT にアジドチミジンを光反応させ，5'位の水酸基から一

図4　糖質の化学構造

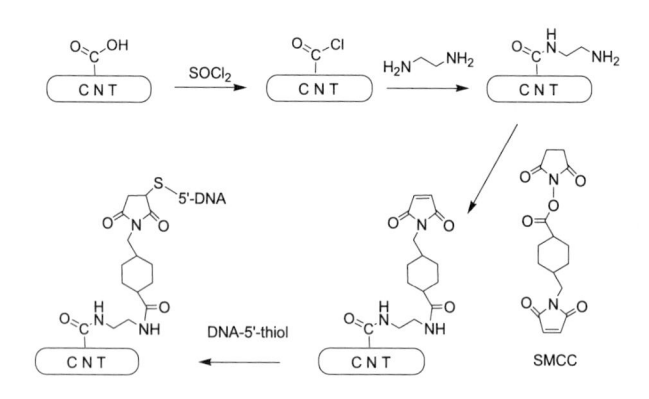

図5　SMCCリンカーを用いたDNAの固定化

塩基ずつDNAを合成した報告がある(図6)[22]。また，ペプチド核酸（PNA）でCNTを表面修飾してDNAとのハイブリッド化を調査した例もある[23]。

4.3　タンパク質

多くのタンパク質がCNTに吸着することが知られているが，ほとんどは非特異的である。ストレプトアビジンでは，CNT表面で結晶化するとの報告もある[24]。これらの非特異的吸着は疎水性相互作用が主要因であると考えがちだが，より疎水性の高いフィブリノーゲンはあまり吸着しない[25]。中性で，チトクロームC（等電点10.8）もフェリチン（4.6）も非特異的に吸着するので，単純な静電的相互作用では説明できない[26]。物理吸着したグルコース酸化酵素の活性は保持されているので，吸着による構造変化は少ないと考えられる。ゼラチンは，ゾル状態でもゲル状

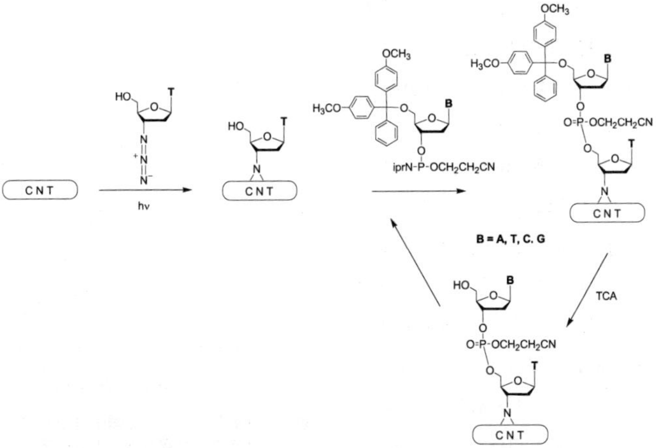

第16章　カーボンナノチューブのバイオ応用

図6　アジドチミジンの光反応からのDNA合成

態でも CNT を分散するので，ネットワークの必要性も否定される[8,27]。現時点では，CNT 表面の化学的制御がなされておらず，さまざまな効果により多様なタンパク質が非特異的に吸着するとしか言えない。

　応用によっては，これらの非特異的吸着は好ましくない場合ある。ポリエチレングリコール（PEG）による表面修飾は，非特異的吸着を避けるために頻繁に用いられる手法の一つであるが，PEG は単独では CNT にあまり吸着しない。そこで，アミン末端の PEG を共有結合することで，フェリチンの吸着を阻害した報告がある[28]。吸着法では親水性が重要であるらしく，PEG セグメントの短い Triton X-100 よりも，Tween-20 や Pluronic P103 の方が，ストレプトアビジン，アビジン，アルブミンなどの吸着を阻害した[29]。しかしながら，フラーレンを付加したある種の

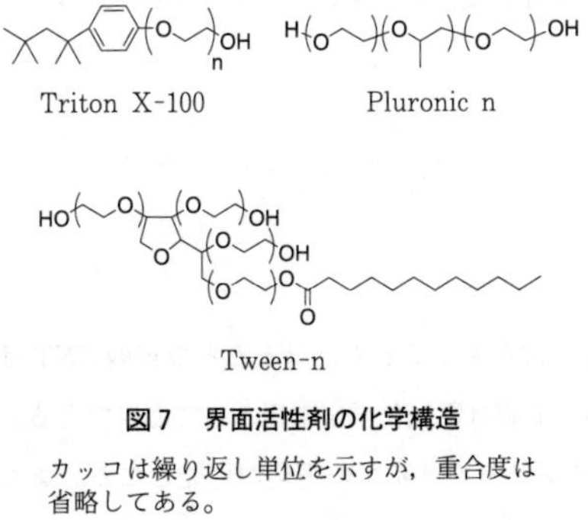

図7　界面活性剤の化学構造
カッコは繰り返し単位を示すが，重合度は省略してある。

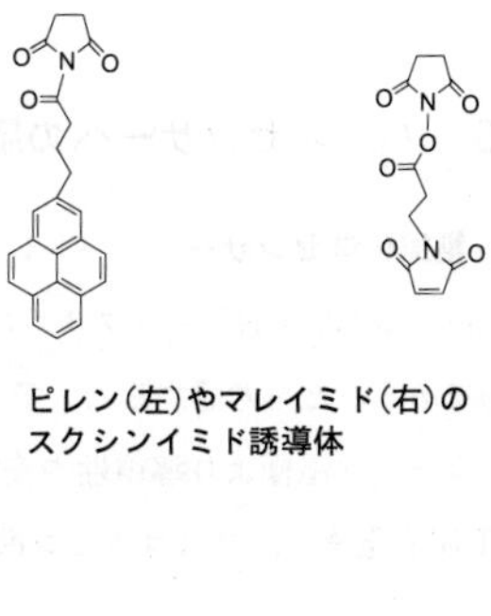

図8　ピレン（左）やマレイミド（右）のスクシンイミド誘導体

抗体[30)]やチトクロームC[26)]などは，これらの界面活性剤でも非特異的吸着を制御できなかった．逆に，Tween-20をビオチンや抗原で修飾してCNTに吸着させ，ストレプトアビジンや抗体を認識させた例も報告されている[29)]．

上述の例は，CNTにタンパク質を計画的に吸着させた例である．この他にも，ピレン基がCNTに吸着することを利用して，スクシンイミドを末端に持つピレン誘導体によりグルコース酸化酵素を固定した例がある[31)]．血清アルブミンなどのアミノ基をふんだんに含むタンパク質は，それ自体がCNTの分散剤として働くので，CNT上のカルボン酸と共有結合させることができる[32)]．また，最初にCNTとジアミノエチレングリコールを反

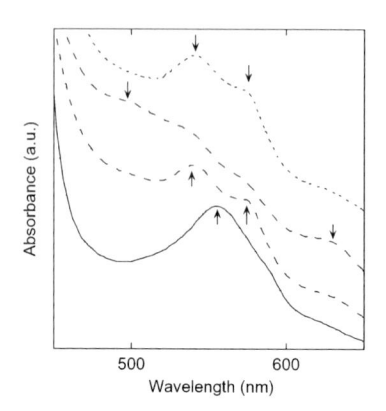

図9　ヘモグロビンに化学修飾CNTを混合したときの，吸収スペクトルの変化

最初デオキシ状態であったヘモグロビンの吸収（下，実線）が，ニトロソ化CNTの添加により変化し（中上下，粗破線），酸化CNTの添加では異なる変化（上，細破線）を示した．

応させて水への分散性を向上させ，ついでFmocで保護されたアミノ酸やペプチドを反応させる手法や[33)]，スクシンイミド・マレイミドによる架橋[34)]も共有結合による固定化の方法である．フェリチンを用いた比較実験では，共有結合させた方が物理吸着だけによるものよりも透析に対する安定性が高かった報告がなされている[28)]．

ところで，異なる化学修飾を施したCNTをヘモグロビンと作用させると，ヘモグロビンは異なるスペクトル変化を示した（図9）．ヘモグロビンはCNTに非特異的に吸着しているのであるが，CNT上の官能基には特異的に応答するようである[35)]．さらに，CNTがマイクロ波で効率よく加熱されることを利用して，水中でCNTと吸着したヘモグロビンだけを破壊させることができる．

5　バイオセンサーへの応用

5.1　電気化学センサー

一握りの単層CNTサンプルには金属と半導体が混在することや，ほとんどの多層CNTは金属的であることを考慮すると，多くのCNTからなる膜は電気化学用電極として応用できる．従来のカーボン電極より導電性や安定性で優れ，ナノメータサイズの電極が可能となる．また，CNT炭素電極は，アスコルビン酸，尿酸，ドーパミン，トリプトファンなどの酸化反応や過酸

第16章 カーボンナノチューブのバイオ応用

化水素などの還元反応などに電極触媒作用が認められている[36~39]。

多くのタンパク質が非特異的に吸着することを利用して,酵素を利用したバイオセンサーの担持体として応用されている。アルコール脱水素酵素を固定したCNTにNAD$^+$とエタノールを作用させ,発生するNADHを電気化学的に検出してエタノールセンサーとしたり[40],グルコース酸化酵素を固定して酸素とグルコースを供給したときに発生する過酸化水素を検出してグルコースセンサーとした例がある[41]。

酵素活性部位とCNTとの電子的な直接相互作用が期待される系としては,ヘムが露出しているチトクロームC[42]やミヨグロビン[43]がある。これらの酵素で修飾されたCNT電極は高感度センサーとして働く[44]。さらに,酵素の活性部位とCNTとの電気的接触を改善するために,ポリピロール[45]やメチレンブルー[46],フェロセン誘導体[42]などを伝達剤として用いた例もある。

DNAを固定したCNTを電極に用いて,グアニンの酸化反応をインピーダンスを電気化学的に測定することで,相補的に結合したオリゴヌクレオチドを検出できる[47]。また,フェロセンで修飾したオリゴヌクレオチドとのハイブリッド形成は,サイクリックボルタンメトリーで追跡可能である[48]。彼らは金属基板に垂直に成長させたCNTの表面を酢酸プラズマで処理してカルボン酸を導入し,それにDNAを共有結合で固定して電極とした。この手法だと,表面修飾のためにCNTを分散させる必要がないメリットがある。

酵素を固定したCNTにDNAもしくは抗体を付け,他のDNAや抗体を付けた小さな粒状の磁石と混合すると,相補的なDNAペアか,両方の抗体に反応する抗原があれば両者は結合する[49]。これを大きな磁石で集めてきてCNTに固定された酵素活性を電気化学的に測定することで,元のDNAや抗原を高感度で検出できる。酵素はCNTに共有結合されているのであるが,1本のCNTにつき平均9600個の酵素が固定できたと報告している。

5.2 FETセンサー

Field-effect transistor (FET) とは,2つの電極(ソース,ドレイン)間に渡した半導体素子に流れる電流を,絶縁層を経て半導体の近くに設置した3つ目の電極(ゲート)の電位を変えて半導体内のキャリヤー密度を変化させることで制御するデバイスである(図10)。ゲート電圧に対して大きく電流が変化するものが高感度のトランジスタ特性となる。この半導体素子にCNTを用いるのであるが,金属と半導体CNTの作り分けや分離はできていないので,CNT分散液を多くの電極が配線された基板に撒き,適切な半導体特性を持つCNTが固定された電極を選んで測定しているのが現状である。

ビオチンで表面修飾されたCNT-FFTのトランジスタ特性は,ストレプトアビジンの有無により大きく変化した[50]。PEGを含むポリマーでビオチンを固定しCNTを覆ったため,ビオチンな

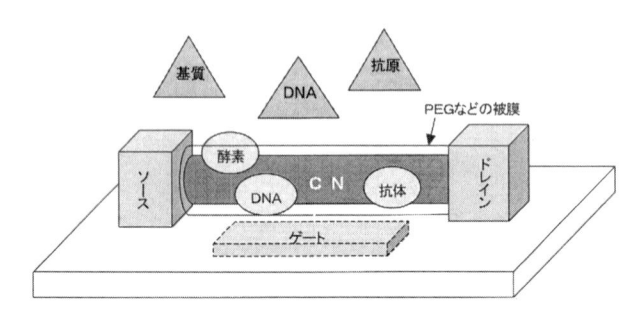

環状・筒状超分子新素材の応用技術

図10　CNT-FFTの模式図

ソース，ドレイン，ゲート電極を含む回路は半導体製造技術で作製され，そこに化学修飾したCNTを配置する。PEGなどの被膜はない場合もある。

しのCNT-FFTでは差が観察されなかったことから，非特異的吸着はないと結論している。また，抗原を共有結合したTween誘導体をCNTに吸着させ，抗体反応を測定した例では[29]，同時に行ったQCM（クウォーツマイクロバランス）の重量変化よりも100倍程度感度よく検出できている。非特異的吸着を阻害する目的で導入されたPEGやTweenの吸着層は，ゲート電極との絶縁層としても有効に働いている。さらに，チトクロームCの吸着では，数十個単位のチトクロームC分子が検出可能としている[51]。グルコース酸化酵素を固定したCNTでは，グルコースを添加すると導電率に変化が生じたと報告している[52]。しかしながら，いずれの場合も，どのような機構でバイオ分子の結合や反応がCNTの半導体特性に影響したのかが明確でない。これには，CNT本体よりも，CNTとソースやドレイン電極間の接合（ショットキー障壁と呼ばれる金属と半導体間の仕事関数の差に起因するダイオード特性）の問題も重なり[53]，解決にはしばらく時間がかかりそうである。

6　化学修飾CNTの細胞レベルでの応用

細胞レベルでの応用も報告されるようになってきた。エチレンジアミンやポリアミノベンゼンスルホン酸を共有結合させたCNT上で神経細胞の培養が行われている[54]。将来的にはシナプスとCNTを結び付けたCNT神経ネットワークの構築が期待される。また，非特異的にタンパク質を吸着させた単層CNTを哺乳類細胞に作用させたところ，食細胞活動により細胞内に取り込まれた[55]。細胞質に達したタンパク質-CNT体は期待された活性を維持していることも確認されている。多くのタンパク質がCNTに非特異的に吸着するので，タンパクキャリヤーとしての可

第16章　カーボンナノチューブのバイオ応用

能性を示唆する結果である。さらに同じグループは、がん細胞に優先的なレセプターを単層CNTに吸着させることで、がん細胞内部にCNTを選択的に取り込ませ、近赤外線照射によりCNTを加熱することで、がん細胞を死滅させることに成功している[56]。

7　おわりに

　CNTは、エレクトロニクス、燃料電池やコンポジット材料などの分野において、技術的には実用可能な段階にある[3]。そこで最近、注目され始めたのが毒性である。何の処理も施されていないCNTの急性毒性を裏付ける報告はないものの、ここに示したように化学修飾されたCNTはバイオ分子と相互作用する。それら誘導体の毒性は不明であるが、化学修飾という制御された状況下での毒性は、有益な応用が可能であることも意味している。このように、CNTのバイオ応用は、他分野からの社会的なニーズという背景もあり、ますます活発に展開されていくと期待される。

文　　献

1) Iijima, S., *Nature*, **354**, 56 (1991).
2) 斉藤理一郎，篠原久典，カーボンナノチューブの基礎と応用，培風館(2004).
3) 篠原久典編，ナノカーボンの新展開，化学同人(2005).
4) Sano, M.; Kamino, A.; Okamura, J.; Shinkai, S., *Langmuir*, **17**, 5125 (2001).
5) Islam, M. F.; Rajas, E.; Bergey, D. M.; Johnson, A. T.; Yodh, A. G., *Nano Lett.*, **3**, 269 (2003).
6) Star, A.; Steuerman, D. W.; Heath, J. R.; Stoddart, J. F., *Angew. Chem. Int. Ed.*, **41**, 2508 (2002).
7) Bandyopadhyaya, R.; Nativ-Roth, E.; Regev, O.; Yerushalmi-Rozen, R.; *Nano Lett.*, **2**, 25 (2002).
8) Nabeta, M.; Sano, M.; *Langmuir*, **21**, 1706 (2005).
9) Li, B.; Shi, Z.; Lian, Y.; Gu, Z.; *Chem. Lett.*, **30**, 598 (2001).
10) Pompeo, F.; Resasco, D. E.; *Nano Lett.*, **2**, 369 (2002).
11) Fernando, K. A. S.; Lin, Y.; Sun, Y. P., *Langmuir*, **20**, 4777 (2004).
12) Sano, M.; Okamura, J.; Shinkai, S., *Langmuir*, **17**, 7172 (2001).
13) Gu, L. R.; Elkin, T.; Jiang, X. P.; Li, H. P.; Lin, Y.; Qu, L. W.; Tzeng, T. R.; Joseph, R.; Sun, Y. P.; *Chem. Commun.*, **2005**, 874.

14) Matsuura, K.; Hayashi, K.; Kimizuka, N.; *Chem. Lett.*, **32**, 212 (2003).
15) Numata, M.; Asai, M.; Kaneko, K.; Bae, A.; Hasegawa, T.; Sakurai, K.; Shinkai, S.; *J. Am. Chem. Soc.*, **127**, 5875 (2005).
16) Chen, J.; Dyer, M. J.; Yu, M.; *J. Am. Chem. Soc.*, **123**, 6201 (2001).
17) Dodziuk, H.; Ejchart, A.; Anezewaki, W.; Ueda, H.; Krinichnaya, E.; Dolgonos, G.; Kutner, W.; *Chem. Commun.*, 2003, 986.
18) Nakashima, N.; Okuzono, S.; Murakami, H.; Nakai, T.; Yoshikawa, K.; *Chem. Lett.*, **32**, 456 (2003).
19) Zheng, M.; Jagota, A.; Semke, E. D.; Diner, B. A.; McLean, R. S.; Lustig, S. R.; Richardson, R. E.; Tassi, N. G.; *Nat. Mater.*, **2**, 338 (2003).
20) Hazani, M.; Naaman, R.; Hennrich, F.; Kappes, M. M.; *Nano Lett.*, **3**, 153 (2003).
21) Baker, S. E.; Cai, W.; Lasseter, T. L.; Weidkamp, K. P.; Hamers, R. J.; *Nano Lett.*, **2**, 1413 (2002).
22) Moghaddam, M. J.; Taylor, S.; Gao, M.; Huang, S.; Dai, L.; McCall, M. J.; *Nano Lett.*, **4**, 89 (2004).
23) Williams, K. A.; Veenhuizen, P. T. M.; de la Torre, B. G.; Eritja, R.; Dekker, C.; *Nature*, **420**, 761 (2002).
24) Balavoine, F.; Schultz, P.; Richard, C.; Mallouh, V.; Ebbesen, T. W.; Mioskowski, C.; *Angew. Chem. Int. Ed.*, **38**, 1912 (1999).
25) Shim, M.; Kam, N. W. S.; Chen, R. J.; Li, Y.; Dai, H.; *Nano Lett.*, **2**, 285 (2002).
26) Azamian, B. R.; Davis, J. J.; Coleman, K. S.; Bagshaw, C. B.; Green, M. L. H.; *J. Am. Chem. Soc.*, **124**, 12664 (2002).
27) Takahashi, T.; Tsunoda, K.; Yajima, H.; Ishii, T.; *Chem. Lett.*, **2002**, 690.
28) Lin, Y.; Allard, L. F.; Sun, Y. P. J.; *Phys. Chem. B*, **108**, 3760 (2004).
29) Chen, R. J.; Bangsaruntip, S.; Drouvalakis, K. A.; Kim, N. W. S.; Shim, M.; Li, Y.; Kim, W.; Utz, P. J.; Dai, H.; *Proc. Natl. Acad. Sci. USA*, **100**, 4984 (2003).
30) Erlanger, B. F.; Chen, B. X.; Zhu, M.; Brus, L.; *Nano Lett.*, **1**, 465 (2001).
31) Chen, R. J.; Zhang, Y.; Wang, D.; Dai, H.; *J. Am. Chem. Soc.*, **123**, 3838 (2001).
32) Huang, W.; Taylor, S.; Fu, K.; Lin, Y.; Zhang, D.; Hanks, T. W.; Rao, A. M.; Sun, Y. P.; *Nano Lett.*, **2**, 311 (2002).
33) Georgakilas, V.; Tagmatarchis, N.; Pantarotto, D.; Bianco, A.; Briand, J. P.; Prato, M.; *Chem. Commun.*, 2002, 3050.
34) Pantarotto, D.; Partidos, C. D.; Graff, R.; Hoebeke, J.; Briand, J. P.; Prato, M.; Bianco, A.; *J. Am. Chem. Soc.*, **125**, 6160 (2003).
35) Ohe, H.; Kato, K.; Sano, M.; *Polymer Preprints, Japan*, **54**, 3867 (2005).
36) Sherigara, B. S.; Kutner, W.; D' Souza, F.; *Electroanalysis*, **15**, 753 (2003).
37) Rubianes, M. D.; Rivas, G. A.; *Electrochem. Commun.*, **5**, 689 (2003).
38) Hrapovic, S.; Liu, Y.; Male, K. B.; Luong, J. H. T.; *Anal. Chem.*, **76**, 1083 (2004).
39) Deo, R. P.; Wang, J.; *Electrochem. Commun.*, **6**, 284 (2004).
40) Wang, J.; Musameh, M.; *Anal. Chem.*, **75**, 2075 (2003).

41) Lin, Y.; Lu, F.; Tu, Y.; Ren, Z.; *Nano Lett.*, **4**, 191 (2004).
42) Davis, J. J.; Coleman, K. S.; Azamian, B. R.; Bagshaw, C. B.; Green, M. L. H.; *Chem. Eur. J.*, **9**, 3732 (2003).
43) Yu, X.; Chattopadhyay, D.; Galeska, I.; Papadimitrakopoulos, F.; Rusling, J. F.; *Electrochem. Commun.*, **5**, 408 (2003).
44) Cai, C.; Chen, J.; *Anal. Biochem.*, **325**, 285 (2004).
45) Gao, M.; Dai, L.; Wallace, G. G.; *Electroanalysis*, **15**, 1089 (2003).
46) Xu, J. Z.; Zhu, J. J.; Wu, Q.; Hu, Z.; Chen, H. Y.; *Electroanalysis*, **15**, 219 (2003).
47) Li, J.; Ng, H. T.; Cassell, A.; Fan, W.; Chen, H.; Ye, Q.; Koehne, J.; Han, J.; Meyyappan, M.; *Nano Lett.*, **3**, 597 (2003).
48) He, P.; Dai, L.; *Chem. Commun.*, **2004**, 348.
49) Wang, J.; Liu, G.; Jan, M. R.; *J. Am. Chem. Soc.*, **126**, 3010 (2004).
50) Star, A.; Gabriel, J. C. P.; Bradley, K.; Gruener, G.; *Nano Lett.*, **3**, 459 (2003).
51) Boussaad, S.; Tao, N. J.; Zhang, R.; Hopson, T.; Nagahara, L. A.; *Chem. Commun.*, **2003**, 1502.
52) Besteman, K.; Lee, J.; Wiertz, F. G. M.; Heering, H. A.; Dekker, C.; *Nano Lett.*, **3**, 727 (2003).
53) Chen, R. J.; Choi, H. C.; Bangsaruntip, S.; Yenilmez, E.; Tang, X.; Wang, Q.; Chang, Y. L.; Dai, H.; *J. Am. Chem. Soc.*, **126**, 1563 (2004).
54) Hu, H.; Ni, Y.; Montana, V.; Haddon, R. C.; Parpura, V.; *Nano Lett.*, **4**, 507 (2004).
55) Wong, N.; Kam, S.; Dai, H.; *J. Am. Chem. Soc.*, **127**, 6021 (2005).
56) Kam, N. W. S.; O'Connell, M.; Wisdom, J. A.; Dai, H.; *Proc. Natl. Acad. Sci. USA*, **102**, 11600 (2005).

第17章 有機分子を内包したナノチューブ

竹延大志[*1], 岩佐義宏[*2]

1 はじめに

カーボンナノチューブ（CNTと略称されることが多い）は，炭素原子だけからなる円筒状の物質である。その壁はグラファイトシート1枚を，ダングリングボンドを残さないように丸めた構造をしているため，管壁はすべて炭素6員環で構成され，フラーレンのような5員環もない。その結果，ナノチューブは，グラファイトやダイヤモンドほどではないが，フラーレンよりはるかに安定な物質である。ナノチューブの魅力がその筒状構造にあるのは論を待たないが，材料の安定性が，基礎応用研究の広い展開をする上での大きなメリットになっているのは間違いない。筒の太さは1 nmを切るものから10 nm以上のものまで存在し，長さは数ミクロンから最近では1 mmを超える長さのものまで作られるようになっている。

カーボンナノチューブは，今では，ナノテクノロジーの基幹物質として非常に注目されているが，一言でCNTと言ってもいろいろな種類のものがあることを注意しておかなければならない。円筒形の層が1枚でできたものは単層カーボンナノチューブ（SWNT），2層でできたものは2層カーボンナノチューブ（DWNT），より一般的に多層になったものは多層カーボンナノチューブ（MWNT）と呼ばれている。SWNTやDWNTは直径が0.5 nmからせいぜい3 nm程度で，疑いなく，シームレスにグラフェンシートを巻いた構造を持っている。一方，MWNTのように何層にもなって10 nm程度まで太くなってゆくと，外側の層がシームレスに巻かれているのか，それともロールケーキのように1枚のシートがぐるぐる巻きになっているのかは，必ずしも明らかではない。多くの場合は外側になれば，グラフェンシートは閉じていないことを示す証拠が得られているようである。いわゆるカーボンファイバーは，このようなMWNTがより太くなり，欠陥も多く含んだものであると考えられる。

カーボンナノチューブは，ナノスケールの筒状物質であるが，その特徴はどこに現れるであろうか？それは，大きく分けて，構造と電子状態に現れる。電子的には，電子状態の量子化による，電子状態の大きな変化があげられる。一般的に物質をナノスケールまで小さくすると，電子の波

[*1] Taishi Takenobu 東北大学 金属材料研究所 低温電子物性学研究部門 助手
[*2] Yoshihiro Iwasa 東北大学 金属材料研究所 低温電子物性学研究部門 教授

第17章　有機分子を内包したナノチューブ

動性の影響があらわれ，電子的性質（たとえば電気伝導性，物質の色など）が大きく変わる場合がある。カーボンナノチューブはまさにこれに相当するのであるが，さらにカーボンナノチューブの場合，もとになる物質が，グラファイトであることが決定的に重要である。グラファイトは，金属と半導体の中間である半金属，あるいはゼロギャップ半導体と呼ばれる状態にある。通常，半導体をナノスケールまで細くしても半導体であり，金属をナノスケールまで細くしてもやはり金属である。ところがグラファイトを巻いて筒状構造にする場合は，その太さがナノスケールになると量子効果が現れるのであるが，巻き方によってギャップの開いた半導体になったり，ギャップのない金属になったりする。この多様性が，カーボンナノチューブの大きな特徴であるが，そこでは，ナノチューブがグラファイトのネットワーク構造を壊さないように巻いただけであるということが，決定的な要因になっている[1]。

　電子状態に比べ，構造の特徴は見たままであるからわかりやすい。すなわち，筒状構造になってしまうと，筒の内側と外側という，もとの物質グラファイトにはなかった区別ができてしまうことである。内外の区別はフラーレンにも共通する概念である。実際にフラーレンの中に金属原子（あるいはイオン）を内包した金属内包フラーレンという安定な分子が多種類合成されており，中には，ケージの中を金属がぐるぐる動き回る場合も見出されている。一方，フラーレンの外側には直接金属だけが結合することはないようである。これは，炭素と直接強い結合を作りにくい金属原子でも分子内部に閉じ込めてしまえば安定な分子が合成できることを示しており，フラーレンの内部空間を利用した物質開発の典型例であるといえる。フラーレンに見られる内側・外側の化学が，ナノチューブにおいてどのように発現するかは大変興味深いところである。

　本稿では，特にナノチューブの内部空間に注目し，その特殊性を具体的な応用例を交えながら解説したい。

2　内包ナノチューブ

　1991 年に MWNT[2]が，1993 年に SWNT[3]が相次いで発見されたが，その直後には既にナノチューブの内部空間を利用した研究が報告されている[4,5]。このように，ナノチューブ内のナノスケール空間は早くから注目されていたが，特に注目を浴びたのはナノチューブの中にフラーレンを内包した『ピーポッド』と呼ばれる新たな炭素材料の発見である[6]。ピーポッドは，単なるフラーレンとナノチューブの混合物ではなく，両者の軌道が混成して新奇な電子状態を実現しており，新たな固体相と呼ぶにふさわしい[7]。この当時の『ピーポッド』合成は偶然の産物でしか無かったが，片浦らによるピーポッドの合成方法確立により[8]，チューブ内空間を利用する新しい材料開発が花開いた。真っ先に考えられたのがフラーレンの替わりに金属内包フラーレンを用

いたピーポッドだ。ここでも，単なる内包だけでなく，ナノチューブのバンド構造への変調や新たなトランジスタなどフラーレンとは一味違った特性が報告されている[9]。

この後の展開は想像しやすく，フラーレンにとどまらず様々な無機・有機ナノスケール材料を内包したナノチューブが矢継ぎ早に報告された。特に，水を内包したナノチューブの場合，低温では内包された水がチューブ状の氷（アイスチューブ）を形成するなど，通常では観測さ

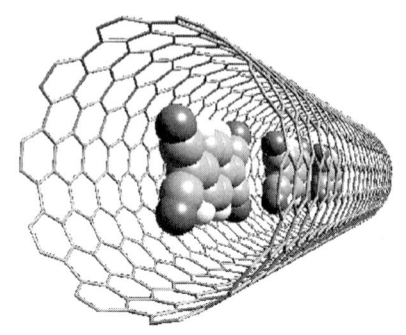

図1　有機分子を内包したナノチューブの模式図

れない現象がナノチューブ内で観測されており，ナノスケール空間としてのチューブ内利用が注目されている[10]。以上のようにナノスケール材料を内包したナノチューブは非常に興味深い新奇物質群であるが，ナノチューブの物性を大幅に変調するには至っていない。内包によるナノチューブの物性制御に最も成功したケースは，図1に示したような有機分子を内包させ電荷移動を用いたドーピングを行ったケースである[11]。本稿では，有機分子を内包したナノチューブの合成方法とX線回折，光吸収スペクトルから有機分子内包ナノチューブの構造と電子状態について解説したい。また，ナノチューブは電子デバイス応用が期待されているが，有機内包チューブは応用の観点からも非常に注目されており，この点についても紹介したい。

3　有機分子内包ナノチューブの合成

有機分子内包ナノチューブの合成方法について説明したい。単層カーボンナノチューブに物質を内包する方法は，片浦らによって既に確立されており[8]，フラーレン以外の分子を内包させることはそれほど困難ではない。まず，有機分子を内包するのに最適な直径を持つナノチューブを合成する。ナノチューブの合成方法は，アーク放電法，レーザー蒸発法，CVD法など様々な方法が報告されている[12]。最近ではアルコールを原材料に用いたCVD法で極めて高効率に，かつ不純物の少ないナノチューブの合成が可能となっている[13]。さらに，単層チューブと二層チューブの作り分けも可能である[14]。このようにナノチューブ合成技術の進歩は著しいが，残念ながら任意の直径およびカイラリティを持つナノチューブのみの合成方法は見出されておらず，どの方法で合成する場合でも，合成されるナノチューブは直径にばらつきを持つ。レーザー蒸発法の場合，触媒の種類と電気炉の温度を調節することで，作製されるナノチューブの直径分布を調整することができるため[15]，本手法を用いて有機分子を内包するのに適当な直径を持つナノチューブ

第17章 有機分子を内包したナノチューブ

合成を行った。合成後のナノチューブを過酸化水素還流法で精製することによって触媒金属を除去したカーボンナノチューブを得ることができる[16]。

このように酸処理を行ったナノチューブは，既に精製過程においてナノチューブのキャップ（端の部分）が除去されている。確実に有機分子の内包が行えるように，酸素中で加熱処理（350～400℃）を行い十分な大きさの導入口を作りこみ，高真空中で加熱処理（～500℃）を行うことによってチューブ内に吸着している各種気体分子や残留物を取り除く。真空状態でアルゴン雰囲気グローブボックス内へ移し，グローブボックス中で昇華精製した有機分子をナノチューブとともにガラス管に入れ，最後に高真空下でガラス管を封じ切る。その後，有機分子の昇華温度で12時間保持する。ガラス管内で昇華した有機分子は，合成過程で形成された導入口よりナノチューブ内へ浸入する。反応後は，ガラス管に温度勾配を付け，試料は有機分子の昇華温度以上に，ガラス管の反対側は昇華温度以下に設定し，ナノチューブ外側に吸着した有機分子を除去した。この時，様々な相互作用のため，外部吸着した分子の方が内包された分子よりも低温で脱離する。

4 構造

カーボンナノチューブの構造は，高分解能透過型電子顕微鏡で観察するのが最も直接的な方法である。しかしながら，構造を統計的に議論するにはX線回折が極めて有効である。とはいえ，ナノチューブのX線回折パターンは通常の結晶のそれとは若干異なる。図2に単層カーボンナノ

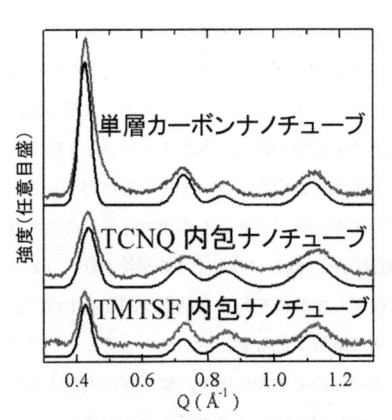

図2 単層カーボンナノチューブ（SWNT），TCNQおよびTMTSFを内包したナノチューブX線回折パターン
太線は，計算結果を示す。

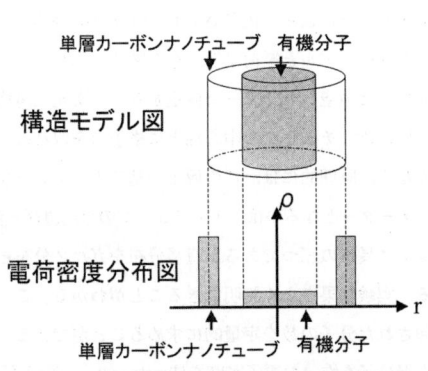

図3 実空間構造モデル図および電荷密度分布

チューブと有機分子を内包したナノチューブのX線回折パターンを示す。通常,単層カーボンナノチューブは数十本から数百本が束になったバンドル状の結晶を形成している。前述したように,合成されるナノチューブは様々な直径やカイラリティのものが混在しており,それらが混ざり合ってバンドルを形成する。バンドル状態は二次元三角格子(二次元六方晶)に相当し,単層カーボンナノチューブに特徴的な回折現象はこの二次元三角格子で説明できる[17]。特に,図2において強度が最も強い $Q \sim 0.4 Å^{-1}$ に位置するピークは,二次元三角格子における指数(10)に相当するピークであり,このピークはチューブ内外の環境の変化に極めて敏感であることが各種ガス分子や水を反応させたナノチューブ,ピーポッドにおいて詳細に研究されている。紙面の都合上詳細な説明は割愛するが,チューブ内に物質が内包されると(10)ピークの強度が急激に減少し,チューブ間の空間に物質が吸蔵されると逆に強度が増加することが真庭らと藤原らによって明確に示されている。より詳しい解説は,参考文献を参照いただきたい[18,19]。図2に,アクセプターとして知られる 7,7,8,8 - Tetracyanoquinodimethane ($C_{12}H_4N_4$,TCNQ) とドナーとして知られる Tetramethyltetraselenafulvalene ($C_{10}H_{12}Se_4$,TMTSF) を反応させたナノチューブのX線回折パターンを示した。図から明瞭にわかるように有機分子を反応させた場合も(10)ピークの強度が減少し,チューブ内に有機分子が内包されていることを示している。ピーポッドの場合は,チューブ内でフラーレンが規則正しく整列し一次元結晶を形成するが[8],有機分子内包ナノチューブでは新たなピークは観測されず,チューブ内で有機分子は無秩序に存在していると思われる。有機分子の平面状の構造が一次元整列に対して不利に働いていると思われるが,熱処理条件の最適化等によって将来的には結晶化の可能性も十分にある。

このような回折パターンの変化は,内包による構造因子の変化に起因するため,実験結果を解析することによって内包された分子の平均密度を定量的に求めることができる[18,19]。我々が採用した構造モデルと電荷密度分布を図3に示した。まず,カーボンナノチューブを均一な電子密度をもった中空シリンダーと仮定する。二次元三角格子の単位格子には1本のチューブしか存在しないため,チューブの中心軸上に格子点を取れば,構造因子は中空シリンダーの形状因子と等しくなる。原理的には,この仮定の基でナノチューブのX線回折パターンを再現できる。ここでパラメーターとなるのは,ナノチューブの平均直径と直径分布,さらにバンドルの平均直径(コヒーレンス長)の三つである。直径分布をガウス分布と仮定して解析を行った結果が図2の太線である。実験結果をよく説明できることがわかる。ここまで解析が進むと,さらにナノチューブに内包された分子の数を定量的に求めることができる。先ほどのモデルに加え,無秩序に内包された有機分子を均一な電子密度を持ったシリンダーと仮定する(図3)。ここで新たに加わるパラメーターはシリンダーの電子密度のみである。解析結果を図2に示している。得られた電子密度分布を1分子あたりの電子量で割ると分子の平均密度を求めることができる。このようにして求まっ

た平均構造を模式的に示したのが図4である。ナノチューブの大きさは，回折パターンから求まった直径分布のピーク（約1.4 Å）に相当するナノチューブを選んだ。図からわかるように，有機分子が比較的密にチューブ内に内包されていることが見て取れる。また，逆説的に解析の妥当性も示していると言えよう。ここで注意していただきたいのは，先にも述べたように実際の化合物ではチューブ内の有機分子は図4のように一様に整列しているわけではなく無秩序に存在している点である。図は，あくまでも有機分子の存在比率を示したものとご理解いただきたい。

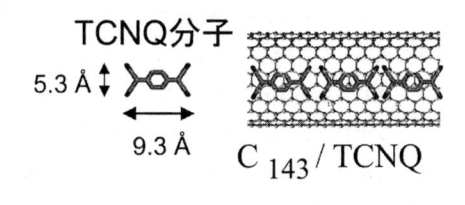

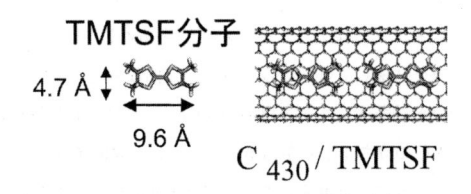

図4　有機分子内包ナノチューブの構造模式図

5　電子状態

5.1　ナノチューブの光吸収スペクトル

　次に，有機分子内包カーボンナノチューブの電子状態について説明したい。TCNQとナノチューブの間で電荷移動が生じ，ナノチューブに正孔がドープされることはカザウイらによって早い時期に見出されている[20]。ドーピングによる電子状態の制御は，固体物理の典型的な手法であり基礎研究の上で極めて重要である。とりわけ同じ炭素材料であるフラーレンやグラファイトにおいて超伝導を始めとする様々な電子物性がドーピングによって発見されていることはよく知られており，ナノチューブに対しても同様な試みが行われている。また，現在期待されているナノチューブの電子デバイス応用の上でも最も重要な技術の一つであり精力的な研究が行われている。真っ先に行われたのは，一般的なドーパントとして知られるアルカリ金属やハロゲンを用いたドーピングである[21]。これらの手法は伝導度の変化など一応の成果が得られたが，安定性や制御性に難があり，ナノチューブの電子デバイス応用には残念ながら不適格である。結論から申し上げると，有機分子内包ナノチューブは外気とドーパントを切り離せる利点があり，大気中安定な電子ドーピングも可能となっている。また，反応方法に工夫を凝らすことで制御性の良いドーピングも可能となってきた。以下の項では，有機分子内包ナノチューブのドーピング特性について詳しく説明したい。

　前述したように，合成されるナノチューブは様々な直径やカイラリティのものが混在しており，

さらにカイラリティによって金属的ナノチューブと半導体的ナノチューブに分かれるため[1]，電子状態を議論することが極めて難しい。このようなナノチューブにおいて，電子状態をプローブする最も優れた手法は分光測定である。単層カーボンナノチューブには，一次元 van Hove 特異点による状態密度の発散があり，その状態間の光学遷移に伴う励起子吸収により，近赤外から可視域に特徴的な吸収構造が確認される[22]。図5に典型的なナノチューブ薄膜の光吸収スペクトルを示した。本試料においては 0.6 eV，1.2 eV，1.8 eV の三本の吸収ピークが見える。発散点間のエネルギーはナノチューブの直径に反比例しており[1]，吸収ピークが大きな幅を持つのは直径分布を反映しているからである。詳細な解説は参照文献に譲るが，最初の2本が半導体的チューブの光学遷移に，3本目が金属的チューブの光学遷移に対応する[22]。さらに，その遠赤外領域にも吸収の立ち上がりがあるが，これは金属的チューブのドルーデ吸収に帰属される構造である[11]。このように，半導体的チューブと金属的チューブの両者の特徴が観測されるのは，直径とカイラリティを厳密に制御して均一な試料を合成する技術が確立していないためである。しかしながら，分光測定は両者の特徴を分離して観測できるため，ナノチューブの電子状態を議論するうえで非常に優れた評価法といえる。

5.2 有機内包ナノチューブの光吸収スペクトル

一方，先ほどのナノチューブ薄膜に，さらに有機分子を内包した試料の光吸収スペクトルも図5に示した。0.6 eV の半導体的チューブに起因する吸収ピークの強度が減少しドルーデ吸収が増加しているが，それ以外は大きな変化が見られない。このような吸収スペクトルの変化は，ア

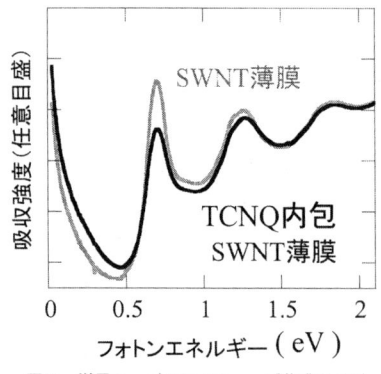

図5　単層カーボンナノチューブ薄膜およびTCNQを内包したナノチューブの吸収スペクトル

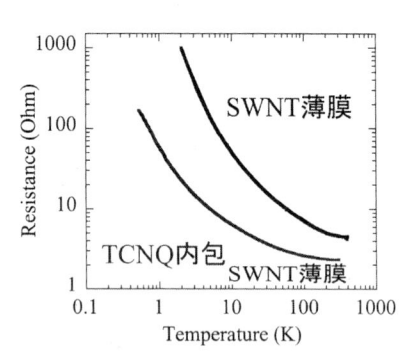

図6　単層カーボンナノチューブ薄膜およびTCNQを内包したナノチューブの四端子電気抵抗の温度依存

第17章　有機分子を内包したナノチューブ

ルカリ金属[11]や電気化学的手法[23]，更には電界効果を用いたキャリアドーピング[24]でも観測されている。観測された吸収ピークの減少は，キャリアドープによるフェルミ準位近傍の状態密度の変化でよく説明できる。図5の場合，アクセプター性が強いTCNQを用いているため，正孔のドーピングで説明したい。半導体的チューブに正孔がドープされるとフェルミ準位が状態密度の発散点から低エネルギー側にシフトする。そのため，フェルミ準位近傍の状態密度が大幅に減少し，吸収強度の変化につながる。ドルーデ吸収の変化も，キャリア数の変化で理解できる。吸収スペクトルの形状がほとんど変化していないため，TCNQとナノチューブ間には強い相互作用は働いておらず，リジットバンド的に変化していることがわかる。また，紙面の都合で詳細は省くが，吸収強度の変化からドープされたキャリア密度を見積もることができる[11]。

このように，分光測定からTCNQとナノチューブの間で電荷移動が生じていることがわかる訳だが，より直感的には電気抵抗の変化から理解できる。図6に，ナノチューブ薄膜の四端子抵抗の温度依存を示した。ナノチューブ薄膜の伝導特性は，ナノチューブ間のホッピングで非常によく説明できる。図6から良くわかるが，TCNQを内包すると室温の電気抵抗が減少し，温度変化も緩やかになった。これは，明らかにTCNQが内包されたことによって電子状態が変化したことを示しており，光吸収の変化から予想されるホールドープと一致する。TCNQを内包することによる電子状態の変化はラマン分光[11]やXPS/NEXAFS[25]の測定からも確認されている。

同じように分子とナノチューブの複合材料でありながら，フラーレンピーポッドでは明瞭な電荷移動は観測されていない。一方で，TCNQでは明確なキャリアドーピングが観測された。こ

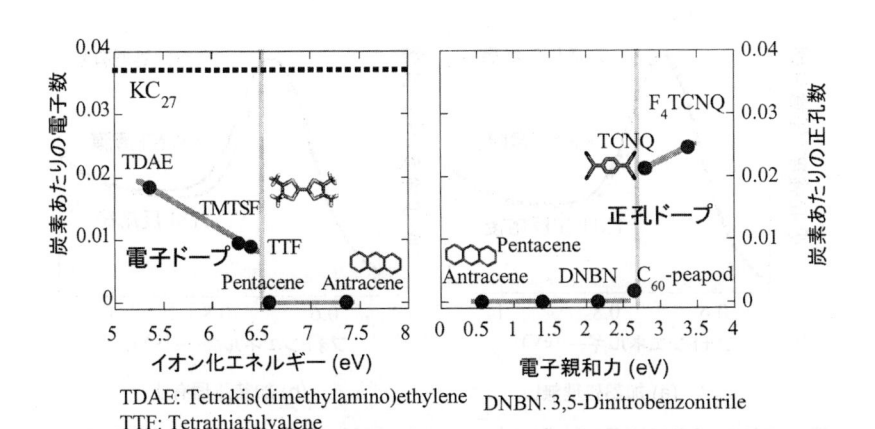

TDAE: Tetrakis(dimethylamino)ethylene　DNBN. 3,5-Dinitrobenzonitrile
TTF: Tetrathiafulvalene

図7　キャリアドープ量の分子依存性
タテ線は，しきい値を示している。

の違いが，内包する分子の電子親和力もしくはイオン化エネルギーに起因していることは容易に想像できる。そこで我々は，新たに様々な電子親和力やイオン化エネルギーを持つ分子を内包したナノチューブを合成し，同様に吸収スペクトルの測定を行った。その結果を図7に示す。縦軸は吸収強度の変化から見積もったキャリア密度を示している。一見してわかるように，キャリアドープは電子親和力とイオン化エネルギーに強い相関がある。これは，分子のLUMOもしくはHOMOのエネルギーによって電荷移動の有無が支配されており，電子親和力の大きな分子からはホールが，イオン化エネルギーの小さな分子からは電子がナノチューブに供給されていることを意味している。また，そのしきい値はナノチューブ伝導帯と価電子帯のエネルギーで決定していると思われる。残念ながら，吸収スペクトルの変化からはキャリアの種類を決定することはできないが，ナノチューブトランジスタへのドーピング実験から，前述のパラメーターとキャリアの種類の関係が確認されている。このような両極性ドーピングは，単にリジットバンド的な振る舞いだけでなく，ナノチューブのバンドギャップが比較的狭い（＜1 eV）ことにも由来している。加えて，有機分子を用いたドーピングに特徴的な点は，ドープされるキャリアの量が比較的少ない点である。図7に，比較のためカリウムドープ時の最低ドープ量（KC_{27}）を示した。この値は，有機分子の倍近いドープ量である。一方，有機分子内包ナノチューブは最大ドープ量に相当する結果であり，後述するようにドープ手法の工夫によって一桁から二桁小さい量のドーピング制御が可能となる。このような特徴は，電子デバイスへのドーピング手法としては極めて優れた特徴である。

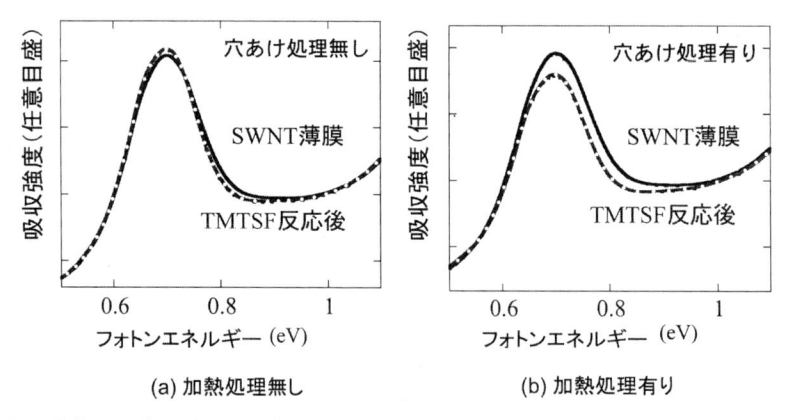

図8　加熱による穴あけ処理を(a)行わなかったナノチューブと(b)行ったナノチューブにTMTSFを反応させた反応前後での吸収スペクトル
太線が反応前，点線が反応後。

第17章 有機分子を内包したナノチューブ

内包の与える影響についても，紹介しておきたい。一般的に，電子ドープした材料は大気中で不安定であり，ナノチューブも例外ではない。前述のカリウムを用いたドーピングは電子ドープが可能であるが，残念ながら大気中では極めて不安定である。これとは対照的に，チューブ内の空間に有機分子を閉じ込める本手法は，大気中安定な電子ドープが可能である。内包した場合と単に外壁に吸着した場合を比較するため，合成過程で熱処理による有機分子の導入口を作製したナノチューブと，作製しなかったナノチューブに対してドナー性の有機分子であるTMTSFを反応させた結果を図8に示す。分光測定は大気中で行っており，導入口を作らなかったナノチューブでは吸収の変化が見られないが，内包しているナノチューブでは大気中でも吸収の変化が観測され，電子キャリアが安定に存在していることを意味している。内包した場合，少なくとも1週間は安定であることも確認している[11]。このような知見は，有機分子内包ナノチューブが電子デバイス応用に有望であるだけでなく，逆に大気中不安定な材料もナノチューブ内に閉じ込めれば安定に取り扱える可能性を意味しており非常に興味深い。最近では，光照射下では不安定なベータカロチンをナノチューブ内に閉じ込めると，光照射下でも安定に取り扱えることが報告されている[26]。今後，不安定な材料の『入れ物』としてのナノチューブの応用も十分に期待できる。

6 キャリア数制御

ここまでの解説でわかるように，有機分子とナノチューブの化合物は，安定相が存在する通常の結晶と異なり内包もしくは吸着している有機分子の数によってキャリア数が決定される。そのため，化学的なドーピングには珍しく連続的なキャリア数制御が容易に行える。厳密な意味では有機分子内包ナノチューブとは若干異なるが，ナノチューブ・有機分子複合材料特有の現象であるため紹介したい。

前述の有機分子内包ナノチューブ合成法は，より多くの有機分子をナノチューブに反応させる方法である。これに対して，キャリア数制御を行うには，反応させる有機分子の数を制御するか，反応後に有機分子を取り除く必要がある。まず成功を収めたのは，後者の方法である。前述したように，合成の最終段階ではガラス管に温度勾配を付け，試料は有機分子の昇華温度以上に，ガラス管の反対側は昇華温度以下に設定し，ナノチューブ外側に吸着した有機分子を除去している。この時，試料近辺の温度を調整することによって連続的に有機分子の量を制御することができる[11]。逆に，反応時に温度や時間を調整することによってキャリア数を制御することも可能である。これに対して，最も制御性が良い方法は，液相での反応方法である[27]。有機溶剤（例えば二硫化炭素）に有機分子を溶解させ，この有機分子溶液をナノチューブに滴下乾燥させるという，極めてシンプルな方法である。残念ながら，液相反応時における有機分子内包の可否は明らかで

225

ないため厳密な意味では有機分子内包ナノチューブとは異なるが，非常に簡単にキャリア数の制御が可能である。少なくともフラーレンピーポッドにおいては，液相法での合成も報告されており[28]，本実験において有機分子が内包されている可能性も十分ある。具体的な方法を説明したい。ここでは，TCNQよりアクセプター性が強いTetrafluorotetracyanoquinodimethane ($C_{12}F_4N_4$, F_4TCNQ) を二硫化炭素に溶解させた飽和溶液を用いた。この飽和溶液をナノチューブ薄膜に滴下し（約17μL）分光測定を行った。この方法による吸収スペクトルの連続的な変化を図9に示す。非常に制御性に優れたドープ方法であることがわかる。吸収強度の変化からキャリア密度を求めた結果，この実験では1滴あたり約0.001 hole/carbonのキャリアがドープされていることがわかった。図7の縦軸と比較していただければわかるが，気相の方法と比べて一桁から二桁小さい。原理的には，有機分子溶液の濃度や滴下する量を制御することによって，さらに精密なキャリア数制御も可能である。約0.001 hole/carbonというキャリア密度は，ナノチューブトランジスタにおいて電界効果によってドープされるキャリア密度と同程度である。そこで，本手法をトランジスタ特性の制御に適応した結果を最後に紹介したい。

一束のナノチューブバンドルによって作製したトランジスタに対して，前述のドープ方法を適

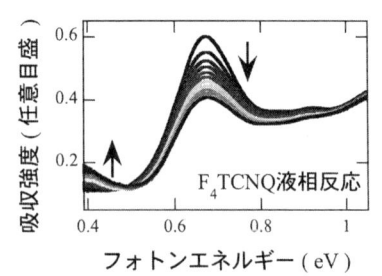

図9 F_4TCNQ飽和溶液をナノチューブ薄膜に連続的に滴下時の吸収スペクトル
矢印の方向に滴下回数が増え，ドーピングが進んでいる。

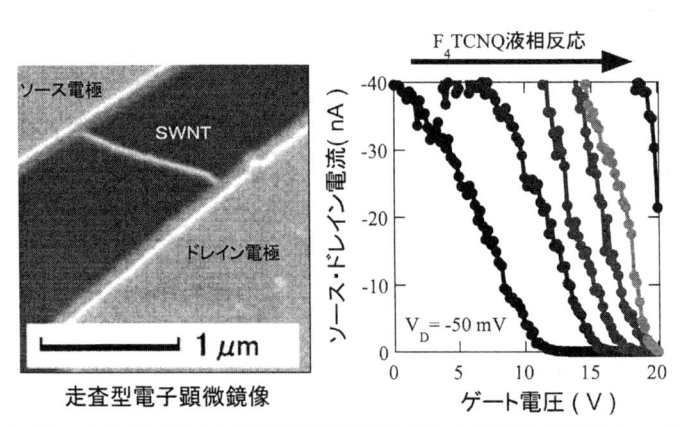

図10 ナノチューブトランジスタの走査型電子顕微鏡写真（左）とF_4TCNQ飽和溶液をナノチューブトランジスタに連続的に滴下時のトランジスタ特性
縦軸はソース・ドレイン電極間の電流。横軸はゲート電圧の印加電圧。

第17章 有機分子を内包したナノチューブ

応した。図10にトランジスタの走査型電子顕微鏡写真を示す。トランジスタは，ゲート電極の電圧（V_G）によってソース・ドレイン電極間の電流量（I_D）を変化させる素子であるが，所望の特性を持たせるには I_D 電流が増加する V_G 電圧（しきい値電圧）をいかに制御するかが重要である。通常，しきい値電圧の制御にはドーピングを用いるの一般的であるため，ナノチューブトランジスタでも低濃度でのキャリア数制御可能なドープ方法が望まれていた。図10に，液相ドーピングによるナノチューブトランジスタ特性の変化を示した。ホールドープとともにしきい値電圧が連続的に変化しているのがわかる。また，しきい値電圧の変化からドープされたキャリア密度の見積が可能であり，光吸収の結果と非常によく一致する。この実験によって有機分子によるドープ方法の電子デバイスへの有用性を示され，今後は電子キャリアドーピングを含めた，より応用的な発展が期待される。

7 まとめ

　有機分子を内包した単層カーボンナノチューブの合成方法，構造および電子状態について紹介した。この新奇な材料には，大きく二つの特筆すべき特徴がある。一つは，通常不安定な電子ドープを大気中で安定に行える点である。これは，ナノチューブ内の空間が特殊な空間であることを意味しており，細孔としてのナノチューブの可能性を見出すことができた。もう一つの特徴は，低濃度でのキャリアドーピングである。有機分子を用いることによって，通常では考えられない低濃度でのキャリア数制御が可能となり，電子デバイス応用の可能まで示すことができた。つまり，ゲストとしてのナノチューブの特性とホストとしての有機分子の特性が，これまでの材料に無かったユニークな特徴を出している。有機分子に限らず，内包させるナノスケール材料とナノチューブには無限に近い組み合わせが考えられる。今後も，ナノチューブをベースにした新物質開発が活発に行われることを期待したい。

　本記事の内容は，以下の方々との共同研究に基づいている。高野琢，菅原孝宜，秋間新真，高橋哲生，村山祐司（東北大・金研），白石誠司（阪大・基礎工），塚越一仁（理研），片浦弘道，阿多誠文（産総研），青柳克信（東工大）。また，本研究の一部は科学技術振興機構　戦略的創造研究推進事業「ナノクラスターの配列・配向制御による新しいデバイスと量子状態の創出」および文部科学省　科学技術研究費補助金　若手研究（A）「有機分子を用いた単層カーボンナノチューブの状態密度スイッチング」の助成を受けて行われた。最後に，本研究におけるX線回折データはSPring‐8 BL02B2において集積した。施設関係者に深く感謝する。

文　　献

1) R. Saito, M. Fujita, G. Dresselhaus and M. S. Dresselhaus: *Appl. Phys. Lett.*, **60**, 2204 (1992).
2) S. Iijima: *Nature*, **347**, 354 (1991).
3) S. Iijima and T. Ichihashi: *Nature*, **363**, 603 (1993).
4) P.M. Ajayan and S. Iijima: *Nature*, **361**, 333 (1993).
5) P.M. Ajayan, T.W. Ebbensen, T. Ichihashi, S. Iijima, K. Tanigaki and H. Hiura: *Nature*, **362**, 522 (1993).
6) B. W. Smith, M. Monthioux, and D. E. Luzzi: *Nature*, **396**, 323 (1998).
7) S. Okada, S. Saito and A. Oshiyama: *Phys. Rev. Lett.*, **86**, 3835 (2001).
8) 片浦弘道：固体物理, **36**, 231 (2001).
9) 篠原久典　監修：ナノカーボン材料開発の新局面, シーエムシー出版 (2003).
10) Y. Maniwa, H. Kataura, M. Abe, A. Udaka, S. Suzuki, Y. Achiba, H. Kira, K. Matsuda, H. Kadowaki and Y. Okabe: *Chem. Phys. Lett.*, **401**, 534 (2005).
11) T. Takenobu, T. Takano, M. Shiraishi, Y. Murakami, M. Ata, H. Kataura, Y. Achiba and Y. Iwasa: *Nat. Mater.*, **2**, 683 (2003).
12) 齋藤理一郎, 篠原久典：カーボンナノチューブの基礎と応用, 培風館 (2004).
13) S. Maruyama, R. Kojima, Y. Miyauchi, S. Chiashi and M. Kohno: *Chem. Phys. Lett.*, **360**, 229 (2002).
14) T. Sugai, H. Yoshida, T. Shimada, T. Okazaki, H. Shinohara and S. Bandow: *Nano Lett.*, **3**, 769 (2003).
15) H. Kataura, Y. Kumazawa, Y. Maniwa, Y. Ohtsuka, R. Sen, S. Suzuki and Y. Achiba: *Carbon*, **38**, 1691 (2000).
16) M. Shiraishi, T. Takenobu, A. Yamada, M. Ata and H. Kataura: *Chem. Phys. Lett.*, **358**, 213 (2002).
17) A. Thess, R. Lee, P. Nikolaev, H. D. Pierre, J. Robert, C. Xu, Y. H. Lee, S. G. Kim, D. T. Colbert, G. Scuseria, D. Tomanek, J. E. Fischer and R. E. Smalley: *Science*, **273**, 483 (1996).
18) Y. Maniwa, Y. Kumazawa, Y. Saito, H. Tou, H. Kataura, H. Ishii, S. Suzuki, Y. Achiba, A. Fujiwara and H. Suematsu: *Jpn. J. App. Phys.*, **38**, L668 (1999).
19) A. Fujiwara, K. Ishii, H. Suematsu, H. Kataura, Y. Maniwa, S. Suzuki and Y. Achiba: *Chem. Phys. Lett.*, **336**, 205 (2001).
20) S. Kazaoui, Y. Guo, W. Zhu, Y. Kim and N. Minimi: *Synth. Met.*, **135**, 753 (2003).
21) A. M. Rao, P. C. Eklund, S. Bandow, A. Thess and S. E. Smally: *Nature*, **388**, 257 (1997).
22) H. Kataura, Y. Kumazawa, Y. Maniwa, I. Umezu, S. Suzuki, Y. Ohtsuka and Y. Achiba: *Synth. Met.*, **103**, 2555 (1999).
23) S. Kazaoui, N. Minami, N. Matsuda, H. Kataura and Y. Achiba: *Appl. Phys. Lett.*, **78**, 3433 (2001).

24) 村山祐司：修士論文（東北大学, 2004）; 竹延大志, 村山祐司, 岩佐義宏, 白石誠司, 阿多誠文：第59回年次大会日本物理学会講演概要集, 第4分冊, 日本物理学会, p. 864 (2004).
25) M. Shiraishi, S. Swaraj, T. Takenobu, Y. Iwasa, M. Ata and W. E. S. Unger: *Phys. Rev.*, **B71**, 125419 (2005).
26) K. Yanagi, Y. Miyata and H. Kataura: *Adv. Mater.*, in press.
27) T. Takenobu, T. Kanbara, N. Akima, T. Takahashi, M. Shiraishi, K. Tsukagoshi, H. Kataura, Y. Aoyagi and Y. Iwasa: *Adv. Mater.*, **17**, 2430 (2005).
28) M. Yudasaka, K. Ajima, K. Suenaga, T. Ichihashi, A. Hashimoto and S. Iijima: *Chem. Phys. Lett.*, **380**, 42 (2003).

第18章　カーボンナノチューブ電子源

世古和幸[*1], 齋藤弥八[*2]

1　電界放出とカーボンナノチューブの特長

　固体表面に強い電界がかかると，電子を固体内に閉じ込めている表面の電位障壁が低くかつ薄くなり，電子がトンネル効果により，外に放出される。この現象は電界放出（field emission : FE）と呼ばれ，陰極表面の仕事関数，分子吸着などの表面状態に非常に敏感であるため，固体表面の研究に古くから利用されてきた[1]。実用的にも，タングステンの電界エミッタは，高分解能電子顕微鏡の高輝度電子源として既に使われている。また，モリブデンのマイクロエミッタアレイやカーボンナノチューブ（carbon nanotube : CNT）を使った電界放出ディスプレイ（field emission display : FED）など真空電子デバイスの開発も現在注目されている[2]。

　電界放出により実用上十分の電流密度を得るには，10^9V/m（1V/nm）オーダーの強い電界を表面にかけなければならない。このような強電界を実現する方法として，針状突起物の先端への電界集中がある。針先端の曲率半径をr，針に掛ける電圧をVとすると，針先にかかる電界Eの強さはrに反比例し，$E \simeq \alpha V/r$となる。ここで，αは針の形状に依存する因子で，0.2程度の大きさである。従って，rが小さいほど，低いVでも強電界を得ることが出来る。カーボンナノチューブ（CNT）はこの電界エミッタとして，以下の点で優れている。

1) アスペクト（長さ/直径）比が大きく，先端が鋭い，
2) 電気伝導性が良好，
3) 表面は化学的に安定で不活性，
4) 機械的強度に優れる，
5) 炭素原子の表面拡散が小さいため，先端形態が安定している。

---

*1　Kazuyuki Seko　名古屋大学　大学院工学研究科　量子工学専攻　産学官連携研究員
*2　Yahachi Saito　名古屋大学　大学院工学研究科　量子工学専攻　教授

2 電界放出顕微鏡法によるCNTエミッタの特性評価

2.1 先端の閉じたCNTの電界放出パターン

電界放出顕微鏡法（field emission microscopy：FEM）により，種々のCNTの先端構造と電子放出特性が調べられている[3~6]。

アーク放電により作製された未処理の多層CNTの先端は，グラファイトで塞がれて閉じている。炭素六角網面が2πステラジアンの正の曲率を持つ（すなわち，半球状のドームになり）CNTの先端を閉じるためには，図1に示すように六角形の網の中に五角形（五員環）を6個導入しなければならない。この五員環に歪が集中するため，五員環部分は多面体の頂点のように尖る。実際に，超高真空中（10^{-10} Torr台）で多層CNTの表面を加熱清浄化すると，図2(a)に示すように，五員環に由来する6つの五角形リングからなるFEMパターンが観察される。この清浄表面に残留ガス分子が吸着すると，図2(b)に示すように吸着分子が明るく観察される[5]。これは，分子が1個吸着することにより電子放出が増強することを示している。

図2のような五員環由来のパターンが明瞭に観察されるのは，多層CNTのように直径の太いCNTに限られる。他方，単層CNTのように直径が細い（$\leq$ 3 nm）ために先端の五員環同士が接近しているCNTにおいては，清浄表面でも，

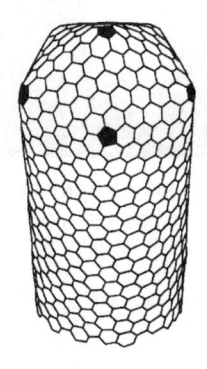

図1　6個の五員環が導入されることにより，先端の閉じたCNT

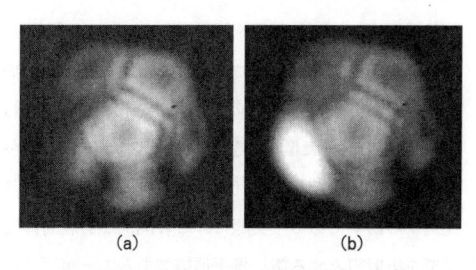

図2　先端の閉じたCNTからの電界放出パターン
(a)清浄表面のCNT, (b)残留ガス分子が吸着したCNT

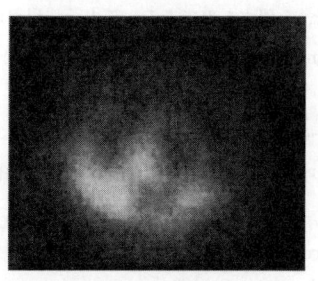

図3　単層CNTの電界放出パターン
(Dr. K. Deanの好意による)

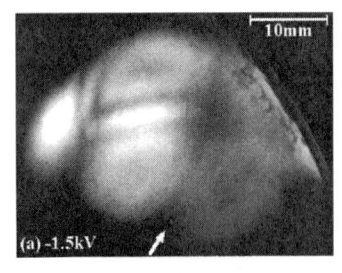

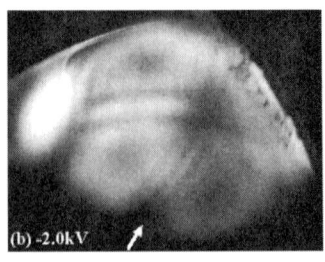

図4 多層 CNT の電子放出パターンに観測される電子線干渉縞[7]
(a)印加電圧−1.5kV, (b) −2.0kV, スケールは蛍光板上での値。
矢印で示した部分で縞の変化がよく分かる。

図3に示すような, ぼんやりとした斑点状の FEM パターンとなる。単層 CNT の FEM パターンは, C_{60} などのフラーレンの走査トンネル顕微鏡像と良く似ている[6]。

2.2 電子線干渉縞

多層 CNT の電界放出パターンには, 互いに隣接する五員環の境界領域に, 1本から数本の筋状の輝線がしばしば観察される[4]。図4は異なる印加電圧で撮影された多層 CNT の電界放出パターンであり, 印加電圧の増加に伴って, 矢印で示した箇所に観られる輝線の明瞭度(visibility)が増し, また間隔が狭くなる。これらの輝線が電子波の干渉によるものであれば, その間隔 Δ は, 電子の波長 λ に比例する。すなわちエミッタにかける電圧を V とすると, Δ は $V^{1/2}$ に反比例するはずである。実際に, この関係が実験的に確認されており, これらの輝線が隣接する五員環を出射窓とする電子線干渉縞であることが示されている[7]。

これまで, 陰極表面上の異なる場所から放出された電子は互いに干渉しないと考えられてきた。しかし多層 CNT で観られる干渉現象は, 明らかに異なる放出サイトからの初めての例であり, 従来の概念を覆すものである。この干渉現象は, CNTの中の電子のコヒーレンス長がCNTの直径(数十nm)程度以上に及ぶことを示している。

2.3 単一の五員環からの電界放出電子のエネルギー分布

蛍光板中央に開けた直径数mmのプローブ孔を通り抜けた電子のエネルギー分布を, 後段に設けた電子エネルギー分析器で測定する手法は, 電界放出電子分光法(field emission electron spectroscopy: FEES)と呼ばれ, 試料表面の局所状態密度を測定するのに有効である。図5は, 多層 CNT 先端の同一の五員環に対して, (a)清浄状態, (b)ガス吸着状態で測定された FEES スペクトルである[8]。比較のために, よく知られたタングステン冷陰極からのスペクトルを(c)に

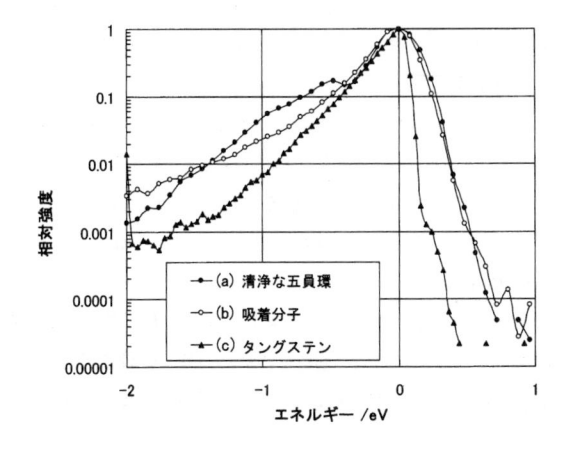

第18章 カーボンナノチューブ電子源

図5 多層CNT先端の一つの五員環から電界放出された電子のFEESスペクトル[8]
(a)清浄な五員環,(b)ガス分子が吸着した五員環,(c)タングステン冷陰極からのスペクトル

示してある。測定は室温で行われており,横軸の運動エネルギーはスペクトルのピーク位置を基準に取ってある。清浄な五員環からのスペクトルでは,主ピークから約 0.5 eV 低エネルギー側にこぶ (hump) が観測される。同様の微細構造は,原子スケールの微小突起を持った金属陰極 (ナノティップ) でも報告されており[9],五員環付近の局在する電子準位によるものと思われる。一方,ガス吸着状態ではこぶは消失する。このスペクトルの変化は吸着により電子状態が変化したことを表しているが,この原因の究明には吸着分子種の特定など今後の詳細な研究が必要である。五員環からの FEES の主ピークの高エネルギー側は,清浄状態の場合でもガス吸着状態でもタングステンに比べて大きく広がっており,エネルギー分布の半値幅 (FWHM) は,タングステンの 0.2 eV に対して,五員環では約 0.3 eV である。高エネルギー側の広がりの原因としては,ジュール熱による CNT 先端の温度上昇などが考えられる。

2.4 単一の五員環から放出された電子線の輝度

次節で述べるディスプレイデバイスへの応用の他に,電子顕微鏡用の高輝度電子源への CNT エミッタの利用が考えられる。後者の場合,電子線の輝度と呼ばれる量が実用上重要である。輝度は単位面積,単位立体角当たりの電流値として定義されるが,一般に加速電圧に比例するため,次式で与えられる換算輝度 (reduced brightness) B_r が用いられる。

$$B_r = (dI/d\Omega)/(V\pi r_s^2) \tag{1}$$

ここで,$dI/d\Omega$ は放射角電流密度 (angular current density) であり,微小立体角 $d\Omega$ の絞り

を通過する放出電流値 dI を測定することにより得られる。また，r_v は仮想物点径（virtual source size）と呼ばれる実効的な電子源サイズであり，電子軌道を陰極内部へ外挿してできる最小錯乱円の半径として定義される。

Jongeらは，タングステン針先端に接着された1本の多層CNTからの電子線を穴開きのカーボン薄膜に照射し，穴の縁に生じるフレネル干渉縞からCNT電子源の仮想物点径を測定し，換算輝度として（3 ± 1）×10^9A/（m^2srV）の値を得た[10]。この値は，高輝度電子源として従来用いられているタングステン冷陰極やジルコニア・タングステン（ZrO/W）熱冷陰極（ショットキー陰極）の輝度を1桁ないし2桁上回るものである。

多層CNTの電子放出は五員環が担っているために，単一の五員環から放出された電子線の輝度は，1本のCNTのそれより更に高いと期待できる。実際，多層CNT清浄表面の五員環一つから放出される電子の放射角電流密度が測定され，換算輝度として5.6×10^9A/（m^2・sr・V）が報告されている[7]。

3 透過電子顕微鏡による動的観察

CNTを電子源として用いるためには，高エミッション電流密度，耐久性，信頼性が要求される。これらの要求を満たすCNTの開発には電界放出している個々のCNTの挙動および崩壊過程を直接観察することが必要であると考えられる。そこで本節においては電界放出中のCNTの透過型電子顕微鏡（TEM）を用いたその場観察の現状について解説する[11~15]。

3.1 電界印加中の CNT の挙動

一般に熱CVD法を用いて基板上に成長したCNTは密度が疎であれば無秩序な方向を向いている。熱CVD法で生成したCNTの電界印加時の挙動のTEMによるその場観察結果を図6に示す[12,15]。図6(a)から(d)のように印加電圧を徐々に大きくするとCNTは電界方向に平行になるように印加電界の大きさに従って徐々に配向する。逆に印加電界を徐々に小さくしていくと，図6(d)から(g)のように，元の無秩序な方向に徐々に戻っていく。(a)，(d)，(g)の矢印は同一のCNTが向きを変える様子を示す。このようにCNTは非常にフレキシブルな材料である。印加する電界が適度であれば，この挙動は可逆である。しかし，過度な強度の電界が印加されるとCNTは過電流により塑性変形を起こし元の状態には戻らない[16]。それゆえ，CNTは自ら電界方向に配向するという点で，フラットパネルディスプレイ（FPD）用エミッタとして使用する際に必ずしも基板に垂直に成長させる必要がないという利点もあわせ持っている。

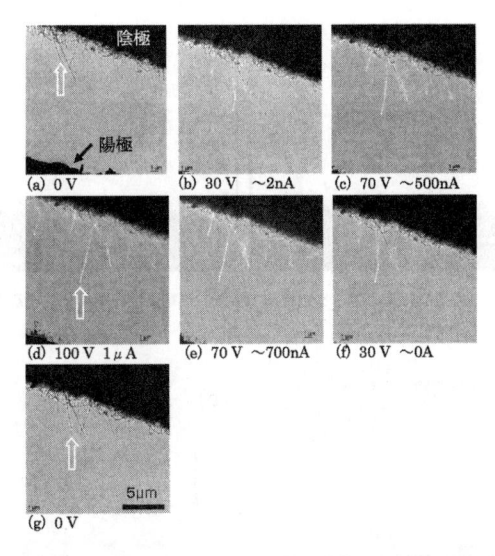

第18章　カーボンナノチューブ電子源

図6　多層CNT（熱CVD法で生成）に電界を印加したときのCNTの挙動

3.2　電界印加中のCNTの挙動パターン

電界印加中のCNTの挙動は「配向（Alignment）」「分枝（Split）」「蒸発（Sublimation）」「振動（Vibration）」という4つのパターンに大きく分類することができる[14,15]。配向に関しては前節で述べたとおりである。分枝は更に2つの場合に分類される。1つは分子間力により束になっているCNTが静電的反発力により，個々のCNTに分裂するか，あるいはより本数の少ない束に分裂する場合である。図7はアーク放電法で生成した多層CNT束が分枝する様子を示している。図7(a)の状態のCNT束が電圧を90 V印加することで図7(b)のように3つに分枝したが，この場合，CNT自身の崩壊は観察されない。2つ目の分枝は，1本の多層CNTの最外層が剥離する場合である。先端が開いた直径が約9 nmの多層CNTの分枝前（80 V印加中）および剥離分枝後（86 V印加中）のTEM像をそれぞれ図8(a)および図8(b)に示す。86 V印加中に先端付近の外層が剥離し分枝しているのが分かる。

蒸発に関しては，原因としてジュール熱による蒸発，電界蒸発，残留ガスによるスパッタエッチングが考えられるが，CNTエミッタの電界放出中の蒸発は主にジュール熱に起因するものであると考えられる（次節参照）。熱CVD法で生成した多層CNTが電界放出中に蒸発した様子を図9に示す。図9(a)の矢印で示したCNTが瞬間的に図9(b)の矢印で示した位置まで蒸発した。現状では熱CVD法により生成されたCNTはアーク放電法によるものと比べて構造欠陥

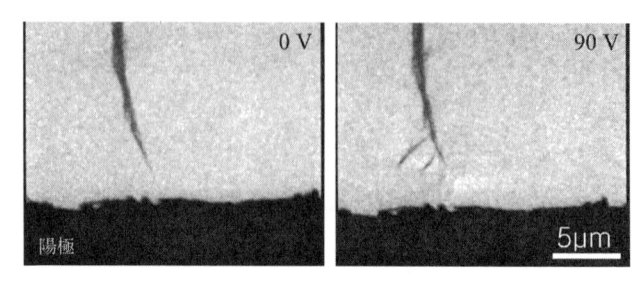

図7 多層CNT束(アーク放電法で生成)が電界放出中に分枝する様子

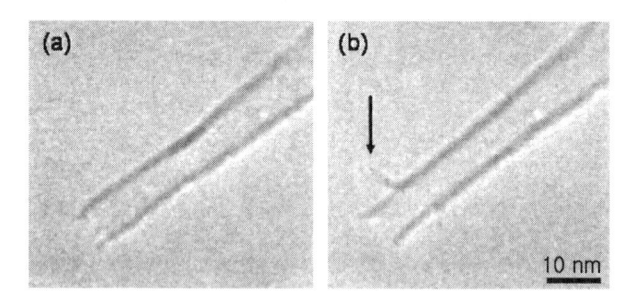

図8 電界放出中の先端が開いた多層CNT(アーク放電法で生成)

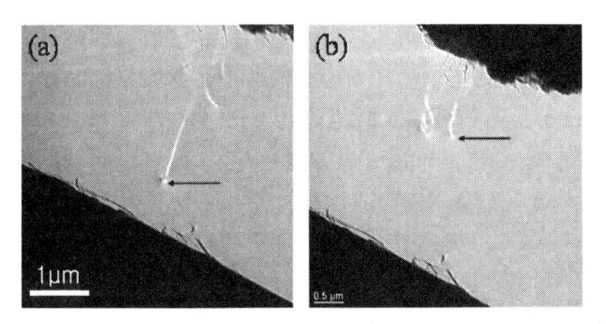

図9 電界放出中の多層CNT(熱CVD法で生成)
(a) 蒸発前,(b) 蒸発後

が多く電気抵抗が高いためにジュール熱により蒸発しやすい。

最後に振動であるが,振幅がナノメータオーダー以下の振動は電界放出中のほとんどのCNTに生じており,この原因は熱振動である。しかしここでは,CNTの破壊を伴うような非常に大

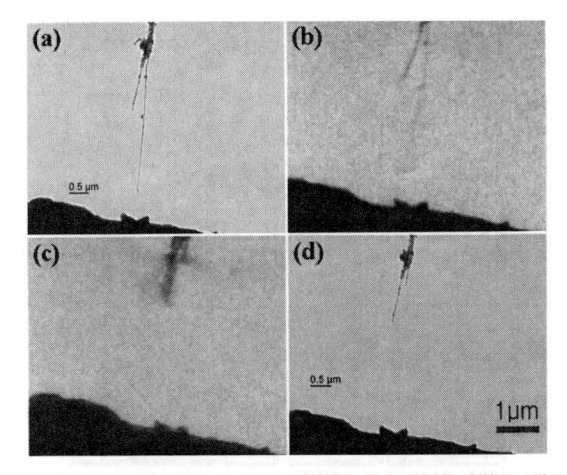

図10 多層CNT（アーク放電法で生成）が電界放出中に激しく振動し崩壊する様子のTEM像
(a) 電界印加前，(b) 60V～85V印加中，小さな振幅の振動，(c) 85V～94V印加中，激しい振動，
(d) 電界放出後に短くなったCNT

きな振幅の振動が生じる場合を指している。振動により多層CNTが崩壊する様子を図10に示す。これら4つの挙動パターンのうちCNTエミッタを崩壊させる最たる原因となるものは「蒸発」である。

3.3　電界放出中の二層CNT束の挙動

　二層CNTをエミッタとして用いた電界放出のその場観察TEM像を図11に示す。この試料では二層CNTは束を形成している[13]。2μm離れた銅の陽極と二層CNTの間に直流電圧を50Vから100Vまで印加した。図11(a)および(b)の矢印Aで示した二層CNT束は電界方向に配向したことによりCNTの方向が観察面に平行になったことで見かけ上長くなったように見える。図11(b)ではCNT束が途中からYの字状に枝分かれしている。さらに電圧を増加させると図11(b)から(d)に示すように，CNT束が連続的に短くなった。この過程において矢印Aで示すCNT束は約1.6μm短くなった。Aで示すCNT束の蒸発が止まった後，(d)から(e)に示すように矢印Bで示すCNT束が蒸発し始め破線で示すように陽極との距離が一定になる長さで，蒸発は止まった。この観察から，林立するCNT束の蒸発は，最も突出した束から起こり次に突出した束に順次移っていくことがわかる。この結果は，CNT-FEDデバイスにおけるCNTエミッタのエージング効果を示しているといえる。

　図11の観察に対応する電界放出の電流-電圧特性を図12に示す。破線矢印で示した箇所は二層

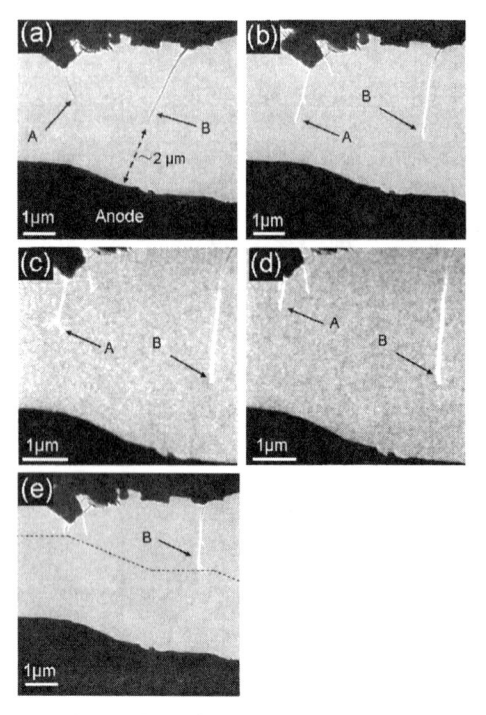

図11 二層CNTエミッタからの電界放出中に配向，分枝，蒸発の様子が観察されるTEM像

CNTの蒸発が連続的に起きた区間を示す。84 Vの時点で電流が10μA急激に減少した。この時，束Aが短くなった以外に変化は見られなかったので，少なくとも束Aには10μA以上の電流が流れていたことになる。束の直径（約13 nm）から概算すると直径約4 nmの二層CNTが7本含まれていると推測されるので，二層CNTに1本あたり1.4μAの電流が流れたことになる。これは電流密度に換算すると約1.1×10^7 A/cm^{2}に相当する。

以上のような電界放出中のCNTの崩壊には以下のようなメカニズムが考えられる。一つ目は，電界蒸発である。過度に強い電界によりCNTが原子あるいは分子レベルで蒸発していくという報告がなされている[17]。この蒸発には～10^{10} V/m以上の電界強度が必要であり，電界放出が起こる電界強度～10^9 V/mより一桁高いため崩壊に直接は関与していないと考えられる。二つ目は，引張によるせん断である。静電気力による引張りでCNTをせん断するには，1 GPa以上の引張り応力を必要とする[18]。しかし，マクスウェルの静電応力は電界放出中でも1 MPa程度しか働かないので，この説は可能性が低い。最後に過電流によるジュール熱でCNTの温度

第18章 カーボンナノチューブ電子源

上昇を考えてみる。電界放出中の多層CNTの先端は一本あたり1.2μAの電流が流れると約2000Kになっているとの報告があり[19]，また，CNTの昇華は2540Kで観察されている[20]。これらの温度を考慮すると，二層CNT束の蒸発の原因としては，ジュール熱によるCNTの加熱が最も可能性が高いといえる。

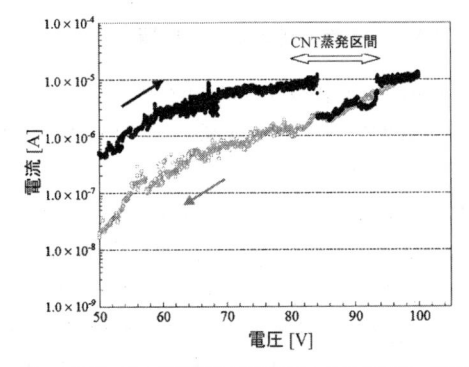

図12　図11のその場観察時の電界放出における電流-電圧特性

3.4　各種CNTの電界放出の電流-電圧特性

TEMその場観察法により測定された，束の直径が約13nmの二層CNT（1本当たりは直径約4 nm），先端が開いた直径約11 nmの多層CNT（5層），先端が閉じた直径約6 nmの多層CNT（5層）の電流-電圧特性の一例を表1に示す。この表において，E_1, E_2はそれぞれ1μAおよび10μAのエミッション電流を得るのに必要な閾値電界を示し，その値は，印加電圧を電極間距離で割った巨視的電界強度である。従って，実際にCNT先端にかかる電界強度とは異なる。また，J_{sub}はCNTが崩壊し始めた時のCNTを流れる電流密度である。表1より，二層CNTの閾値電界が多層CNTより低いことがわかる。これはCNTの束においては，束を構成する一部のCNTからまず電界放出が始まることを示唆している。しかし，崩壊開始電流密度は二層CNTがこの3種類の中では最も低く，耐久性に劣るといえる。一方，先端が閉じた多層CNTは閾値電界が他のCNTより高いものの耐久性は最も優れている[14, 21]。閾値電界と寿命の双方を考慮した良度指数（figure of merit）という観点からは，層数が3～5層の先端が閉じた多層CNTがエミッタとして優れていそうである。

表1　種々のCNTの電界放出特性の比較

	二層CNT束	先端が開いている多層CNT	先端が閉じている多層CNT
E_1 (V/μm)	40	60	60
E_2 (V/μm)	42	70	80
J_{sub} (×10^7 A/cm^2)	0.9	5.2	6.6

E_1：1μAの電界放出電流を得るために必要な巨視的な閾値電界強度
E_2：10μAの電界放出電流を得るために必要な巨視的な閾値電界強度
J_{sub}：CNTの蒸発が始まったときの電流密度

4 CNTの構造と残留ガスの影響

アーク放電法で作製された3種類のCNT，つまり単層，二層および多層CNTの電界エミッタとしての耐久性（寿命）は，多層，二層，単層CNTの順で，層数が多いほど優れている。封止された真空管内での多層CNTの寿命テストにおいて，10,000時間を越える安定した電子放出が確認されている[22]。他方，電子放出のしやすさという点では，順序は逆になり，単層，二層，多層CNTの順で，直径が細くなるほど優れている。FED用CNTの選定において，これら相反する2つの特性を考慮する必要がある。

CNTエミッタの寿命を決める因子は放出電流の大きさと真空中の残留ガスである。種々のガス（H_2, CH_4, H_2O, CO, N_2, O_2, Ar, CO_2）と圧力（10^{-5}から10^{-8} Torr）の下で，多層CNTエミッタの耐久性が調べられた[23]。その結果，N_2，ArおよびH_2ではエミッションの劣化はほとんど無かったが，CH_4, H_2O, COおよびO_2は，10^{-6} Torr以上の圧力では，エミッタに重大な劣化をもたらすことが明らかにされた。寿命の原因は，CNTのジュール熱による温度上昇と雰囲気ガスとの化学反応（燃焼）によるものと推測している。

5 CNTエミッタの電子放出均一性

電界放出ディスプレイ（FED）の電子源としてCNTを実用する場合，電圧駆動，寿命と並ぶ重要な課題が，画素（画面を構成するピクセル）を均一に発光させることである。このため，陰極表面にCNT膜を均一に作製し，放出電流の面内均一性を確保する必要がある。この均一性を向上する方法の一つが，電子放出サイトの密度を上げることである。放出サイト数が増加すれば，平均化効果で電子放出の揺らぎは減少する。テレビ画像表示用のディスプレイに要求される放出サイト数は1画素当り10^3〜10^4と言われている。サブピクセル（3原色R, G, Bのそれぞれのピクセル）のサイズを例えば0.2 mm×0.5 mm（0.1 mm^2）とすると，必要とされる放出サイト密度は10^6〜$10^7 cm^{-2}$となる。

電子放出の均一性の評価には，二つの方法がある。一つは，電子放出面（CNT陰極）を蛍光面

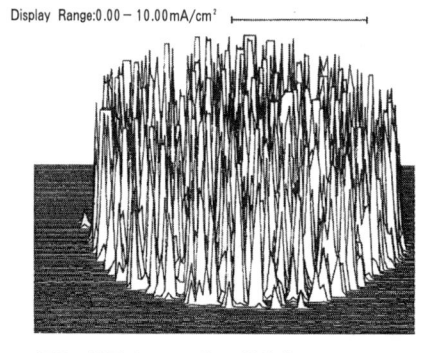

図13 単層CNTのスプレイ堆積膜からのエミッション電流密度分布の測定例

第18章　カーボンナノチューブ電子源

（陽極）に対向させ，蛍光面の発光を観察する方法である．もう一つは，電子放出プロファイル測定装置[24]により，電子放出面からの放出電流の面内分布を定量的に測定するものである．後者の装置は，陰極，プローブホール（直径$20\mu m$）を備えた陽極，およびプローブホールを通過した電流を測定するファラデーカップから構成されており，電極間ギャップを$100\mu m$から$300\mu m$に保ってプローブホール付き陽極を陰極（CNT膜）表面に平行に走査することにより，エミッション電流の面分布を測定する．図13に単層CNTのスプレー堆積膜からのエミッション分布の測定例が鳥瞰図で表示されている．突起の高さはエミッション電流密度の大きさを示す．陰極面全体（直径4mm）から多くの突起が観察されるが，実用上要求される放出サイト密度には未だ足りない．電子放出サイトを増加させて，エミッションの均一性を向上させるために，レーザー照射によるCNT膜の表面処理法が考案されている[25]．

6　ディスプレイへの応用

FEDの実用化は，それに用いる電子源の性能が鍵を握る．これまでスピント型エミッタと呼ばれるモリブデンのマイクロエミッタアレイを使ったFED開発が主流であったが，パネルサイズの大型化や低価格化への対応が困難であることから，このエミッタを用いたFED開発はほとんどの企業・研究所で中止されてしまった．これに代わって，1998年にFED用の新しいエミッタとして登場したのが，CNTである．

6.1　CNT陰極の作製

CNTカソードの作製法は，大きく分けて，印刷法と触媒CVD法の2つがある．印刷法は，アーク放電法などで予め作製されたCNT粉末と有機バインダーなどと混合したペーストを金属基板上にスクリーン印刷するなどにより塗布するもので，大面積の電子源を安価に形成することができる特徴をもつ．塗布したCNT膜は乾燥，焼成の後，CNTを表面に露出させる活性化も必要である[26,27]．

触媒CVD法は，予めCNTを成長させたい箇所に成長の核となる触媒金属(Niなど)を付けておき，熱CVD法やプラズマ支援CVD法によって基板上に選択的に成長させるもので，直接カソード基板上のピクセル内にCNTを選択的に成長させることができる[28,29]．

6.2　ランプ型デバイス

図14にCNTを電子源に用いたランプ型デバイスの構造模式図を示す[30]．陰極のCNT電子放出源（陰極），グリッド電極および蛍光面（陽極）からなる三極管構造である．電子放出面は，

241

環状・筒状超分子新素材の応用技術

グリッド電極で覆われている。CNT陰極を接地電位として，グリッド電極に正電位を印加することにより，CNT陰極から200～300μAの電流を得る。放出された電子の大半は，グリッドを透過し，真空空間で加速され，10kV程度の高電圧が印加された蛍光面を照射する。

6.3 フラットパネル型デバイス

FEDは，図15に示すように，蛍光体に電子を照射することにより画面を光らせるという発光の原理では，陰極線管（CRT，いわゆるブラウン管）と同じだが，次の2つの点で，CRTとは大きく異なる。第1に，電子源には微小な電界エミッタを多数並べたアレイが用いられる。第2の違いは，画面を構成する各ピクセル（画素）がその背後にそれぞれ微小電子源アレイを持っていることである。従って，FEDはCRTの長所（高輝度，良好な色再現性，高速応答）を継承しながら，その欠点（大きく，重い）を克服し，薄型の平面ディスプレイ，いわゆるフラットパネルディスプレイ（FPD）を実現できる。さらに，FEDは，熱陰極の代わりに冷陰極が用いられ，また電子線走査のための偏向ヨークを必要としないので，CRTに比べても省電力消費のディスプレイとなる。

今後，デジタル放送やブロードバンドの普及に伴い，20インチ以上の中・大型ディスプレイの市場が拡大すると予想される。しかし，大型液晶TVやプラズマディスプレイパネルが市場に

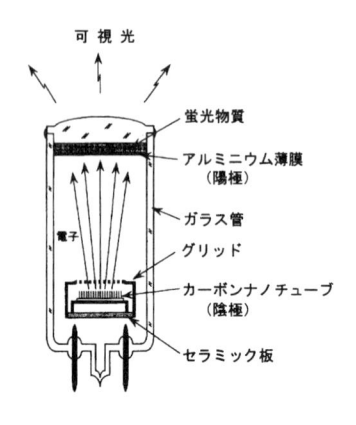

図14 CNTを陰極とする高電圧型蛍光表示管の構造模式図
（管球サイズ：直径20mm，長さ：74mm）[30]

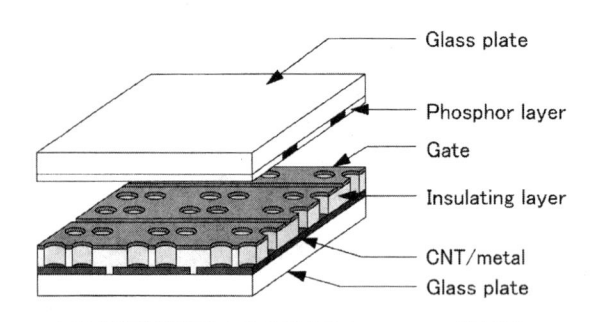

図15 CNTを電子源とする電界放出型ディスプレイの構造模式図

第18章 カーボンナノチューブ電子源

投入されつつあるものの，廉価で高性能の平面パネルディスプレイが無いのが現状である。このような状況で，CNT-FEDは大型化が可能で，低消費電力，高画質を実現できると期待されている。パネルの大型化への試みとして，ノリタケ伊勢電子は，2001年に14.5インチ，2002年には40インチのCNT-FEDを試作して，実用可能な輝度を得ることに成功している[31]。これに用いられたCNT陰極は，熱CVD法により成膜されたものであるが，アーク放電法により作製されたCNTに比べて結晶性に劣るものの，大面積への成膜が容易で，生産性も良いと考えられている。

フォトリソグラフィーなどの微細加工技術を利用した，ゲートを組み込んだCNT陰極の開発も行われている。2000年末，日本電気から，駆動電圧の低電圧化を狙ったゲート付CNT-FEDの試作結果が報告された[32]。単層CNTを用いた陰極とゲート電極の間は厚さ20μmの絶縁層で隔てられ，ゲートの穴径は100μmである。ゲート電圧80Vで陽極電流密度 0.5 mA/cm^2 が得られている。パネル全体のサイズは30×30ピクセル（700μmピッチ）で，カラーであり，100V以下の低電圧駆動に成功している。サムソンSDIは，ゲート口径が30μmおよび55μmで，対応するゲート-陰極距離が数μmおよび15μmの2種類のCNT-FEDを試作し，それぞれゲート電圧40Vおよび80Vの低い電圧で駆動させることに成功した。輝度は，陽極電圧1.5kVにおいて500 cd/m^2 が得られ，カラーの動画表示も示された[33]。また，三菱電機は，CNT膜を電極基板上にスクリーン印刷した後，有機絶縁膜であるシリコンラダーポリマをゲート絶縁膜に用いて，厚さ8μmで開口直径12μmのゲート電極を形成する技術を開発した[27]。ゲート口形成後，CNT膜表面のレーザー照射処理により，エミッション閾値電界の低減（2V/μm）とともにエミッションサイト均一性を改善した。

7　X線源への応用

近年，CNTを電界放出電子源として用いたX線源の開発が進んでいる[34〜39]。熱フィラメント型の電子源は実用真空下（10^{-4}〜10^{-5} Pa）で使用中に，高温であるがゆえに電子放出を安定化できることにおいて優れているが，装置の小型化が難しいという欠点がある。一方，電界放出（FE）型の電子源の場合，先端の曲率半径が100 nm以下のエミッタと引出し電極との配置のみが重要であり，微細加工の技術次第で可能な限り小さくすることができる。しかし，従来研究がなされてきた金属エミッタ（モリブデンなど）は実用真空下で容易にスパッタエッチングされてしまいエミッタとしての耐久性に問題があり特殊な用途以外での実用化はされなかった。CNTは化学的に不活性で安定であることから，実用真空下において従来の金属エミッタより耐久性に優れているという点でX線源用の電子源として開発されるようになった。FE型X線源ではFE電子の大部分がフェルミレベルからトンネルにより放出されるため，熱電子放出と比べて放出電

243

子のエネルギー幅が狭い。FE電子源を用いると電子ビームのスポットサイズを約50 nmまで絞ることが可能であることがシミュレーションされており[38]，より優れた分解能のX線撮像が可能であると期待されている[35]。

奥山らは，電解研磨した直径0.5 mmのモリブデン針の先端にプラズマ支援CVD法により成長させたCNF（Carbon Nano Fiber）をエミッタとする超小型X線管（直径5 mm）を作製した[38]。この装置では引出電圧を10〜15 kVとし軟X線を発生させることで生物試料のX線撮像に成功しており，将来的には超小型X線管を人体の腔内に挿入しピンポイントで癌の放射線治療等に利用する計画がある[36]。

またZhouらは，レーザーアブレーション法で作製した単層CNT束をエミッタに用いてX線管を作製している。彼らが用いた単層CNTは直径が1.4 nmで束の直径は約50 nmである。生成した単層CNTは約95％まで精製され，誘電泳動法により金属円板に堆積させたものをエミッタとして用いている[37]。

さらには，高度な電子線ビーム制御・電子光学設計等の技術に基づき，小型で干渉性が高く，省エネルギーのCNT-FE電子源を用いたX線源の研究も進められている[39]。

以上のように，FE電子源を用いたX線源は医療，工業はもとより様々な分野での大きな可能性を有しており，今後の発展が期待されている。

文　献

1) R. Gomer, Field Emission and Field Ionization (Harvard Univ. Press, Cambridge, 1961)
2) 齋藤弥八 監修, フィールドエミッションディスプレイ技術（シーエムシー出版，2004年）
3) Y. Saito, K. Hamaguchi, K. Hata, K. Uchida, Y. Tasaka, F. Ikazaki, M. Yumura, A. Kasuya and Y. Nishina, *Nature*, **389**, 554 (1997)
4) Y. Saito, K. Hata and T. Murata, *Jpn. J. Appl. Phys.*, **39**, L271 (2000)
5) K. Hata, A. Takakura and Y. Saito, *Surface Sci.*, **490**, 296 (2001)
6) K. A. Dean and B. R. Chalamala, *J. Appl. Phys.*, **85**, 3832 (1999)
7) K. Hata, A. Takakura, K. Miura, A. Ohshita and Y. Saito, *J. Vac. Sci. Tech. B*, **22**, 1312 (2004)
8) C. Oshima, K. Matsuda, T. Kona, Y. Mogami, T. Yamashita, Y. Saito, K. Hata and A. Takakura, *J. Vac. Sci. Technol. B*, **21**, 1700 (2003)
9) V. T. Binh, S. T. Purcell, N. Garcia and J. Doglioni, *Phys. Rev. Lett.*, **69**, 2527

第18章 カーボンナノチューブ電子源

(1992)
10) N. de Jonge, Y. Lamy, K. Schools and T. H. Oosterkamp, *Nature*, **420**, 393 (2002)
11) Z. L. Wang, R. P. Gao, W. A. de Heer and P. Poncharal, *Appl. Phys. Lett.*, **80**, 856 (2002)
12) 世古和幸, 木下純一, 川北邦彦, 齋藤弥八, 第51回 応用物理学会学術講演会, 29a-E-1 (2004)
13) K. Seko, J. Kinoshita and Y. Saito, *Jpn. J. Appl. Phys.*, **44**, L743 (2005)
14) K. Seko, J. Kinoshita and Y. Saito, Proc. 2005 5th IEEE Conference on Nanotechnology, Nagoya, Japan, July 2005.
15) Y. Saito, K. Seko, J. Kinoshita, Diamond & Related Materials, **14**, 1843 (2005)
16) Y. Wei, C. Xie and K. A. Dean, B. F. Coll, *Appl. Phys. Lett.*, **79**, 4527 (2001)
17) K. Hata, M. Ariff, K. Tohji and Y. Saito, *Chem. Phys. Lett.*, **308**, 343 (1999)
18) J.-P. Salvetat, G. A. D. Briggs, J.-M. Bonard, R. R. Bacsa, A. J. Kulik, T. Stäckli, N. A. Burnham and L. Forró, *Phys. Rev. Lett.*, **82**, 944 (1999)
19) S. T. Purcell, P. Vincent, C. Journet and V. T. Binh, *Phys. Rev. Lett.*, **88**, 105502-1 (2002)
20) X. Cai, S. Akita and Y. Nakayama, *Thin Solid Films*, **464-465**, 364 (2004)
21) 木下純一, 世古和幸, 鈴木泰伸, 齋藤弥八, 日本物理学会第60回年次大会, 24aYN-13 (2005)
22) J. Yotani, S. Uemura, T. Nagasako, Y. Saito and M. Yumura, Proceedings of the 6th International Display Workshops (December 1-3, 1999, Sendai International Center, Sendai, Japan) pp.971-974
23) Y. Saito, *J. Nanosci. & Nanotech.*, **3**, 39 (2003)
24) J. Kai, M. Kanai, M. Tama, K. Ijima and Y. Tawa, *Jpn. J. Appl. Phys.*, **40**, 4696 (2001)
25) J. Yotani, S. Uemura, T. Nagasako, H. Kurachi, H. Yamada, T. Ezaki, T. Maesoba, T. Nakao, M. Ito, T. Ishida and Y. Saito, *Jpn. J. Appl. Phys.*, **43**, L1459 (2004)
26) 岡本, 小沼, 富張, 伊藤, 岡田, 「カーボンナノチューブFEDの低駆動電圧化」, 月刊ディスプレイ, 2002年3月, pp.24-30 (2002)
27) K. Nishimura, A. Hosono, S. Kawamoto, Y. Suzuki, N. Yasuda, S. Nakata, S. Watanabe, T. Sawada, F. Abe, T. Shiroishi, M. Fujikawa, Z. Shen, S. Okuda and Y. Hirokado, SID 05 Digest, pp.1612-1615
28) Z.P. Huang, D.L. Carnahan, J. Rybczynski, M. Giersig, M. Sennett, D.Z. Wang, J.G. Wen, K. Kempa, and Z.F. Ren, *Appl. Phys. Lett.*, **82**, 460-462 (2003)
29) K.B.K. Teo, *et al.*, *J. Vac. Sci. Technol.*, **B21**, 693-697 (2003)
30) Y. Saito, S. Uemura and K. Hamaguchi, *Jpn. J. Appl. Phys.*, **37**, L346 (1998)
31) S. Uemura, J. Yotani, T. Nagasako, H. Kurachi, H. Yamada, T. Ezaki, T. Maesoba, T. Nakao, Y. Saito and M. Yumura, *J. Soc. Information Display*, **11** (1), 145-153 (2003)
32) F. Ito, Y. Tomihari, Y. Odaka, K. Konuma and A. Okamoto, *IEEE Electron*

Device Lett., **22**, 426（2001）
33) J. H. You, N. S. Lee, C. G. Lee, J. E. Jung, Y. W. Jin, S. H. Jo, J. W. Nam, J. W. Kim, J. S. Lee, J. E. Jang, N. S. Park, J. C. Cha, E. J. Chi., S. J. Lee, S. N. Cha, Y. J. Park, T. Y. Ko, J. H. Choi, S. J. Lee, S. Y. Hwang, D. S. Chung, S. H. Park, H. W. Lee, J. H. Kang, Y. S. Choi, S. J. Lee, B. G. Lee, S. H. Cho, H. S. Han, S. Y. Park, H. Y. Kim, M. J. Yun and J. M. Kim, Proc. of the 21st Inter. Display Res. Conf. and the 8th Inter. Display Workshops, pp. 1221-1224（2001）
34) 奥山文雄，日本写真学会誌，**65**, 468（2002）
35) H. Sugie, M. Tanemura, V. Filip, K. Iwata, K. Takahashi, F. Okuyama, *Appl. Phys. Lett.*, **78**, 2578（2001）
36) 奥山文雄，日本放射線技術学会雑誌，**58**, 309（2002）
37) G. Z Yue, Q. Qui, B. Gao, Y. Cheng, J. Zhang, H. Shimoda, S. Chang, J. P. Lu and O. Zhou, *Appl. Phys. Lett.*, **81**, 355（2002）
38) S. Senda, Y. Sakai, Y. Mizuta, S. Kita, F. Okuyama, *Appl. Phys. Lett.*, **85**, 5679（2004）
39) 川北 邦彦，畑 浩一，佐藤 英樹，齋藤 弥八，第52回応用物理学関係連合講演会，29p-YF-17（2005）

《CMC テクニカルライブラリー》発行にあたって

　弊社は、1961年創立以来、多くの技術レポートを発行してまいりました。これらの多くは、その時代の最先端情報を企業や研究機関などの法人に提供することを目的としたもので、価格も一般の理工書に比べて遙かに高価なものでした。
　一方、ある時代に最先端であった技術も、実用化され、応用展開されるにあたって普及期、成熟期を迎えていきます。ところが、最先端の時代に一流の研究者によって書かれたレポートの内容は、時代を経ても当該技術を学ぶ技術書、理工書としていささかも遜色のないことを、多くの方々が指摘されています。
　弊社では過去に発行した技術レポートを個人向けの廉価な普及版《CMC テクニカルライブラリー》として発行することとしました。このシリーズが、21世紀の科学技術の発展にいささかでも貢献できれば幸いです。
2000年12月

株式会社　シーエムシー出版

環状・筒状超分子の応用展開　　(B0957)

2006年 1月31日　初　版　第1刷発行
2011年 4月 5日　普及版　第1刷発行

編　集　　高田　十志和　　　　　　　Printed in Japan
発行者　　辻　　賢司
発行所　　株式会社　シーエムシー出版
　　　　　東京都千代田区内神田1-13-1　豊島屋ビル
　　　　　電話 03 (3293) 2061
　　　　　http://www.cmcbooks.co.jp/

〔印刷　株式会社ニッケイ印刷〕　　　　© T. Takata, 2011

定価はカバーに表示してあります。
落丁・乱丁本はお取替えいたします。

ISBN978-4-7813-0311-6　C3043　¥3600E

本書の内容の一部あるいは全部を無断で複写（コピー）することは、法律で認められた場合を除き、著作者および出版社の権利の侵害になります。

CMCテクニカルライブラリーのご案内

水素エネルギー技術の展開
監修／秋葉悦男
ISBN978-4-7813-0287-4　　　　B947
A5判・239頁　本体3,600円＋税（〒380円）
初版2005年4月　普及版2010年12月

構成および内容：水素製造技術（炭化水素からの水素製造技術／水の光分解／バイオマスからの水素製造 他）／水素貯蔵技術（高圧水素／液体水素／水素貯蔵材料（合金系材料／無機系材料／炭素系材料 他）／インフラストラクチャー（水素ステーション／安全技術／国際標準）／燃料電池（自動車用燃料電池開発／家庭用燃料電池 他）
執筆者：安田 勇／寺村謙太郎／堂免一成 他23名

ユビキタス・バイオセンシングによる健康医療科学
監修／三林浩二
ISBN978-4-7813-0286-7　　　　B946
A5判・291頁　本体4,400円＋税（〒380円）
初版2006年1月　普及版2010年12月

構成および内容：【第1編】ウエアラブルメディカルセンサ／マイクロ加工技術／触覚センサによる触診検査の自動化 他【第2編】健康診断／自動採血システム／モーションキャプチャーシステム 他【第3編】画像によるドライバ状態モニタリング／高感度匂いセンサ 他【第4編】セキュリティシステム／ストレスチェッカー 他
執筆者：工藤寛之／鈴木正康／菊池良彦 他29名

カラーフィルターのプロセス技術とケミカルス
監修／市村國宏
ISBN978-4-7813-0285-0　　　　B945
A5判・300頁　本体4,600円＋税（〒380円）
初版2006年1月　普及版2010年12月

構成および内容：フォトリソグラフィー法（カラーレジスト法 他）／印刷法（平版、凹版、凸版印刷 他）／ブラックマトリックスの形成／カラーレジスト用材料と顔料分散／カラーレジスト法によるプロセス技術／カラーフィルターの特性評価／カラーフィルターにおける課題／カラーフィルターと構成部材料の市場／海外展開 他
執筆者：佐々木 学／大谷薫明／小島正好 他25名

水環境の浄化・改善技術
監修／菅原正孝
ISBN978-4-7813-0280-5　　　　B944
A5判・196頁　本体3,000円＋税（〒380円）
初版2004年12月　普及版2010年11月

構成および内容：【理論】環境水浄化技術の現状と展望／土壌浸透浄化技術／微生物による水質浄化（石油汚染海洋環境浄化 他）／植物による水質浄化（バイオマス利用 他）／底質改善による水質浄化（底泥置換覆砂工法 他）【材料・システム】水質浄化材料（廃棄物利用の吸着材 他）／水質浄化システム（河川浄化システム 他）
執筆者：濱崎竜英／笠井由紀／渡邉一哉 他18名

固体酸化物形燃料電池（SOFC）の開発と展望
監修／江口浩一
ISBN978-4-7813-0279-9　　　　B943
A5判・238頁　本体3,600円＋税（〒380円）
初版2005年10月　普及版2010年11月

構成および内容：原理と基礎研究／開発動向／NEDOプロジェクトのSOFC開発経緯／電力事業から見たSOFC（コージェネレーション 他）／ガス会社の取り組み／情報通信サービス事業における取り組み／SOFC発電システム（円筒型燃料電池の開発 他）／SOFCの構成材料（金属セパレータ材料 他）／SOFCの課題（標準化／劣化要因について 他）
執筆者：横川晴美／堀田照久／氏家 孝 他18名

フルオラスケミストリーの基礎と応用
監修／大寺純蔵
ISBN978-4-7813-0278-2　　　　B942
A5判・277頁　本体4,200円＋税（〒380円）
初版2005年11月　普及版2010年11月

構成および内容：【総論】フルオラスの範囲と定義／ライトフルオラスケミストリー【合成】フルオラス・タグを用いた糖鎖およびペプチドの合成／細胞内糖鎖伸長反応／DNAの化学合成／フルオラス試薬類の開発／海洋天然物の合成 他【触媒・その他】メソポーラスシリカ／再利用可能な酸触媒／フルオラスルイス酸触媒反応 他
執筆者：柳 日馨／John A. Gladysz／坂倉 彰 他35名

有機薄膜太陽電池の開発動向
監修／上原 赫／吉川 暹
ISBN978-4-7813-0274-4　　　　B941
A5判・313頁　本体4,600円＋税（〒380円）
初版2005年11月　普及版2010年10月

構成および内容：有機光電変換の可能性と課題／基礎理論と光合成（人工光合成系の構築 他）／有機薄膜太陽電池のコンセプトとアーキテクチャー／光電変換材料／キャリアー移動材料と電極／有機ELと有機薄膜太陽電池の周辺領域（フレキシブル有機EL素子とその光集積デバイスへの応用）／応用（透明太陽電池／宇宙太陽光発電 他）
執筆者：三室 守／内藤裕義／藤枝卓也 他62名

結晶多形の基礎と応用
監修／松岡正邦
ISBN978-4-7813-0273-7　　　　B940
A5判・307頁　本体4,600円＋税（〒380円）
初版2005年8月　普及版2010年10月

構成および内容：結晶多形と結晶構造の基礎―晶系、空間群、ミラー指数、晶癖－／分子シミュレーションと多形の析出／結晶化操作の基礎／実験と測定法／スクリーニング／予測アルゴリズム／多形間の転移機構と転移速度論／医薬品における研究実例／抗潰瘍薬の結晶多形制御／パミカミド塩酸塩水和物結晶／結晶多形のデータベース 他
執筆者：佐藤清隆／北村光孝／J. H. ter Horst 他16名

※ 書籍をご購入の際は、最寄りの書店にご注文いただくか、㈱シーエムシー出版のホームページ（http://www.cmcbooks.co.jp/）にてお申し込み下さい。

CMCテクニカルライブラリーのご案内

可視光応答型光触媒の実用化技術
監修／多賀康訓
ISBN978-4-7813-0272-0　B939
A5判・290頁　本体4,400円＋税　（〒380円）
初版2005年9月　普及版2010年10月

構成および内容：光触媒の動作機構と特性／設計（バンドギャップ狭窄法による可視光応答化 他）／作製プロセス技術（湿式プロセス／薄膜プロセス 他）／ゾル-ゲル溶液の化学／特性と物性（Ti-O-N系／層間化合物光触媒 他）／性能・安全性（生体安全性 他）／実用化技術（合成皮革応用／壁紙応用 他）／光触媒の物性解析／課題（高性能化 他）
執筆者：村上能規／野坂芳雄／旭　良司　他43名

マリンバイオテクノロジー
―海洋生物成分の有効利用―
監修／伏谷伸宏
ISBN978-4-7813-0267-6　B938
A5判・304頁　本体4,600円＋税　（〒380円）
初版2005年3月　普及版2010年9月

構成および内容：海洋成分の研究開発（医薬開発 他）／医薬素材および研究用試薬（藻類／酵素阻害剤 他）／化粧品（海洋成分由来の化粧品原料 他）／機能性食品素材（マリンビタミン／カロテノイド 他）／ハイドロコロイド（海藻多糖類 他）／レクチン（海藻レクチン／動物レクチン）／その他（防汚剤／海洋タンパク質 他）
執筆者：浪越通夫／沖野龍文／塚本佐知子　他22名

RNA工学の基礎と応用
監修／中村義一／大内将司
ISBN978-4-7813-0266-9　B937
A5判・268頁　本体4,000円＋税　（〒380円）
初版2005年12月　普及版2010年9月

構成および内容：RNA入門（RNAの物性と代謝／非翻訳型RNA 他）／RNAiとmiRNA（siRNA医薬品 他）／アプタマー（翻訳開始因子に対するアプタマーによる制がん戦略 他）／リボザイム（RNAアーキテクチャと人工リボザイム創製への応用 他）／RNA工学プラットホーム（核酸医薬品のデリバリーシステム／人工RNA結合ペプチド 他）
執筆者：稲田利文／中村幸治／三好啓太　他40名

ポリウレタン創製への道
―材料から応用まで―
監修／松永勝治
ISBN978-4-7813-0265-2　B936
A5判・233頁　本体3,400円＋税　（〒380円）
初版2005年9月　普及版2010年9月

構成および内容：【原材料】イソシアナート／第三成分（アミン系硬化剤／発泡剤 他）【素材】フォーム（軟質ポリウレタンフォーム 他）／エラストマー／印刷インキ用ポリウレタン樹脂【大学での研究動向】関東学院大学-機能性ポリウレタンの合成と特性-／慶應義塾大学-酵素によるケミカルリサイクル可能なグリーンポリウレタンの創成-他
執筆者：長谷山龍二／友定　強／大原輝彦　他24名

プロジェクターの技術と応用
監修／西田信夫
ISBN978-4-7813-0260-7　B935
A5判・240頁　本体3,600円＋税　（〒380円）
初版2005年6月　普及版2010年8月

構成および内容：プロジェクターの基本原理と種類／CRTプロジェクター（背面投射型と前面投射型）／液晶プロジェクター（液晶ライトバルブ 他）／ライトスイッチ式プロジェクター／コンポーネント・要素技術／マイクロレンズアレイ 他）／応用システム（デジタルシネマ 他）／視機能から見たプロジェクターの評価（CBUの機序 他）
執筆者：福田京平／菊池　宏／東　忠利　他18名

有機トランジスタ―評価と応用技術―
監修／工藤一浩
ISBN978-4-7813-0259-1　B934
A5判・189頁　本体2,800円＋税　（〒380円）
初版2005年7月　普及版2010年8月

構成および内容：【総論】【評価】材料（有機トランジスタ材料の基礎評価 他）／電気物性（局所電気・電子物性 他）／FET（有機薄膜FETの物性 他）／薄膜形成【応用】大面積センサー／ディスプレイ応用／印刷技術による情報タグとその周辺機器【技術】遺伝子トランジスタによる分子認識の電気的検出／単一分子エレクトロニクス　他
執筆者：鎌田俊英／堀田　収／南方　尚　他17名

昆虫テクノロジー―産業利用への可能性―
監修／川崎建次郎／野田博明／木内　信
ISBN978-4-7813-0258-4　B933
A5判・296頁　本体4,400円＋税　（〒380円）
初版2005年6月　普及版2010年8月

構成および内容：【総論】昆虫テクノロジーの研究開発動向【基礎】昆虫の飼育法／昆虫ゲノム情報の利用【技術各論】昆虫を利用した有用物質生産（プロテインチップの開発 他）／カイコ等の絹タンパク質の利用／昆虫の特異機能の解析とその利用／害虫制御技術等農業現場への応用／昆虫の体の構造，運動機能，情報処理機能の利用 他
執筆者：鈴木幸一／竹田　敏／三田和英　他43名

界面活性剤と両親媒性高分子の機能と応用
監修／國枝博信／坂本一民
ISBN978-4-7813-0250-8　B932
A5判・305頁　本体4,600円＋税　（〒380円）
初版2005年6月　普及版2010年7月

構成および内容：自己組織化及び最新の構造測定法／バイオサーファクタントの特性と機能利用／ジェミニ型界面活性剤の特性と応用／界面制御と DDS／超臨界界状態の二酸化炭素を活用したリポソームの調製／両親媒性高分子の機能設計と応用／メソポーラス材料開発／食べるナノテクノロジー―食品の界面制御技術によるアプローチ　他
執筆者：荒牧賢治／佐藤高彰／北本　大　他31名

※書籍をご購入の際は、最寄りの書店にご注文いただくか、
㈱シーエムシー出版のホームページ（http://www.cmcbooks.co.jp/）にてお申し込み下さい。

CMCテクニカルライブラリーのご案内

キラル医薬品・医薬中間体の研究・開発
監修／大橋武久
ISBN978-4-7813-0249-2　B931
A5判・270頁　本体4,200円＋税　（〒380円）
初版2005年7月　普及版2010年7月

構成および内容：不斉合成技術の展開（不斉エポキシ化反応の工業化　他）／バイオ法によるキラル化合物の開発（生体触媒による光学活性カルボン酸の創製　他）／光学活性体の光学分割技術（クロマト法による光学活性体の分離・生産　他）／キラル医薬中間体開発（キラルテクノロジーによるジルチアゼムの製法開発　他）／展望
執筆者：齊藤隆夫／鈴木謙二／古川喜朗　他24名

糖鎖化学の基礎と実用化
監修／小林一清／正田晋一郎
ISBN978-4-7813-0210-2　B921
A5判・318頁　本体4,800円＋税　（〒380円）
初版2005年4月　普及版2010年7月

構成および内容：【糖鎖ライブラリー構築のための基礎研究】生体触媒による糖鎖の構築　他【多糖および糖クラスターの設計と機能化】セルロース応用／人工複合糖鎖高分子／側鎖型糖質高分子　他【糖鎖工学における実用化技術】酵素反応によるグルコースポリマーの工業生産／N-アセチルグルコサミンの工業生産と応用　他
執筆者：比能　洋／西村紳一郎／佐藤智典　他41名

LTCCの開発技術
監修／山本　孝
ISBN978-4-7813-0219-5　B926
A5判・263頁　本体4,000円＋税　（〒380円）
初版2005年5月　普及版2010年6月

構成および内容：【材料供給】LTCC用ガラスセラミックス／低温焼結ガラスセラミックグリーンシート／低温焼成多層基板用ペースト／LTCC用導電性ペースト　他【LTCCの設計・製造】回路と電磁界シミュレータの連携によるLTCC設計技術　他【応用製品】車載用セラミックス基板およびベアチップ実装技術／携帯端末用Txモジュールの開発　他
執筆者：馬屋原芳夫／小林吉伸／富田秀幸　他23名

エレクトロニクス実装用基板材料の開発
監修／柿本雅明／高橋昭雄
ISBN978-4-7813-0218-8　B925
A5判・260頁　本体4,000円＋税　（〒380円）
初版2005年1月　普及版2010年6月

構成および内容：【総論】プリント配線板および技術動向【素材】プリント配線基板の構成材料（ガラス繊維とガラスクロス　他）【基材】エポキシ樹脂銅張積層板／耐熱性材料（BTレジン材料　他／高周波用材料（熱硬化型PPE樹脂）／低熱膨張性材料-LCPフィルム／高熱伝導性材料／ビルドアップ用材料【受動素子内蔵基板】　他
執筆者：髙木　清／坂本　勝／宮里桂太　他20名

木質系有機資源の有効利用技術
監修／舩岡正光
ISBN978-4-7813-0217-1　B924
A5判・271頁　本体4,000円＋税　（〒380円）
初版2005年1月　普及版2010年6月

構成および内容：木質系有機資源の潜在量と循環資源としての視点／細胞壁分子複合系／植物細胞壁の精密リファイニング／リグニン応用技術（機能性バイオポリマー　他）／糖質の応用技術（バイオナノファイバー　他）／抽出成分（生理機能性物質　他）／炭素骨格の利用技術／エネルギー変換技術／持続的工業システムの展開
執筆者：永松ゆきこ／坂　志朗／青柳　充　他28名

難燃剤・難燃材料の活用技術
著者／西澤　仁
ISBN978-4-7813-0231-7　B927
A5判・353頁　本体5,200円＋税　（〒380円）
初版2004年8月　普及版2010年5月

構成および内容：解説（国内外の規格、規制の動向／難燃材料、難燃剤の動向／難燃化技術の動向　他）／難燃剤データ（総論／臭素系難燃剤／塩素系難燃剤／りん系難燃剤／無機系難燃剤／窒素系難燃剤、窒素-りん系難燃剤／シリコーン系難燃剤　他）／難燃材料データ（高分子材料と難燃性の動向／難燃性PE／難燃性ABS／難燃性PET／難燃性変性PPE樹脂／難燃性エポキシ樹脂　他）

プリンター開発技術の動向
監修／髙橋恭介
ISBN978-4-7813-0212-6　B923
A5判・215頁　本体3,600円＋税　（〒380円）
初版2005年2月　普及版2010年5月

構成および内容：【総論】【オフィスプリンター】IPSiO Colorレーザープリンタ　他【携帯・業務用プリンター】カメラ付き携帯電話用プリンターNP-1　他【オンデマンド印刷機】デジタルドキュメントパブリッシャー（DDP）　他【ファインパターン分野】インクジェット分注技術　他【材料・ケミカルスと記録媒体】重合トナー／情報用紙　他
執筆者：日高重助／佐藤眞澄／醒井雅裕　他26名

有機EL技術と材料開発
監修／佐藤佳晴
ISBN978-4-7813-0211-9　B922
A5判・279頁　本体4,200円＋税　（〒380円）
初版2004年5月　普及版2010年5月

構成および内容：【課題編（基礎、原理、解析）】長寿命化技術／高発光効率化技術／駆動回路技術／プロセス技術【材料編（課題を克服する材料）】電荷輸送材料（正孔注入材料　他）／発光材料（蛍光ドーパント／共役高分子材料　他）／リン光用材料（正孔阻止材料　他）／周辺材料（封止材料　他）／各社ディスプレイ技術　他
執筆者：松本敏男／照元幸夫／河村祐一郎　他34名

※書籍をご購入の際は、最寄りの書店にご注文いただくか、㈱シーエムシー出版のホームページ(http://www.cmcbooks.co.jp/)にてお申し込み下さい。

CMCテクニカルライブラリー のご案内

有機ケイ素化学の応用展開
―機能性物質のためのニューシーズ―
監修／玉尾皓平
ISBN978-4-7813-0194-5　　B920
A5判・316頁　本体4,800円＋税（〒380円）
初版2004年11月　普及版2010年5月

構成および内容：有機ケイ素化合物群／オリゴシラン，ポリシラン／ポリシランのフォトエレクトロニクスへの応用／ケイ素を含む共役電子系（シロールおよび関連化合物 他）／シロキサン，シルセスキオキサン，カルボシラン／シリコーンの応用（UV硬化型シリコーンハードコート剤 他）／シリコン表面，シリコンクラスター 他
執筆者：岩本武明／吉良満夫／今 喜裕 他64名

ソフトマテリアルの応用展開
監修／西 敏夫
ISBN978-4-7813-0193-8　　B919
A5判・302頁　本体4,200円＋税（〒380円）
初版2004年11月　普及版2010年4月

構成および内容：【動的制御のための非共有結合性相互作用の探索】生体分子を有するポリマーを利用した新規細胞接着基質 他【水素結合を利用した階層構造の構築と機能化】サーフェースエンジニアリング 他【複合機能の時空間制御】モルフォロジー制御 他【エントロピー制御と相分離リサイクル】ゲルの網目構造の制御 他
執筆者：三原久和／中村　聡／小畠英理 他39名

ポリマー系ナノコンポジットの技術と用途
監修／岡本正巳
ISBN978-4-7813-0192-1　　B918
A5判・299頁　本体4,200円＋税（〒380円）
初版2004年12月　普及版2010年4月

構成および内容：【基礎技術編】クレイ系ナノコンポジット（生分解性ポリマー系ナノコンポジット／ポリカーボネートナノコンポジット 他）／その他のナノコンポジット（熱硬化性樹脂ナノコンポジット／補強用ナノカーボン調製のためのポリマーブレンド技術）【応用編】耐熱，長期耐久性ポリ乳酸ナノコンポジット／コンポセラン 他
執筆者：祢宜行成／上田一恵／野中裕文 他22名

ナノ粒子・マイクロ粒子の調製と応用技術
監修／川口春馬
ISBN978-4-7813-0191-4　　B917
A5判・314頁　本体4,400円＋税（〒380円）
初版2004年10月　普及版2010年4月

構成および内容：【微粒子製造と新規微粒子】微粒子作製技術／注目を集める微粒子（色素増感太陽電池 他）／微粒子集積技術【微粒子・粉体の応用展開】レオロジー・トライボロジーと微粒子／情報・メディアと微粒子／生体・医療と微粒子（ガン治療法の開発 他）／光と微粒子／ナノテクノロジーと微粒子／産業用微粒子 他
執筆者：杉本忠夫／山本孝夫／岩村　武 他45名

防汚・抗菌の技術動向
監修／角田光雄
ISBN978-4-7813-0190-7　　B916
A5判・266頁　本体4,000円＋税（〒380円）
初版2004年10月　普及版2010年4月

構成および内容：防汚技術の基礎／光触媒技術を応用した防汚技術（光触媒の実用化例 他）／高分子材料によるコーティング技術（アクリルシリコン樹脂 他）／帯電防止技術の応用（粒子汚染への静電気の影響と制電技術 他）／実際の応用例（半導体工場のケミカル汚染対策／超精密ウェーハ表面加工における防汚 他）
執筆者：佐伯義光／髙濱孝一／砂田香矢乃 他19名

ナノサイエンスが作る多孔性材料
監修／北川 進
ISBN978-4-7813-0189-1　　B915
A5判・249頁　本体3,400円＋税（〒380円）
初版2004年11月　普及版2010年3月

構成および内容：【基礎】製造方法（金属系多孔性材料／木質系多孔性材料 他）／吸着理論（計算機科学 他）【応用】化学機能材料への展開（炭化シリコン合成法／ポリマー合成への応用／光応答性メソポーラスシリカ／ゼオライトを用いた単層カーボンナノチューブの合成 他）／物性材料への展開／環境・エネルギー関連への展開
執筆者：中嶋英雄／大久保達也／小倉　賢 他27名

ゼオライト触媒の開発技術
監修／辰巳　敬　西村陽一
ISBN978-4-7813-0178-5　　B914
A5判・272頁　本体3,800円＋税（〒380円）
初版2004年10月　普及版2010年3月

構成および内容：【総論】石油精製用ゼオライト触媒／流動接触分解／水素化分解／水素化精製／パラフィンの異性化【石油化学プロセス用】芳香族化合物のアルキル化／酸化反応【ファインケミカル合成用】ゼオライト系ピリジン塩基類合成触媒の開発【環境浄化用】NO_x 選択接触還元／Co-β による NO_x 選択還元／自動車排ガス浄化【展望】
執筆者：窪田好浩／増田立男／岡崎　肇 他16名

膜を用いた水処理技術
監修／中尾真一／渡辺義公
ISBN978-4-7813-0177-8　　B913
A5判・284頁　本体4,000円＋税（〒380円）
初版2004年9月　普及版2010年3月

構成および内容：【総論】膜ろ過による水処理技術 他【技術】下水・廃水処理システム 他【応用】膜型浄水システム／用水・下水・排水処理システム（純水・超純水製造／ビル排水再利用システム／産業廃水処理システム／廃棄物最終処分場浸出水処理システム 他）／膜分離活性汚泥法を用いた畜産廃水処理システム 他）／海水淡水化施設 他
執筆者：伊藤雅喜／木村克輝／住田一郎他21名

※書籍をご購入の際は、最寄りの書店にご注文いただくか、(株)シーエムシー出版のホームページ（http://www.cmcbooks.co.jp/）にてお申し込み下さい。

CMCテクニカルライブラリー のご案内

電子ペーパー開発の技術動向
監修／面谷 信
ISBN978-4-7813-0176-1　　　　　B912
A5判・225頁　本体3,200円＋税　（〒380円）
初版2004年7月　普及版2010年3月

構成および内容：【ヒューマンインターフェース】読みやすさと表示媒体の形態的特性／ディスプレイ作業と紙上作業の比較と分析【表示方式】表示方式の開発動向（異方性流体を用いた電気泳動方式／摩擦帯電型トナーディスプレイ／マイクロカプセル型電気泳動方式 他）／液晶とELの開発動向【応用展開】電子書籍普及のためには 他
執筆者：小清水実・眞島 修・髙橋泰樹 他22名

ディスプレイ材料と機能性色素
監修／中澄博行
ISBN978-4-7813-0175-4　　　　　B911
A5判・251頁　本体3,600円＋税　（〒380円）
初版2004年9月　普及版2010年2月

構成および内容：液晶ディスプレイと機能性色素【課題】液晶プロジェクターの概要と技術課題／高精細LCD用カラーフィルター／ゲスト-ホスト型液晶用機能性色素／偏光フィルム用機能性色素／LCD用バックライトの発光材料 他）／プラズマディスプレイと機能性色素／有機ELディスプレイと機能性色素／LEDと発光材料／FED 他
執筆者：小林駿介・鎌倉 弘・後藤泰行 他26名

難培養微生物の利用技術
監修／工藤俊章・大熊盛也
ISBN978-4-7813-0174-7　　　　　B910
A5判・265頁　本体3,800円＋税　（〒380円）
初版2004年7月　普及版2010年2月

構成および内容：【研究方法】海洋性VBNC微生物とその検出法／定量的PCR法を用いた難培養微生物のモニタリング 他【自然環境中の難培養微生物】有機性廃棄物の生分解処理と難培養微生物／ヒトの大腸内細菌叢の解析／昆虫の細胞内共生微生物／植物の内生窒素固定細菌 他【微生物資源としての難培養微生物】EST解析／系統保存化 他
執筆者：木暮一啓・上田賢志・別府輝彦 他36名

水性コーティング材料の設計と応用
監修／三代澤良明
ISBN978-4-7813-0173-0　　　　　B909
A5判・406頁　本体5,600円＋税　（〒380円）
初版2004年8月　普及版2010年2月

構成および内容：【総論】【樹脂設計】アクリル樹脂／エポキシ樹脂／環境対応型高耐久性フッ素樹脂および塗料／硬化方法／ハイブリッド樹脂【塗料設計】塗料の流動性／顔料分散／添加剤【応用】自動車用塗料／アルミ建材用電着塗料／家電用塗料／缶用塗料／水性塗装システムの構築 他【塗装】【排水処理技術】塗料ラインの排水処理
執筆者：石倉慎一・大西 清・和田秀一 他25名

コンビナトリアル・バイオエンジニアリング
監修／植田充美
ISBN978-4-7813-0172-3　　　　　B908
A5判・351頁　本体5,000円＋税　（〒380円）
初版2004年8月　普及版2010年2月

構成および内容：【研究成果】ファージディスプレイ／乳酸菌ディスプレイ／酵母ディスプレイ／無細胞合成系／人工遺伝子系【応用と展開】ライブラリー創製／アレイ系／細胞チップを用いた薬剤スクリーニング／植物小胞輸送工学による有用タンパク質生産／ゼブラフィッシュ系／蛋白質相互作用領域の迅速同定 他
執筆者：津本浩平・熊谷 泉・上田 宏 他45名

超臨界流体技術とナノテクノロジー開発
監修／阿尻雅文
ISBN978-4-7813-0163-1　　　　　B906
A5判・300頁　本体4,200円＋税　（〒380円）
初版2004年8月　普及版2010年1月

構成および内容：超臨界流体技術（特性／原理と動向）／ナノテクノロジーの動向／ナノ粒子合成（超臨界流体を利用したナノ微粒子創製／超臨界水熱合成／マイクロエマルションとナノマテリアル 他）／ナノ構造制御／超臨界流体材料合成プロセスの設計（超臨界流体を利用した材料製造プロセスの数値シミュレーション 他）／索引
執筆者：猪股 宏・岩井芳夫・古屋 武 他42名

スピンエレクトロニクスの基礎と応用
監修／猪俣浩一郎
ISBN978-4-7813-0162-4　　　　　B905
A5判・325頁　本体4,600円＋税　（〒380円）
初版2004年7月　普及版2010年1月

構成および内容：【基礎】巨大磁気抵抗効果／スピン注入・蓄積効果／磁性半導体の光磁化と光操作／配列ドット格子と磁気物性 他【材料・デバイス】ハーフメタル薄膜とTMR／スピン注入による磁化反転／室温強磁性半導体／磁気抵抗スイッチ効果 他【応用】微細加工技術／Development of MRAM／スピンバルブトランジスタ／量子コンピュータ 他
執筆者：宮﨑照宣・髙橋三郎・前川禎通 他35名

光時代における透明性樹脂
監修／井手文雄
ISBN978-4-7813-0161-7　　　　　B904
A5判・194頁　本体3,600円＋税　（〒380円）
初版2004年6月　普及版2010年1月

構成および内容：【総論】透明性樹脂の動向と材料設計【材料と技術各論】ポリカーボネート／シクロオレフィンポリマー／非複屈折性脂環式アクリル樹脂／全フッ素樹脂とPOFへの応用／透明ポリイミド／エポキシ樹脂／スチレン系ポリマー／ポリエチレンテレフタレート 他【用途展開と展望】光通信／光部品用接着剤／光ディスク 他
執筆者：岸本祐一郎・秋原 勲・橋本昌和 他12名

※ 書籍をご購入の際は、最寄りの書店にご注文いただくか、
㈱シーエムシー出版のホームページ（http://www.cmcbooks.co.jp/）にてお申し込み下さい。